KB067791

사이버네틱스

동물과 기계의 제어와 커뮤니케이션

CYBERNETICS (2nd Edition): Or Control And Communication In The Animal And The Machine by Norbert Wiener
Copyright © 2019, 1961, 1948 Massachusetts Institute of Technology
Korean translation copyright © Zae-young Ghim, ITTA, 2023
All rights reserved.

This Korean edition was published by ITTA in 2023 by arrangement with The MIT Press through KCC(Korea Copyright Center Inc.), Seoul.

이 책은 (주)한국저작권센터(KCC)를 통한 저작권자와의 독점계약으로 인다에서 출간되었습니다.
저작권법에 의해 한국 내에서 보호를 받는 저작물이므로 무단전재와 복제를 금합니다.

사이버네틱스: 동물과 기계의 제어와 커뮤니케이션

발행일	2023년 8월 31일 초판 1쇄
	2024년 3월 29일 초판 3쇄
지은이	노버트 위너
옮긴이	김재영
기획	김현우
편집	이돈성 김보미 김준섭
디자인	박해연
펴낸곳	인다
등록	제2017-000046호. 2015년 3월 11일
주소	(04035) 서울시 마포구 양화로11길 68, 2층
전화	02-6494-2001
팩스	0303-3442-0305
홈페이지	itta.co.kr
이메일	itta@itta.co.kr

ISBN 979-11-89433-18-5(93400)

책값은 뒤표지에 있습니다.
잘못된 책은 구입하신 서점에서 바꿔 드립니다.

사이버네틱스

동물과 기계의 제어와 커뮤니케이션

노버트 위너 지음
김재영 옮김

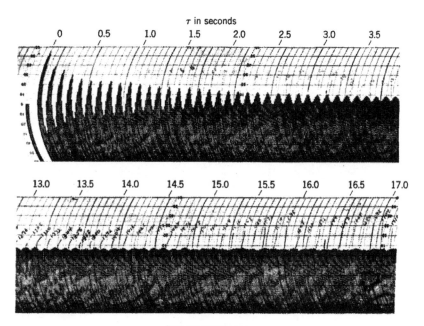

AUTOCORRELATION

읻다

일러두기

1. 수학, 물리학, 화학, 의학 용어는 대한수학회 용어집, 한국물리학회 물리학용어집, 대한화학회 화학술어집(제5개정판), 대한의사협회 의학용어위원회 용어집(제6판)을 따랐다. '맥스웰 도깨비' 등 일부는 예외로 했다.

2. 생물학 용어는 한국생물과학협회 용어집을 참고하여 역자가 선택했다. 특히 '시냅스' 등 일부는 의학용어위원회 용어집('연접')이 아닌 생물과학협회 용어집('시냅스')을 따랐다.

3. '-학'으로 끝나는 학문 명칭은 복합 명사도 붙여 썼다.

4. '제n + [명사]'는 뒤에 나오는 명사가 의존 명사이더라도 앞말과 붙여 썼다. 단, 물리학용어집에 등재된 '열역학 제이 법칙', '열역학 제일 법칙' 등은 그대로 두었다.

5. '로센블루스', '카르납', '스틸체스' 셋을 제외한 모든 외국어 고유 명사의 표기는 외래어 표기법을 따랐다. '플랑슈렐' 등 학회 용어집과 외래어 표기법이 충돌할 경우 외래어 표기법을 우선으로 했다.

6. 한자 문화권의 '大學'은 '대학'으로, 한자 문화권 밖의 'university' 또는 이와 동등한 교육 기관 명칭은 '대학교'로 썼다.

7. 원문의 이탤릭체는 원고에서 볼드체로 표시했다.

8. 미주에 역주와 편집자 주를 명시해 두었다. 명시되지 않은 주는 모두 저자의 것이다.

9. 'communication'의 역어는 '전화 통신망'에서를 제외하고는 '커뮤니케이션'으로 했다.

머리말 1

더그 힐 Doug Hill

《사이버네틱스*Cybernetics*》는 1948년 초판 발간 후 두 번 더 출판되었다. 노버트 위너가 기술을 숙고하며 전개한 독창적이고 도발적인 착상과 예측은 책이 새로 나올 때마다 더욱 빛을 발했다. 위너는 실로 선지자라 할 만하다.

《뉴욕 타임스*New York Times*》는 1965년 권위 있는 서평란 1면 기사로《사이버네틱스》초판을 다루었다.¹ 출간된 지 17년이나 된 책으로는 보기 드물게 누리는 영예였다. 어쩌면 그보다 한 달 전 위너의《신 & 골렘 주식회사*God & Golem, Inc.*》가 수상한 전미 도서상*National Book Award*이《뉴욕 타임스》의 결정에 영향을 주었을지도 모른다.《뉴욕 타임스》에 서평을 쓴 존 파이퍼*John Pfeiffer*는《사이버네틱스》를 "최고의 지적 모험담 중 하나"라고 불렀다. 파이퍼는 또한 이 책의 초판 출간 당시 컴퓨터 기술의 잠재적 위험에 대한 위너의 경고가 "일종의 스캔들"을 불러일으켰다고 언급했다. 당시는 히로시마와 나가사키에 원자 폭탄이 떨어지고 3년이 지난 시점으로, 과학자들이 세상에 내놓은 힘을 그들 스스로 다스리지 못할지 모른다고 걱정하는 미국인이 많았다. 위너는 그들을 안심시키지 않았다.

위너는 책의 서론 끝부분에서 자신을 포함하여 사이버네틱스의 발전에 이바지했던 사람들이 "도덕적 견지에서는 적어도 편안하지만은 않은 입장에 처했다"며 자신이 품은 고뇌를 언급한다. 위너는 그들의 아이디어에서 나오는 기술이 악용될 수도 있으며, 또 그렇게 될 것을 예상했음이 분명했다. 위너의 많은 동료가 사이버네틱스가 "인간과 사회에 대한 더 나은 이해"로 이어질 수 있다는 희망을 내비친 것은 사실이다. 그러나 위너 본인은 "그러한 희망은 매우 가냘픈 것이라고 할 수밖에 없다"고 생각했다.

이번 2019년의《사이버네틱스》재간행도 사람들이 기술을 확실히 통제하고 있는지 궁금해하는 시기에 이루어졌다. 위너라면 1948년에 그가 다루었던 부류의 기술적인 힘이 그러한 불안을 야기한다는 사실에 놀라지 않을 것이다.

자동화가 고용에 미칠 수 있는 영향이 한 예이다. 지난 몇 년 동안, 수많은 논문, 책, 연구, 그리고 학술 대회가 인공지능과 로봇공학의 발전이 상당한 수의 일자리를 위협한다고 경고했다. 일부는 모든 직업 가운데 절반 이상이 곧 대체될 수도 있다고도 주장한다. 구글, 마이크로소프트, 애플에서 임원직을 맡아온 인공지능 전문가 카이푸 리Kai-Fu Lee는 "이것은 인류역사상 가장 빠른 전환일 것"이라며 "우리는 아직 준비가 되지 않았다"라고 말했다.[2]

고용 증가에 대한 최근 보고서들이 자동화의 영향을 반증하지는 않는다. 결정적인 요인은 그러한 일자리 중 얼마만큼이 특히 비숙련 노동자들에게 생활 임금으로 의미 있는 고용을 제공하느냐이다.[3] 매사추세츠 공과대학교MIT 소속 경제학자 에릭 브린욜프슨Erik Brynjolfsson과 앤드루 매커피Andrew McAfee는 우리가 "제2 기계 시대"의 탄생을 목격하고 있다고 말한다.[4] 《하버드 비즈니스 리뷰Harvard Business Review》와의 인터뷰에서 매커피는 산업 혁명(일명 제1 기계 시대) 동안 증기 기관과 관련 기술이 인간의 근력을 대신해 했던 일을 디지털 기술이 인간의 지능을 대신해 하고 있다고 논평했다. 이 말이 낯설게 들린다면, 위너가 이 비교를 정확히 똑같이 사용했던 《사이버네틱스》를 읽고 나서는 더 이상 그렇지 않을 것이다. 위너는 이 책에서 자동화가 조합원을 위협하리라고 노조에 경고하려 했다. 일부 예외는 있었지만, 위너가 보기에 당시 노조 지도부는 "노동 자체의 정치적, 기술적, 사회학적, 경제적 문제를 대국적인 입장에서 논의하는 데는 전혀 준비가 안 되어" 있었다. 오늘날 우리는 그런 문제를 더 활발히 논의하는 듯하다. 우리가 문제를 해결하기 위해 뭔가를 할 의향이 있는지는 또 다른 문제다.

위너는 놀랍도록 정확하게 커뮤니케이션 기술이 민주주의에 잠재적으로 파괴적인 영향을 미칠 수 있다고도 예상했다. 사이버네틱스 이론은 기본적으로 모든 것이 송신되는 메시지(즉 정보)와 그에 대한 응답(즉 되먹임)으로 귀결된다는 관점을 취한다. 기계, 유기체 또는 사회의 기능성은 이러한 메시지의 질에 따라 달라진다. 충실한 정보 교환은 기계, 유기체 또는 사회가 항상성을 유지할 수 있게 한다. 다양한 형태의 잡음으로 정보가 손상되면 항상성이 무너진다.

위너는 《사이버네틱스》에서 당대 대중 매체가 현대 사회에서 가장 심각하게 항상성을 해치는 영향력을 행사한다고 본다. 실리콘 밸리의 기술 유토피아주의자들이 오직 효과적인(즉 항상성을 지탱하는) 정보의 전송이 있는 한에서만 진정한 공동체가 확장된다는 위너의 주장에 귀를 기울이기를 바란다. 정보 기술의 규모, 범위 및 속도가 증가함에 따라 부패의 가능성도 증가했다. 확실히 마크 저커버그Mark Zuckerberg는 20억 명이 사용하는 페이스북의 소위 "글로벌 커뮤니티"가 필연적으로 항상성에 반하는 (따라서 진정한 공동체에 반하는) 수많은 메시지를 생산할 것임을 인식하지 못했다.

위너는 컴퓨터 기술의 일상적인 운영이 재앙을 낳을 수 있다고 거듭 강조했다. 생각하는 기계는 가차 없이 문자 그대로만 사고한다고 그는 말했다. 기계는 작업에 대한 자신의 해석이 우리가 생각했던 것과 정반대이더라도 우리가 요구하는 일을 기계적으로 수행한다. 그래서 페이스북 알고리즘은 결혼 영상을 게시하는 만큼이나 효율적으로 살인 영상을 게시해오고 있다.

속도는 위너가 경고한 자동화의 또 다른 일상적 기능이다. 빠른 속도는 그 자체로 우리가 의도한 바를 방해할 수 있다. 위너가 1960년《사이언스Science》에 기고한 논문에 적었듯이, "인간의 행동은 매우 느려서 우리가 기계에 대해 가하는 효과적인 통제도 소용없을 수 있다. 우리가 우리의 감각으로 전달되는 정보에 반응하고 우리가 운전하는 차를 멈출 시간에, 자동차는 이미 벽에 정면으로 충돌했을지도 모른다".[5] 물론 여기서 그는 자동차 이미지를 은유적으로 사용했다. 테슬라와 우버의 자동화된 차량이 내는 치명적인 사고는 수십 년이 지나서야 현실로 다가왔다. 수십 년 동안 우리는 우리가 생각하는 것만큼 안정적이지 않은 복잡한 컴퓨터 시스템에 훨씬 더 의존하게 되었다. 1965년 11월 9일 뉴욕 나이아가라 폭포에 있는 발전소의 계전기relay 스위치 고장으로 일련의 기계적 및 전기적 사건이 일어났고 미국 북동부 전체와 캐나다의 광범위한 지역에 전력이 차단되었다. 이제 우리는 러시아 해커들이 선거를 방해하는 것만큼이나 미국 전력망 파괴에 관심을 둘지도 모른다는 경고를 받고 있다.[6] 2010년 다우존스 산업 평균 지수가 몇 분 만에 900포인트 이상 폭락한 월스트리트의 "순간 폭락flash crash"의 원인으로 전산화된 거래 프로그램들이 지목되었다.《뉴욕 타임스》가 인용한 금융 전문가는 "시장은 밀리초 안에 반응하지만, 모니터링하는 인간은 몇 분이 지나야 반응하고, 불행히도 그 사이 수십억 달러의 피해가 발생할 수 있다"라고 말했다. 당시 주식은 빠르게 반등했지만, 2018년 J.P. 모건의 보고서는 전자 거래 알고리즘이 촉발하는 더 광범위한 폭락이 사회적 혼란을 초래할 수 있다고 경고했다.[7]

전자 거래 프로그램이 창출하는 이익을 고려할 때, 우리가 즉시 전자 거래 프로그램의 사용을 중단할 가능성은 매우 낮다. 위너는 바로 이러한 기술적 어리석음의 동인, 즉 돈과 권력에 대한 탐욕에 가장 분노했다. 위너는 정기적으로 상거래의 "장사꾼"과 과학의 "도구 숭배자"를 비난했는데, 그는 그들의 탐욕에 "항상성은 전혀 없다"고 믿었다. 독자들은《사이버네틱스》에서 자본주의 산업의 선두 주자들을 경멸하는 위너를 발견할 것이다. 다음은 그의 후속작《인간의 인간적 사용 *The Human Use of Human Beings*》에 있는 구절이다.

> 인간이 문명을 이루기 시작했을 때 자연은 풍부한 자원을 갖추고 있었다. 그때 우리가 국가적 영웅이라 부르는 사람들은 자연이 품은 자원을 현금으로 바꾸는 일에 가장 많이 노력한 착취자였다. 우리는 그를 부의 창조자로 상찬하는 자유 기업 이론을 만들었지만, 사실 그는 부를 빼앗고 낭비한 자였다. 우리는 언젠가 번영할 것을 믿으며 열심히 살았고, 자비로운 하늘이 우리가 행하는 월권을 용서하고 가난한 우리 자손이 먹고살게 해주기를 바랐다. 이것이 이른바 다섯 번째 자유이다.
> 이러한 조건 아래, 누군가 새로운 자원을 발명하면 그것을 이용하는 우리는 자연스럽게 우리 땅이 품은 자원을 훨씬 더 빠르게 착취해 갔다. [⋯] 이 게임은 전쟁이 아니다. 그것은 바로 '이웃을 거지로 만들어라' 게임이다.[8]

이처럼 강렬하게 권력을 공격하는 의지는 어디에서 비롯한 것일까?

내가 추측하기로는, 위너가 과학을 연구하며 발휘한 웅장한 독창성과 악명 높은 위너의 까다로운 성미가 자라난 곳, 바로 위너의 어린 시절이다.

위너는 아주 어릴 때부터 천재적인 모습을 보였다. 플로 콘웨이Flo Conway와 짐 시걸먼Jim Siegelman의 훌륭한 전기인 《정보화 시대의 다크 히어로 Dark Hero of the Information Age》에 따르면, 위너는 3세가 되면서부터 책을 읽었고 5세 무렵에는 그리스어와 라틴어로 된 글을 암송했다. 어린 시절의 위너는 성인이 되어 쓴 글의 자양분이 될 철학과 문학 서적들을 모조리 읽어치우고 있었다. 위너는 10세 때 화학, 기하학, 물리학, 식물학, 동물학을 공부했고 11세에 대학에 입학했다. 14세에 터프츠 대학교에서 수학 학사 학위를 받았고, 코넬 대학교에서 1년간 철학을 공부했으며, 17세에 하버드 대학교에서 수리논리학 논문으로 박사 학위를 받았다.[9] 23세의 나이에 MIT 교수진에 합류하여 1964년 사망할 때까지 교수직을 유지했다.

많은 천재들처럼 위너는 어린 시절에 심리적인 상처를 입었다. 특히 위너에게 상처를 준 것은 아버지였다. 하버드에서 슬라브어와 문학을 강의했던 리오 위너Leo Wiener는 자기 아들의 수준에 맞는 공립 학교나 사립 학교를 찾지 못하자 아들을 집에서 가르치기 시작했다. 아버지는 광범위한 주제로 어린 노버트를 가르쳤지만 수업 방식은 혹독했다. 위너는 자서전 제1권인 《예전의 신동: 나의 어린 시절과 청소년 시절 Ex-Prodigy: My Childhood and Youth》(《사이버네틱스》와 마찬가지로 깜짝 베스트셀러가 되었다)에서 "체계적인 비하" 요법을 떠올린다. 위너가 실수할 때마다 아버지의 분노는 폭발했고, 그럴 때면 엄격한 선생님은 갑자기 "피의 복수자"가 되었다. 위너가 원래 회고록 제목으로 골랐던 "휘어진 나뭇가지"가 뜻하는 바는 알기 어렵지 않다.[10]

위너의 학문적 조숙함은 그를 작은 유명인으로 만들었다. 위너의 터프츠 입학을 보도했던 한 신문은 위너를 "세계에서 가장 뛰어난 소년"이라 일컬었지만,[11] 유명세가 위너에게 사회적인 호의로 다가오지는 않았다. 신체적인 서투름과 나쁜 시력, 그리고 유대인 혈통을 가진 위너는 스스로를 완전하고 영원한 아웃사이더라고 느꼈다. 위너는 개인적으로나 직업적으로 자신의 독특함 때문에 고통을 겪었지만, 그 점을 이용하기도 했다. 자서전 제2권인 《나는 수학자다 *I Am a Mathematician* 》에서 위너는 다음과 같이 당시를 회고했다. "나는 내가 후배 수학자들보다 경쟁력이 있다는 것을 매우 잘 알고 있었고, 이것이 멋진 태도가 아니라는 것도 똑같이 알고 있었다. 그러나 그것은 내가 마음대로 가정하거나 거부할 수 있는 태도가 아니었다. 나는 내가 인사이더들 사이의 아웃사이더이며 내가 뚫고 나가지 않는 한 조금도 인정받지 못할 것임을 잘 알고 있었다. 만일 내가 환영받지 못한다면, 그래, 무시하기에는 너무나 위험한 존재가 되자."[12]

《사이버네틱스》는 위너의 근본적인 자아의 흔적을 자주 보여주지만, 같은 분야의 동료 및 다른 작업자들과 공을 같이 나누려는 의지도 함께 보여준다. 정보 이론의 아버지로서의 명성이 위너의 명성을 무색하게 하는 클로드 섀넌Claude Shannon은 여러 차례 언급된다. (섀넌은 MIT에서 석사 학위와 박사 학위를 받았고, 콘웨이와 시걸먼에 따르면 그곳에서 사이버네틱스에 대해 위너와 이야기하는 데 상당한 시간을 보냈다.) 본문에는 또한 위너가 지닌 문학적이고 철학적인 소양이 가득 묻어난다. 수학 공식이 발자크Honoré de Balzac, 흄David Hume, 키플링Joseph Rudyard Kipling, 루이스 캐럴Lewis Carroll 같은 이름과 함께 등장하는 글은 흔히 접하기 어렵다.

위너가 섀넌에게 가려 빛을 보지 못한 것은 위너의 학식과 야망의 폭넓음 때문이었을 수도 있다. 《사이버네틱스》의 부제가 보여주듯이, 위너는 정보가 어떻게 동물과 기계 모두의 공통어인지 설명하기 시작했다. 그의 말처럼 사이버네틱스는 "과학의 경계 영역"을 의식적으로 탐색하는 임무다. 따라서, 위너가 생각한 사이버네틱스는 물리적으로 구체화되어 있다. 위너는 인간의 뇌와 신경계의 작용을 이해하는 것이 핵심 목표였고 한때 고양이 신경 섬유에서의 신호 전달을 연구했지만, 사이버네틱스는 의식적으로 전체론적이고 이론적으로 무한하다. 역사학자 스티브 하임스Steve Joshua Heims는 사이버네틱스가 "인간 거주자를 포함한 모든 것이 다른 모든 것과 서로 연결된 세상에 대한 더 통일된 시각으로 이어진다"라고 말했다.[13] 대조적으로 섀넌의 정보 이론은 매우 추상적이고 매우 실용적이며,

전자 메시지를 지점 A에서 지점 B로 이동시키는 데 단호하게 초점을 맞추고 있다. 문학 이론가 캐서린 헤일스Nancy Katherine Hayles의 설명에 따르면, 섀넌에게 정보란 결코 구체적이지 않으며 "차원이 없고, 물질성이 없으며, 의미와 필요한 연관성이 없는 확률 함수"였다.[14]

디지털 기술의 등장과 함께, 섀넌의 제한적인 접근 방식은 역설적으로 더 쉽게 현실에 응용되었다. 이러한 응용은 스마트폰, 운동 추적기 등 오늘날 우리가 사용하는 수많은 장치에서 작동한다. 따라서 일반적으로 컴퓨터 혁명을 개시한 공로가 섀넌에게 돌아간 반면 위너의 유산은 상대적으로 불분명한 채 남아 있다. 많은 과학자는 상황이 변하고 있다고 믿는다. 인공지능 기술이 빠르게 발전하는 시대에 인간과 기계의 경계는 점점 모호해지고 있다. 사이버네틱스는 이러한 유사성에 기반한 접근이 얼마나 생산적일 수 있는지 예상하는 데 시대를 훨씬 앞섰다.[15]

위너의 퇴색에는 이론적인 이유뿐만 아니라 개인적인 이유도 있었다. 그의 책들은 그를 전국적으로 인정받는 인물로 만들었지만, 위너는 명성을 활용해 전쟁을 하고, 노동을 착취하고, 환경을 파괴하는 새로운 방법을 개발하기 위해 과학, 즉 '자신의' 과학이 사용되는 일에 원칙적으로 반대하는 일에 앞장섰다. 이러한 공공의 관심사에서 위너는 시대를 훨씬 앞서 나갔을 뿐만 아니라 이례적으로 거침이 없었다. 그는 《원자력 과학자 회보 Bulletin of Atomic Scientists 》에 기고한 글에서 "독립적인 노동자이자 사상가로서의 과학자의 지위가 과학 공장의 도덕적으로 무책임한 앞잡이로 전락하는 일이 내가 예상했던 것보다 훨씬 더 빠르고 파괴적으로 진행되었다"라고 썼다.[16] 위너는 행동으로도 보여주었다. 위너는 군대가 지원하는 연구 수주를 거부했고, 이는 역사적으로 결정적인 순간에 그를 최첨단 컴퓨터 관련 연구에서 배제하는 결과를 낳았다. 2018년 구글 엔지니어들이 구글 본사에서 미국 국방부에 고급 AI 기능 개발 약속을 철회하라고 시위하는 모습을 위너가 봤다면 그들을 지지하며 미소지었을 것이다.[17] 위너는 또한 공장 자동화에 대해 조언을 구하려는 기업들의 제안을 거절했다. 위너는 《인간의 인간적 사용》에서 "권력 콤플렉스에 시달리는 사람들은 자신의 야망을

실현하는 간단한 방법으로 인간의 기계화를 찾는다"라고 썼다.[18]

위너 사상이 퍼져나가기 어려웠던 또 다른 요인은 위너가 품은 내면의 악마들이었다. 콘웨이와 시걸먼에 따르면, 위너는 감정을 통제하지 못하는 심각한 우울증을 겪었고, 작은 자극에도 흐느끼거나 소리를 질렀다. 그는 몇 번이나 자살하겠다고 위협했다. MIT에서 위너와 함께했던 동료들은 그 사건들에 대해서는 거의 알지 못했지만, 그럼에도 불구하고 때때로 위너가 거만하고 변덕스럽고 미치게 만들 정도로 몰두하며 신경증적으로 자기도취에 빠져 있음을 알고 있었다. 아마도 콘웨이와 시걸먼이 보고했던 1951년의 사건이 가장 주목할 만하다. 위너는 사이버네틱스의 발전을 촉진할 엄청난 가능성을 지닌 MIT의 신설 신경생리학 연구소장 자리를 갑자기 포기했다. 위너의 아내가 위너에게 그의 동료 중 하나가 위너의 19세 딸을 유혹했다고 거짓말한 직후의 일이었다. 동료들이 사이버네틱스에 대한 자신의 업적을 훔치려 시도하고 있다고 두려워했던 위너는 이 말을 믿었다.[19]

《예전의 신동》의 서평을 쓴 사람들은 위너의 인생 이야기는 많은 성공에도 불구하고 슬픔으로 가득 찬 것처럼 보였다고 말했다. 위너가 쓴 글에는 인간 본성에 대한 깊은 회의가 담겨 있다. 나는 앞에서 위너가 자신의 아웃사이더 지위를 창의적인 추진력을 높이는 데 이용했다고 했다. 스티브 하임스는 위너가 같이 쓴 러디어드 키플링의 "공포에 기반한 순응"을 비판하는 학술지 논문에서 비슷한 감정을 언급한다. 위너가 자기 스스로에 대해 가진 생각이 잘 엿보이는 이 논문에는 "주변인은 항상 상대적으로 더 문명화된 인간이다"라는 구절이 있다.[20]

위너는 평생 불확실성에 대해 모종의 확신을 품었다. 내가 보기에 이 역시 그의 천재성에 불을 붙인 아주 중요한 요인이다. 10세 때 위너는 〈무지의 이론The Theory of Ignorance〉이라는 논문을 썼다. 논문에서 위너는 "인간이 어떤 것에 대해 확신하는 것은 불가능하다"라고 선언했다. 위너는 자서전 2권에서 이 논문을 언급했다. 그는 "당시에도 나는 인간의 마음처럼 느슨한 메커니즘의 도움으로 완벽하게 엄격한 이론을 만들어내는 것이 불가능하다는 사실에 놀랐다"라고 썼다. 위너는 사이버네틱스에 도달하는 과정에서 그의 과학적 영웅인 기브스Josiah Willard Gibbs의 통계역학 이론을 발견했을 때 큰 도움을 받았다. 위너는 확률이 물리학의 "날실과 씨실"의 일부라는 것을 기브스가 증명했다고 말했다. 이것은 세상을 순수하게 이성적인 것으로 보는 것이 잘못이라는 위너의 믿음을 확인해 주었다.[21]

기술에 대한 위너의 경고가 장기적으로 주목받지 못했다는 사실은 놀랍지 않다. 기술 발전과 기술 발전에 대한 열정은 수 세기 동안 회의론자들의 경고를 잠식해 왔다. 놀라운 것은《사이버네틱스》및 다른 위너의 저작들이 꾸준히 많은 관심을 받았다는 것이다. 대중의 태도는 위너가 말한 방향으로 움직이는 것으로 보인다. 수년간 구글, 페이스북, 아마존, 유튜브 및 다른 수많은 유명 인터넷 플랫폼이 사람들을 온통 사로잡고 나서야, 프라이버시의 손실, 기술 중독 및 뒤집힌 선거 결과 등 많은 문제가 심각한 의심을 불러일으켰다. 그리고 일반 네티즌만 이를 숙고하는 것은 아니다.[22]

《사이버네틱스》를 포함한 몇몇 저서에서 위너는 괴테의 〈마법사의 제자〉,《천일야화》의 〈어부와 지니〉, 윌리엄 제이컵스William Wymark Jacobs의 단편 〈원숭이 발〉을 언급한다. 어떤 식으로든, 이 세 이야기의 주인공은 결국 자신에게 전해질 것이라 여겼던 마법이 어떻게 그렇게 끔찍하게 잘못될 수 있었는지 자문하게 된다. 소셜 미디어가 도널드 트럼프의 당선에 어떻게 기여했는지를 폭로하며 불거진 스캔들로 실리콘 밸리의 수많은 마법사 지망생은 뒤늦게나마 똑같은 질문을 스스로에게 던지게 되었다.

더그 힐은《그리 빠르지 않게: 기술을 재고하다Not So Fast: Thinking Twice About Technology 》를 썼다.

머리말 2

샌조이 미타 Sanjoy K. Mitter

노버트 위너의 《사이버네틱스》 초판은 1948년에 출판되었다. 흥미롭게
도, 클로드 섀넌의 주요 논문 〈커뮤니케이션의 수학적 이론〉[23]도 같은 해
에 나왔고, 1949년에 트랜지스터에 관한 윌리엄 쇼클리William Shockley의 논
문[24]도 뒤이어 나왔다. 이 텍스트들은 앨런 튜링Alan Turing의 논문 〈계산가
능수와 결정 문제에 대한 응용〉(1937), 존 폰 노이만John von Neumann의 저작
(가령 1958년에 출간된 《컴퓨터와 뇌》), 또 트랜지스터의 발명과 함께 정
보 혁명의 기초를 구성한다.[25] 《사이버네틱스》는 정보 개념이 커뮤니케이션
과학(통신과학), 제어과학 및 통계역학에서 수행하는 역할을 다룬다. 이 책
은 철학적이고 기술적이며 책 전체에 걸쳐 대조적인 관점들이 산재해 있다.
첫 장은 뉴턴의 시간과 베르그손Henri Bergson의 시간을 중심으로 하며, 이는
뉴턴 물리학에서 통계역학으로, 가역성에서 비가역성으로, 마지막으로 양
자역학으로 향하는 물리학의 진화에 일정한 역할을 한다. 첫 장은 현대의
기계들에 대한 논의로 끝난다. 위너는 자동 기계(오토마타) 이론과 신경계
이론의 동일성이 있어야 한다고 다음과 같이 주장한다.

> 이상을 요약하면 이렇다. 현대의 각종 자동 기계는 인상의 수용과 동작의
> 수행으로 외부 세계에 대처한다. 감각기와 작용체가 있으며, 상호 간 정보
> 전달을 통합하는 신경계와 같은 체계를 지닌다. 이는 생리학 용어로 잘 기
> 술할 수 있다. 현대의 자동 기계를 생리학의 메커니즘을 활용하는 하나의
> 이론으로 통합하는 일은 가능하며 그다지 경이롭지도 않다.[26]

제8장 '정보, 언어 및 사회'에서 우리는 커뮤니케이션과 통제에 대한
위너의 생각이 사회과학에 지니는 잠재력을 읽을 수 있다. 여기서 위너는
다음과 같이 경고한다.

> 내가 이런 이야기를 하는 이유는 다음과 같다. 내 친구 중 일부는 이 책
> 속에 무엇인가 사회를 위한 효능이 있는 새로운 생각이 있을지 모른다
> 는 커다란 기대를 품은 것 같다. 그러나 나는 그것이 잘못되었다고 생각

한다. 나의 친구들은 우리가 사회적 환경을 이해하고 제어할 수 있는 정도보다 훨씬 뛰어나게 물질적 환경을 제어할 수 있게 되었다고 확신하고 있다. 따라서 당면한 과제는 자연과학의 방법을 인류학, 사회학, 경제학 방면으로 확장하는 일이고 그렇게 하면 사회적인 영역에서도 같은 정도의 성공을 거둘 수 있을 것이라고 그들은 생각한다. 그것이 필요하다고 생각한 나머지 가능하다고 믿는다. 이는 지나치게 낙관적이고 또 과학의 성과의 본질을 오해하는 것이라 생각한다.[27]

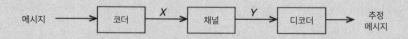

그림 0.1. 섀넌의 커뮤니케이션 체계 모형. 출처: Claude E. Shannon, 〈수학적 커뮤니케이션 이론A Mathematical Theory of Communication〉, *Bell System Technical Journal* 27 no. 3 (July–October 1948): 381, figure 1.

1948년에 발표된 섀넌의 커뮤니케이션에 대한 확률론적 정의(그림 0.1)와는 대조적으로 위너는 커뮤니케이션 분야의 정보적 측면뿐 아니라 제어, 계산, 신경계 연구에도 관심이 많았다. 섀넌은 상호 정보mutual information의 개념을 도입하고 채널 용량channel capacity의 개념을 채널에 대한 입력과 출력 사이의 상호 정보를 최대화하는 것으로 정의한다. 상호 정보는

$$I(X;Y) = E_{P_{XY}}\left(\frac{P_{XY}}{P_X P_Y}\right),$$

$$C = \max_{P_X} I(X;Y)$$

로 표현되는데, 두 확률변수 간 평균 확률적 의존성의 척도다. 주요 결과는 섀넌의 잡음 채널 코딩 정리noisy-channel coding theorem이다. 이에 따르면, 만약 메시지가 채널 용량보다 낮은 비율로 코딩을 통해 전송된다면, 코드 생

사이버네틱스: 동물과 기계의 제어와 커뮤니케이션

성자와 코드 해독자에게 무한 지연이 허용된다고 할 때, 오류의 확률을 0으로 가도록 할 수 있는 코딩 체계와 채널 출력의 디코딩 방법이 존재한다. 그러나 전송 비율이 용량보다 낮은 경우에는 이러한 코딩-디코딩 체계가 존재하지 않는다. 이 결과는 점근적이며 통계역학에서 열역학적 극한을 향해 나아가는 것과 유사하다. 엔트로피 개념은 섀넌이 소스 코딩 정리source coding theorem에 따라 정보를 잃지 않고 데이터를 압축하는 연구를 하면서 이론에 도입했다. 따라서 커뮤니케이션과학에서 위너의 관심 영역은 넓고, 섀넌의 관심 영역은 보다 좁다.

위너는 수학에 지대한 공헌을 했다. 위너는 브라운 운동의 정의를 근본적으로 연구해 궤도 공간에 대한 확률측도인 위너 측도Wiener measure를 확립했다. 위너 측도는 여과filtering 및 확률 제어, 확률적 금융 이론, 그리고 자연적으로 독립된 엄청난 수의 작은 기여가 함께 알짜 효과를 만들어내는 모든 물리적 상황에서 중요한 역할을 한다.[28] 이 이론은 이 책의 주된 전문 부분인 3장 '시계열, 정보 및 커뮤니케이션'에서 중요한 역할을 하는데, 잡음이 있는 관찰에서 오는 신호의 최적 여과와 예측 그리고 둘 사이를 정보 이론적으로 연결하는 문제에 쓰인다. 위너의 다른 공헌 중에는 선형 여과 및 예측에 대해 위너가 수행한 연구의 기초를 형성하는 일반화된 조화해석에 대한 연구도 있다.[29] 이를 일반화된 조화해석이라 부르는 까닭은 이 이론이 주기적인 현상도 다루고 진동수의 연속체로 구성된 신호도 다룰 수 있기 때문이다.

위너는 정보의 개념과 정보가 커뮤니케이션, 제어, 통계역학에서 수행하는 기본적인 역할을 정의하는 데 관심이 있었다. 위너의 견해는《사이버네틱스》제2판 도입부에 담겨 있다.

> 이렇게 함으로써 우리는 커뮤니케이션공학 설계에서 일종의 통계 과학을 만들어냈는데, 이는 통계역학의 한 분야이다. […] 정보량이라는 개념은 매우 자연스럽게 통계역학의 고전적인 개념, 엔트로피로 이어진다. 어떤 계에 속한 정보량이 조직화 정도의 척도인 것과 마찬가지로 어

떤 계의 엔트로피는 비조직화 정도의 척도이다. 전자는 단순히 후자의 음의 값이다.[30]

위너는 엔트로피 개념으로 정보를 정의했다. 이산확률변수 P의 엔트로피는

$$H(P) = - \sum_{i=1}^{n} p_i \log p_i$$

로 주어지며, 확률밀도가 $p(x)$인 연속확률변수에 대해

$$H(P) = - \int p(x) \log p(x) dx$$

로 주어진다. 위너는 간혹 + 부호를 사용함에 유의하자. 그때 위너는 엔트로피 개념을 틀어 질서의 척도로 사용하기도 한다. 이는 커뮤니케이션 문제, 즉 잡음으로 손상된 메시지에 포함된 정보를 복구하는 맥락에서 연구된다. 메시지와 잡음은 모두 정상 시계열stationary time series로 모형화된다. 브라운 운동 또는 백색잡음은 메시지와 정상 시계열의 측정을 모형화하는 데 구성 요소로 중요한 역할을 한다.

위너 여과

시간 t에서 잡음이 있는 관측

$$y(\tau) = Z(\tau) + v(\tau) \tag{0.1}$$

이 주어질 때 시불변 선형 필터(여과기) $h(\cdot)$를 써서 확률과정 $Z(\cdot)$를 추정하는 문제를 생각하자. 여기에서

$$\widehat{Z}(t) = \int_{-\infty}^{\infty} h(t - \tau)y(\tau)d\tau \qquad (0.2)$$

와

$$E\left|Z(t) - \widehat{Z}(t)\right|^2 \qquad (0.3)$$

이 최소가 되도록 한다.

Z(·)와 $v(r)$를 평균이 0인 결합 정상 확률과정이라고 하자. 최적 필터는

$$\varphi_{zy}(t) = \int_{-\infty}^{\infty} h(t - \tau)\varphi_{yy}(\tau)d\tau$$

를 충족하며, φ_{zy}와 φ_{zy}는 각각 상호상관함수 및 자기상관함수임을 알 수 있다. 푸리에 변환을 취하면, 신호와 잡음이 상관이 없다고 가정할 때,

$$H(\omega) = \frac{\Phi_{zz}(\omega)}{\Phi_{zz}(\omega) + \Phi_{vv}(\omega)}$$

를 얻는다. 관측 $y(·)$가 과거로 제한되고 잡음이 공분산 R로 백색잡음일 때, 우리는 다음 위너-호프 방정식을 풀어야 한다.

$$Rk(t) + \int_0^{\infty} k(\tau)\Phi_{zz}(t - \tau)d\tau = \Phi_{zz}(t), \quad t \geq 0.$$

위너-호프 방정식의 해는

$$K(\omega) = 1 - R^{1/2}\psi^{-1}(\omega)$$

로 주어진다. 여기서 $\psi(\omega)$는 $\Phi_{zz}(\omega)$의 표준 인자canonical factor이다.

여기에 제시된 아이디어는 이 책 3장의 전개, 특히 평균제곱 여과 오차를 나타내는 (3.914) 식 및 (3.915) 식과 관련된다. 메시지의 총정보량은 (3.921) 식 및 (3.922) 식으로 주어진다. 되먹임이 있거나 없는 경우, 가산 백색 가우스 채널additive white Gaussian channel을 현대적으로 다룰 때는 메시지와 수신된 신호 사이의 상호 정보를 주로 계산한다.[31]

앞에서 언급한 바와 같이, 위너는 브라운 운동 이론에 근본적인 기여를 했고, 실제로 위너 측도의 엄밀한 정의를 제시했다. 또 페일리Raymond Paley와 함께 결정론적 함수의 확률적분을 정의했다. 마르코프 과정의 이론과 마르코프 과정과 편미분방정식의 연관성은 콜모고로프Andrey Kolmogorov와 펠러William Feller의 연구를 통해 잘 이해되었다.[32] 확률미분방정식 이론은 1944년 이토 기요시伊藤清가 쓴 논문에서 시작되었다. 위너도 이러한 발전을 알고 있었을 것이다. 놀랍게도 위너는 여과와 예측을 연구하며 이러한 선행 연구 중 어떤 것도 사용하지 않았다. 최적 여과와 예측 문제를 가우스-마르코프 과정 이론의 문제로 공식화하는 것은 루돌프 칼만Rudolf Emil Kálmán의 몫이었다.[33] 위너의 정식화와 관련하여, 칼만은 가우스-마르코프 과정이 유한 차원이라고 가정했다. 모델링으로 말하면, 정상과정으로서 신호와 잡음을 다룰 때 과정의 스펙트럼밀도가 유리수라고 가정하는 것과 같다.

가우스-마르코프 과정(상태-공간 표현)의 선형함수로 신호를 표현하고, 백색잡음이 있는 선형 관측일 때를 생각하면,

$$\begin{aligned} dx_t &= Fx_t dt + G d\beta_t \\ dz_t &= Hx_t dt + dw_t, \end{aligned} \tag{0.4}$$

주어진 관측에 대해, 상태의 최적 선형추정값을 다음처럼 도출할 수 있다.

사이버네틱스: 동물과 기계의 제어와 커뮤니케이션

$$d\widehat{x}_t = F\widehat{x}_t dt + K(t) \left[dy_t - H\widehat{x}_t dt \right]$$
$$\left. \frac{dP}{dt} = GG' - P(t)H'HP(t) + FP(t) + P(t)F' \right\}, \qquad (0.5)$$

여기서 $\widehat{x}_t$는 0에서 t까지의 잡음 관측치를 고려할 때 최적 선형추정 값이며 $P(t)$는 오차 공분산이다. 이것이 유명한 칼만-부시 필터이다. 예측 문제는 본질적으로 동일한 방법을 사용하여 해결할 수 있다.[34]

위너와 제어

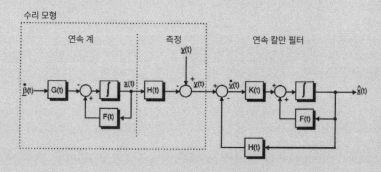

그림 0.2. 계 모형과 연속 칼만 필터[35]

위너는 또한 최적으로 필터를 설계하는 자신의 아이디어가 선형 제어계 보상기compensator의 설계에 적용될 수 있다고 제안했다.[36] 이러한 위너와 칼만의 아이디어는 선형 이차 가우스 문제linear quadratic Gaussian problem 및 분리 정리separation theorem에서 최적 여과와 최적 제어 사이의 분리로 귀결된다.[37]

위너는 되먹임의 개념과 되먹임이 동역학계에 미치는 영향에 관심이 있었다. 정보 되먹임에 대한 그의 아이디어는 특히 흥미롭다.

우리가 언 도로에서 자동차를 조종할 때도 흥미로운 되먹임 계를 관찰할 수 있다. 우리의 조종이라고 하는 행동 전체는 도로 표면의 미끄러지기 쉬움에 관한 지식, 즉 자동차-도로 계의 동작 특성에 관한 지식의 정도에 좌우된다. 계의 통상 동작에 따라 이를 알아내려고 기다린다면, 알기 전에 우리가 먼저 미끄러질 것이다. 따라서 우리는 자동차가 크게 미끄러지지 않을 정도이지만, 차가 미끄러질 위험이 있는지를 우리의 운동감각에 알리는 데는 충분한 크기로 섬세하고 재빠른 자극을 끊임없이 핸들에 주어서 조종 방법을 조정하는 것이다.

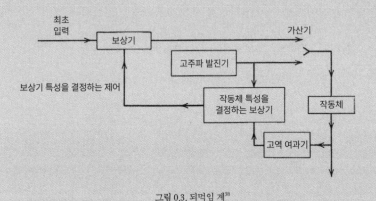

그림 0.3. 되먹임 계[38]

이 제어 방법은 정보의 되먹임에 의한 제어라고 불러야겠지만 기계적인 꼴로 도식화하는 것은 어려운 일이 아니며, 실제로 그럴 만한 값어치가 있을 것이다. 작동체에 대해서도 우리는 보상기를 가지고 있고, 이 보상기는 외계에 의해서도 바꿀 수 있는 특성을 가지고 있다. 우리는 들어오는 메시지에 약한 고주파 입력을 겹쳐 넣어서 작동체의 출력으로부터 같은 고주파 출력의 일부를 적당한 파동 여과기로 분리하여 빼내는 것이다. 작동체의 동작 특성을 구하기 위해서는 입력에 따른 고주파 출력의 진폭-위상 관계를 조사할 필요가 있다. 그것을 바탕으로 우리는 보상기의 특성을 적당한 의미에서 변형하는 것이다.[39]

위너와 통계역학
통계역학에 대한 위너의 가장 흥미로운 아이디어는 맥스웰 도깨비

사이버네틱스: 동물과 기계의 제어와 커뮤니케이션

Maxwell demon를 다루는 것이다.

> 맥스웰 도깨비는 통계역학에서 매우 중요한 착상이다. […] 우리는 맥스웰 도깨비가 엄격한 의미에서는 평형 상태의 계에서는 존재할 수 없다는 사실을 알게 될 것이다. 그러나 만일 우리가 맨 처음부터 이를 받아들이기만 하고 증명하려 하지 않는다면, 엔트로피에 대하여 그리고 가능한 물리적, 화학적, 생물학적 계에 대하여 뭔가를 배울 수 있는 훌륭한 기회를 잃어버릴 것이다.
>
> 맥스웰 도깨비가 작동하기 위해서는 다가오는 입자에서 입자의 속도와 입자가 벽에 충돌하는 위치에 관한 정보를 얻어야 한다. 이 충돌이 에너지 교환과 연관되든 그렇지 않든, 그런 정보는 도깨비와 기체의 결합과 연관되어야 한다. 그런데 엔트로피 증가 법칙은 완전히 고립된 계에만 적용되며, 고립된 계의 고립되지 않은 부분에는 적용되지 않는다. 따라서 우리가 말하고 있는 엔트로피는 기체와 도깨비가 이루는 전체 계의 엔트로피이며 기체만의 엔트로피가 아니다. 기체의 엔트로피는 더 큰 계의 전체 엔트로피에서 하나의 항에 지나지 않는다. 이 전체 엔트로피를 이루는 항들 중 도깨비에 연관된 항도 찾아낼 수 있을까?
>
> 틀림없이 그렇게 할 수 있다. 맥스웰 도깨비는 정보를 얻어야 활동할 수 있으며, 다음 장에서 볼 수 있듯이, 이 정보는 음의 엔트로피를 나타낸다.[40]

맥스웰 도깨비와 비평형 통계역학에 대한 현재의 연구는 이러한 정신과 매우 가깝다. 최적 제어와 정보 이론에 대한 아이디어는 이러한 발전과 연결되어 있다. 고전적으로 표현하면 열역학 제이 법칙은 단일 열원과 접촉하고 있는 계에서 추출할 수 있는 최대 (평균) 일이 계의 초기 평형 상태와 최종 평형 상태 사이의 자유 에너지 감소를 초과할 수 없다는 것이다. 그러나 실라르드 열기관Szilard's heat engine에서 볼 수 있듯 일 추출자가 추가 정보를 사용할 수 있다고 가정하면 이 경계를 깰 수 있다. 이러한 가능성을 설명하기 위해, 열역학 제이 법칙은 되먹임 제어를 사용하는 변환을 포함하도록 일반화될 수 있다. 특히 헨리크 산드베리Henrik Sandberg와 동료들의 연구는 되먹임 제어가 있을 때 추출된 일 W가

$$W \leq kTI_c \qquad (0.6)$$

를 충족해야 한다는 것을 보여준다. 여기서 k는 볼츠만 상수, T는 열원의 온도, I_c는 소위 계에서 측정으로의 전달 엔트로피transfer entropy이다.[41] (0.6) 식은 초기 상태에서 최종 상태까지 자유 에너지 감소가 없다고 가정했다. 계에서 측정으로의 전달 엔트로피 측면에서 되먹임 제어를 사용하여 추출할 수 있는 최대 일을 특성화하는 방정식인데, 명시적으로 유한 시간 동안 추출 가능한 최대 일을 구할 수도 있다. 이를 확인하기 위해 그림 0.4에 표시된 계를 살펴보자. $v(0)$는 단위 가우스 분포를 따르고, w 및 mw_{meas}는 표준 브라운 운동이며, w 및 w_{meas}는 서로 독립이고, 측정 잡음의 세기는 V_{meas}이며, $\tau = RC$이다.

$$\left.\begin{aligned} \tau dv(t) &= -v(t)dt + Ri(t)dt + \sqrt{2kR}\, dw(t), \quad \langle v(0) \rangle = 0 \\ v_{\text{meas}}(t) &= v(t)dt + \sqrt{V_{\text{meas}}}\, dw_{\text{meas}}, \quad \langle v(0)^2 \rangle = \frac{kT}{C} \end{aligned}\right\}, \quad (0.7)$$

이때 최대로 추출할 수 있는 일은

$$W_{\max}(t) = K \int_0^t T_{\min}(t)dI_c(t) \leq KTI_c(t) \qquad (0.8)$$

로 주어짐을 보일 수 있다. 여기서 $T_{\min}(t)$은 $T_{\min}(0) = T$의 초기 평형을 가정할 때 연속 되먹임 제어의 t 시간 단위 이후 달성 가능한 가장 낮은 계 온도로 해석할 수 있다. 전달 엔트로피 또는 상호 정보 $I_c(t)$는 부분 관측에서 제어 장치로 전송되는 유용한 정보의 양을 측정한다.

사이버네틱스: 동물과 기계의 제어와 커뮤니케이션

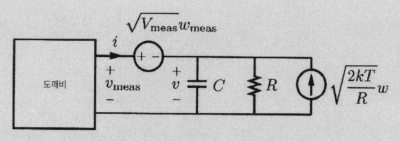

그림 0.4. 출처: Henrik Sandberg, Jean-Charles Delvenne, N. J. Newton, and S. K. Mitter, "Maximum Work Extraction and Implementation Costs for Nonequilibrium Maxwell's Demon," *Physical Review E* 90 (2014): 042119, https://doi.org/10.1103/PhysRevE.90.042119.

$$I_c(t) = I(v_0, w_0^t \mid v_{\text{meas}}^t).$$ (0.9)

식 (0.8)은 열역학 제이 법칙의 일반화로 간주할 수 있다. (0.8) 식은 최적 제어 이론과 선형 이차 가우스 문제의 분리 정리를 사용해 도출할 수 있다.[42]

위너와 비선형계

비선형계에 대한 위너의 접근은 동질적 혼돈homogeneous chaos 연구와 여러 위너 적분의 무한 합으로 브라운 운동(백색잡음)의 L^2 함수를 표현하는 기법과 관련 있다.[43] 위너의 정의와 대조적으로, 이토 기요시가 정의한 위너 중적분multiple Wiener integral은 차수order가 다른 적분들을 서로 직교하게 만든다.[44] 위너의 학습 접근법은 위의 표현을 써서 비선형 입력 사상을 보고 최소제곱 최적화를 사용하여 계수를 추정한다. 이 접근법에 대해 위너를 인용하는 것이 가장 좋을 것이다.

> 가보르Dennis Gábor 교수와 필자의 방법에서는 비슷한 비선형 변환기가 만들어지는데 어느 쪽이나 비선형 변환기 일군에 동일한 입력을 가해서 그 출력의 합을 출력으로 하여 변환기를 구성한다고 하는 의미에서

는 선형이다. 각기의 출력은 경우에 따라 같지 않은 계수를 곱해 선형으로 더해진다. 따라서 비선형 변환기를 설계하거나 지정하는 데는 선형 전개의 이론이 응용된다. 특히 이 방법에서는 최소제곱법으로 각기 구성 소자의 계수를 정할 수 있다. 이 방법에 우리의 장치에 가해질 수 있는 모든 입력의 집합에 대한 통계적 평균을 취하는 방법을 결합하면 그 자체로 직교전개 이론의 일부가 된다. 이와 같은 비선형 변환기 이론의 통계적 근거는 경우 하나하나에 대해서 입력의 과거 통계량을 실제로 조사해서 얻을 수 있다. […]

아미노산과 핵산의 혼합물에서 자기와 같은 유전자 분자를 만들어내기 위해 유전자가 주형으로 동작하는 복제 기제나, 바이러스가 숙주의 조직과 액에서 자기를 닮게 한 타 바이러스 분자를 만드는 기제와 지금까지 말해온 것들은 철학적으로 아주 동떨어진 것일까? 나는 이들 과정이 상세까지 같은 것이라고는 결코 생각하지 않지만 철학적으로는 매우 유사한 현상이라고 생각한다.[45]

위너는 이 아이디어들을 뇌파 연구에 사용했다. 위너는 제10장 '뇌파와 자체 조직 계'에서 확률적 입력에 대한 표본 추출 정리sampling theorem를 분석한다.

다음으로 표본화 문제sampling problem를 다루겠다. 그러려면 우선 함수 공간에서의 적분에 관한 필자의 초기 연구를 소개해야겠다. 이를 도구로 이용하면 주어진 스펙트럼을 가진 연속과정의 통계 모형을 만들 수 있을 것이다. 이 모형이 뇌파를 생성하는 과정을 정확하게 재현하는 것은 아니더라도, 이 장에서 앞에서 논한 것처럼 뇌파 스펙트럼의 평균제곱근 오차 등의 통계를 구하는 데에는 충분한 것이다.[46]

신경과학과 인공지능

위너는 감각운동 계의 기능, 뇌-기계 인터페이스, 신경 회로를 통한 계산 등 신경과학과 인공지능 사이의 상호 작용에 지속적으로 영향을 미치는 문제에 관심이 있었던 것으로 보인다. 시각 계에 관한 위너의 아이디어 몇 가지를 인용하겠다. 위너는 물체를 인식하는 과정이 유클리드 군 Euclidean group과 같은 적절한 변환군에 따라 불변해야 한다고 강조했다. 그런 다음 위너는 변환군에 측도를 정의하여 유클리드 군을 주사scanning하는 과정을 고려한다.

자발운동voluntary movement은 우리 마음속 내면 세계와 우리 주변의 물리적 세계를 연결하는 커뮤니케이션 채널을 통해 전달된 신호의 결과이다. 이 커뮤니케이션의 본질은 무엇인가? 이 맥락에서 '의도'는 무엇인가? 이 질문들은 오늘날까지도 답이 전혀 없는 채로 남아 있다.

결론적으로,《사이버네틱스: 동물과 기계의 제어와 커뮤니케이션》은 커뮤니케이션, 제어, 통계역학에 대한 포괄적인 통계 이론을 만들려고 시도한다. 이 책은 수학과 산문의 까다로운 혼합물이지만, 심원한 개념적 착상들을 담고 있다. 인내심 있는 독자는 이 책에서 많은 것을 얻어낼 것이다.

제2판 서문

내가 13년쯤 전에 이《사이버네틱스》의 초판을 쓸 때에는 작업하기 힘든 환경이었던 탓에 예상치 못한 오타도 많았고 내용상의 오류도 있었다. 나는 이제 사이버네틱스를 단순히 미래의 어느 시점에 수행되어야 할 프로그램이 아니라 현존하는 과학으로 다시 생각하는 시기가 왔다고 믿는다. 따라서 나는 이번 기회를 이용하여 독자의 요청에 따라 필요한 수정을 할 수 있었으며, 동시에 초판이 출판된 이후 이 주제와 관련하여 전개되어 온 새로운 사고방식이 오늘날 어떤 문제와 씨름하고 있는지도 다룰 수 있었다.

새로운 과학적 주제가 활력이 있다면 그에 대한 관심의 초점이 해가 지남에 따라 점차 변화하게 마련이다. 내가 처음《사이버네틱스》초판을 쓸 때 통계적 정보와 제어 이론이라는 개념은 새로웠고 간혹 충격적이기까지도 했으므로 내 주장이 당시에는 받아들여지기 어려웠을 것이라 생각한다. 지금 이런 것들은 커뮤니케이션공학자와 자동 제어 설계자가 사용하는 도구처럼 익숙해졌으니 이 책이 이제 진부하고 평이하게 보일지도 모르겠다. 오늘날 되먹임의 역할은 공학 설계와 생물학에서 잘 확립되었다. 정보의 역할과 정보를 측정하고 전송하는 기술은 공학자, 생리학자, 심리학자, 사회학자가 각각 독자적인 전문 영역에서 다루고 있다. 이 책의 초판에서 거의 기대하지 않았던 자동 기계조차 이미 현실에 구현되었으며, 자동 기계가 야기할 사회적 위험성에 대해 이 책과 대중적으로 얇게 쓴 《인간의 인간적 사용》에서 내가 경고했던 사안들이 이미 지평선 위로 떠오르고 있다.[47]

따라서 사이버네틱스 연구자는 새로운 분야로 나아가 지난 십여 년 동안 발전해 온 여러 아이디어로 관심을 옮겨야 할 필요가 있다. 단순 선형 되먹임은 과학자들에게 사이버네틱스 연구가 어떤 역할을 할 수 있는지 일깨우는 중요한 연구 주제였다. 그러나 이 주제에서는 이제 처음보다 훨씬 덜 단순하고 훨씬 덜 선형인 상황을 놓고 고민하게 되었다. 초기 전기 회로 이론에서는 회로망을 체계적으로 다루는 수학적 자원이 저항, 축전기, 코일의 선형 병치를 넘어서지 않았다. 그때는 전송되는 메시지의 조화해석과 메시지가 전달되는 회로의 임피던스, 어드미턴스, 전압의 비를 이용하면 전체 주제를 적절히 기술할 수 있었다.

《사이버네틱스》가 출판되기 훨씬 전부터 비선형 회로의 연구가 (증폭기나 전압 제한기나 정류기 등에서 볼 수 있는 것처럼) 이 틀 안에 쉽사리 들어맞지 않는다는 것이 알려졌다. 그렇지만 더 나은 방법론이 필요했기 때문에 더 낡은 전기공학의 선형적인 개념을 확장하여 더 새로운 유형의 장치들을 이 개념들로 자연스럽게 표현할 수 있는 지점을 넘어서려는 노력이 계속되었다.

내가 1920년 무렵 MIT에 왔을 때 비선형 장치에 관해 질문을 제기하는 일반적인 방식은 임피던스 개념을 직접 확장하여 선형계와 비선형계를 아울러 포괄할 수 있도록 만드는 것이었다. 그 결과 비선형 전기공학의 연구가 천문학에서 프톨레마이오스 체계의 최종 단계에 버금가는 상태로까지 발전했다. 프톨레마이오스의 천문 체계에서는 주전원 위에 주전원을, 보정 위에 보정을 더하여 비대해진 임시변통 구조가 자체 무게를 이기지 못하고 결국 무너져 버리고 말았다.

코페르니쿠스 체계가 과부하를 받아 무너지는 프톨레마이오스 체계에서 출발해서, 복잡하고 불명료한 프톨레마이오스의 지구 중심 체계 대신 단순하고 자연스러운 태양 중심 체계로 천체의 운동을 서술했던 것처럼, 비선형 구조와 계의 연구는 전기적인 것이든 기계적인 것이든 자연적인 것이든 인공적인 것이든 신선하고 독립적인 출발점이 필요했다. 나는 나의 책《확률 이론의 비선형 문제*Nonlinear Problems in Random Theory*》에서 새로운 접근을 시작해 보았다.[48] 그 결과 선형 현상을 다룰 때 삼각함수 해석의 압도적인 중요성이 비선형 현상을 다룰 때에는 유지되지 않음을 알게 되었다. 이에 대한 명료한 수학적 이유가 있다. 전기 회로 현상은 다른 물리적 현상들과 마찬가지로 시간 원점 이동에 불변이다. 12시 정각에 시작하여 2시 정각에 어떤 단계에 도달하게 되는 물리적 실험을 12시 15분에 시작하면 2시 15분에 똑같은 단계에 도달하게 될 것이다. 따라서 물리 법칙은 시간 평행이동 군의 불변성을 다룬다.

삼각함수 $\sin \omega t$와 $\cos \omega t$는 같은 평행이동 군에 대해 중요한 불변성

을 보인다. 일반적인 함수

$$e^{i\omega t}$$

는 t에 τ를 더해서 얻는 평행이동에 대해

$$e^{i\omega(t+\tau)} = e^{i\omega\tau}e^{i\omega t}$$

처럼 원래와 같은 형태가 된다. 그 결과

$$a\cos n(t+\tau) + b\sin n(t+\tau)$$
$$= (a\cos n\tau + b\sin n\tau)\cos nt + (b\cos n\tau - a\sin n\tau)\sin nt$$
$$= a_1\cos nt + b_1\sin nt$$

가 된다. 다르게 말하면 함수들의 집합

$$Ae^{i\omega t}$$

와 함수들의 집합

$$A\cos\omega t + B\sin\omega t$$

는 평행이동에 대해 불변이다.

평행이동에 대해 불변인 함수들의 집합은 또 있다. 임의보행random walk 을 고려해 보자. 이것은 임의 시간 구간 안에서 어느 입자의 운동이 시간 구간의 길이에만 의존하고 그 출발점에 이르기까지 발생한 모든 것과 독립인 것을 가리킨다. 임의보행 전체의 집합은 시간 평행이동에 대해 그 집합 자체로 옮겨 간다.

다르게 말해서 삼각함수 곡선의 평행이동 불변성은 다른 종류의 함수들도 공유하는 성질이다.

이것 외에 삼각함수의 특성이 되는 성질은

$$Ae^{i\omega t} + Be^{i\omega t} = (A + B)e^{i\omega t}$$

가 된다는 것이다. 따라서 삼각함수들은 매우 간단한 선형 집합을 이룬다. 이 성질은 선형성에 관한 것임에 주목하자. 특정 진동수의 모든 진동은 두 진동의 선형결합으로 환원할 수 있다. 바로 이 성질 때문에 전기 회로의 선형 성질을 다룰 때 조화해석학이 쓰임새가 있다. 함수

$$e^{i\omega t}$$

는 평행이동 군의 지표character가 되며, 이 군의 선형 표현을 만들어낸다.

그런데 계수가 상수인 덧셈 이외의 함수 조합을 다루게 되면, 가령 두 함수를 서로 곱하게 되면, 간단한 삼각함수는 이 기본적인 군 성질을 나타내지 않는다. 다른 한편 임의보행에서 나타나는 임의함수random function는 비선형결합을 논의할 때 매우 적합한 성질들을 지니고 있다.

여기에서 이런 연구를 더 상세하게 다루는 것은 거의 바람직하지 않을 것이다. 수학적으로 너무 복잡하고 나의 저서 《확률 이론의 비선형 문제》에서 다루고 있기 때문이다. 그 책의 내용은 이미 비선형 문제를 취급하는 논의에서 상당히 사용되고 있다. 그러나 그 책에서 제기한 계획을 수행하려면 해야 할 일이 많이 남아 있다. 실제 상황을 고려하면, 비선형계를 연구하기 위한 적합한 시험 입력은 삼각함수 집합보다는 오히려 브라운 운동의 특징이 있다. 이 브라운 운동 함수는 전기 회로의 경우 물리적으로 산탄 효과shot effect를 써서 만들어낼 수 있다. 이 산탄 효과는 전류가 연속적인 전하의 흐름이 아니라 분할할 수 없고 똑같은 전자들의 계열이라는 사실 때문에 생겨나는 전류 안의 불규칙성 현상이다. 따라서 전류는 통계적 불

규칙성에 종속되며 그 불규칙성은 어느 정도 고른uniform 특성을 띠기 때문에 그 자체로 눈에 띄는 무작위 잡음을 구성할 때까지 증폭될 수 있다.

9장에서 설명하듯이 이 무작위 잡음의 이론은 전기 회로나 다른 비선형 과정의 분석뿐 아니라 그 합성에도 실제로 이용될 수 있다.[49] 사용되는 장치는 무작위 입력을 써서 비선형 기구의 출력을 잘 정의된 일련의 정규직교 함수들로 환원하는 것이다. 이 정규직교 함수들은 에르미트 다항식과 밀접하게 관련되어 있다. 비선형 회로는 평균화averaging 과정을 통해 입력 매개변수를 사용해 이 다항식들의 계수들을 결정하여 해석할 수 있다.

이 과정을 서술하는 일은 의외로 간단하다. 아직 분석되지 않은 비선형계를 나타내는 블랙박스에 화이트박스라 부르는 것을 덧붙인다. 화이트박스는 그 구조가 알려져 있으며, 필요한 확장 안에서 여러 항을 나타내는 대상이다.[50] 같은 무작위 잡음을 블랙박스와 화이트박스 모두에 넣는다. 블랙박스의 전개에서 화이트박스의 계수는 그 두 출력의 곱의 평균으로 주어진다. 이 평균을 산탄 효과 입력의 전체 앙상블에 대해 취하면, 몇 가지 경우를 제외한 확률에 대해 이 평균을 시간에 대해 취한 평균으로 대치해도 된다는 정리가 있다. 이 평균을 얻기 위해서는 평균하는 기구뿐 아니라 곱하는 기구를 원하는 대로 쓸 수 있어야 한다. 곱하는 기구를 이용하여 블랙박스의 출력과 화이트박스의 출력의 곱을 구할 수 있다. 이는 축전기에 걸린 전압은 축전기 안에 들어 있는 전기의 양에 비례하며, 따라서 축전기를 지나는 전류의 시간 적분에 비례함에 기초한 논의이다.

블랙박스의 등가 표현에서 덧셈 부분을 구성하는 각 화이트박스의 계수를 하나씩 결정하는 것이 가능할 뿐만 아니라, 이들 양을 동시에 결정하는 것도 가능하다. 적절한 되먹임 장치를 사용하여 각 화이트박스가 블랙박스의 전개에서 계수에 해당하는 수준으로 자동 조정되도록 하는 것도 가능하다. 이러한 방식으로 블랙박스에 적절하게 연결되고 동일한 무작위 입력을 받을 때, 내부 구조가 크게 다르더라도 자동으로 블랙박스와 동등한 작동 형태로 형성되는 다중 화이트박스를 구성할 수 있다.

이러한 블랙박스와 유사한 화이트박스의 분석, 합성 및 자동화된 자체 조정 작업은 아마르 보스Amar Bose 교수[51]와 가보르 교수[52]가 설명한 다른 방법으로 수행할 수 있다. 이들 모두에는 블랙박스와 화이트박스에 대한 적절한 입력을 선택하고 비교함으로써 작업하거나 학습하는 일부 과정이 사용된다. 그리고 가보르 교수의 방법을 포함한 이러한 많은 과정에서 승산기(곱셈기)는 중요한 역할을 한다. 두 함수를 전기적으로 곱하는 문제에 대한 접근 방법은 많지만 기술적으로 쉬운 작업은 아니다. 한편, 좋은 승산기는 넓은 범위의 진폭에서 작동해야 한다. 또 거의 즉각적으로 작동해서 높은 진동수까지 정확해야 한다. 가보르의 승산기는 작동하는 진동수 범위가 약 1,000사이클에 이른다고 한다. 가보르는 런던 대학교 임페리얼 칼리지의 전기공학 교수 취임 논문에서 자신의 곱셈 방법이 유효한 진폭 범위와 얻을 수 있는 정확도의 정도를 명시적으로 언급하지 않았다. 나는 승산기를 잘 평가해서 알맞은 곳에 폭넓게 사용할 수 있도록 이러한 특성이 명시적으로 밝혀지기를 매우 간절히 기다리고 있다.

이 모든 기구에서는 어떤 장치가 과거의 경험에 기초하여 특정한 구조나 기능을 추정한다. 이는 공학에서도 생물학에서도 매우 흥미로운 새로운 태도로 이어진다. 공학적으로, 특성이 유사한 장치는 게임을 하거나 다른 목적적인 행위를 수행할 뿐만 아니라 과거의 경험에 기초하여 성능을 지속적으로 향상시키는 데 사용될 수 있다. 나는 이 책의 9장에서 이러한 가능성을 논의할 것이다. 생물학적으로 우리가 다루는 주제는 생명 활동의 핵심이라고 할 만한 현상과 유사해 보인다. 유전이 가능하고 세포가 증식하기 위해서는 세포의 유전적 구성 요소인 소위 유전자가 자신의 이미지에서 다른 유사한 유전적 구조를 구성할 수 있어야 한다. 따라서 공학적인 구조가 자신의 기능과 유사한 기능을 가진 다른 구조물을 생산할 수 있는 수단을 보유한다는 것은 우리에게 매우 흥미로운 일이다. 나는 10장에서 이 문제를 다룰 것이며, 특히 주어진 진동수의 진동 계가 어떻게 다른 진동 계를 동일한 진동수로 환원할 수 있는지를 논의할 것이다.

기존 분자의 이미지에서 특정한 종류의 분자를 생산하는 일은 공학에서 견본을 사용하는 일, 즉 기계의 기능 요소를 다른 유사한 요소가 만들어

사이버네틱스: 동물과 기계의 제어와 커뮤니케이션

지는 패턴으로 사용하는 일과 유사하다고들 한다. 견본의 이미지는 정적이며, 한 유전자 분자가 다른 유전자를 제조하는 어떤 과정이 있어야 한다. 나는 분자 스펙트럼의 진동수가 생물학적 물질의 정체성을 전달하는 패턴 요소일 수 있다고 잠정적으로 제안한다. 그리고 유전자의 자체 조직화는 내가 나중에 논의할 진동수의 자체 조직화의 구현일 수도 있다.

나는 이미 학습하는 기계에 대해 일반적으로 말했다. 나는 이 기계들과 잠재력, 그리고 그것들의 사용에 관한 몇 가지 문제들에 대해 더 자세한 논의를 하기 위해 한 장을 할애할 것이다. 여기에서는 일반적으로 몇 가지 사항을 지적하고자 한다.

1장에서 볼 수 있듯이, 학습하는 기계의 개념은 사이버네틱스 그 자체만큼이나 오래되었다. 내가 설명한 대공 예측기에서, 주어진 시간에 사용되는 예측기의 선형 특성은 우리가 예측하고자 하는 시계열 앙상블의 통계에 대한 오랜 지식에 달려 있다. 이러한 지식은 내가 거기에서 제시한 원리에 따라 수학적으로 다룰 수 있지만, 예측에 사용되는 동일한 기계에 의해 이미 관찰되고 자동으로 처리되는 경험을 기반으로 이러한 통계를 처리하고 예측 변수의 단기 특성을 발전시키는 컴퓨터를 고안하는 일은 완벽하게 가능하다. 이는 순수하게 선형적인 예측 변수를 훨씬 뛰어넘을 수 있다. 칼리안푸르Gopinath Kallianpur, 마사니Pesi Masani, 아쿠토비치E. J. Akutowicz, 그리고 나 자신의 여러 논문에서,[53] 우리는 적어도 짧은 시간 예측을 통계적 근거로 뒷받침하기 위해 긴 시간 관측과 유사한 방식으로 기계화될 수 있는 비선형 예측 이론을 개발했다.

선형 예측 이론과 비선형 예측 이론은 모두 예측의 적합도에 대한 몇 가지 기준을 포함한다. 가장 간단한 기준은 평균제곱오차를 최소화하는 것이다. 이것은 비선형 장치를 구성하기 위해 내가 채택한 브라운 운동의 범함수와 관련하여 특정한 형태로 사용된다. 이때 내가 전개한 여러 항이 어떤 직교성을 가지기 때문이다. 이러한 조건은 유한 개 항의 부분합이 모방 대상 장치를 가장 잘 모사하도록 보장하는데, 평균제곱오차 기준을 사용해 달성할 수 있다. 가보르의 연구도 평균제곱오차 기준에 의존하지만,

더 일반적인 방식으로, 경험으로부터 얻는 시계열에 적용할 수 있다.

학습하는 기계라는 관념은 예측기, 여과기 및 기타 유사한 장치에 대한 사용을 훨씬 넘어 확장될 수 있다. 체스 두는 프로그램처럼 경쟁적인 게임을 하는 기계의 연구와 구성에 특히 중요하다. 여기서 핵심적인 연구는 IBM 연구소에서 새뮤얼Arthur Lee Samuel[34]과 와타나베Satosi Watanabe[55]가 수행했다. 여과기와 예측 변수의 경우와 마찬가지로 시계열의 특정 함수는 훨씬 더 큰 류class의 함수를 확장하는 식으로 만들어진다. 이러한 함수들은 게임의 성공적인 플레이를 좌우하는 중요한 양들을 수치로 계산할 수 있다. 예를 들어 양쪽의 체스 기물 수, 기물 동작, 기물 이동성 등이 포함된다. 기계를 사용하기 시작했을 때는 다양한 고려 사항에 잠정적인 가중치가 주어지며, 기계는 총 가중치가 최댓값을 가질 허용되는 수를 선택한다. 이 지점까지 기계는 견고한 프로그램으로 작동했으며 학습하는 기계가 아니었다.

그러나 때때로 기계는 다른 작업을 수행할 수 있다. 가령 기계는 이긴 게임은 1, 진 게임은 0, 무승부 게임은 1/2로 값이 주어지는 함수를, 기계가 인식할 수 있는 고려 사항을 표현하는 다양한 함수들로 확장하려 한다. 이러한 방식으로 더 정교한 게임을 할 수 있도록 이러한 고려 사항의 가중치를 재결정한다. 제9장에서 이러한 기계의 특성 중 일부를 논의할 것이지만, 여기서 나는 기계가 10~20시간 학습하며 작동하자 프로그래머를 물리칠 수 있을 만큼 충분히 성공적이었음을 지적해야 한다. 나는 또한 기하학적 정리를 증명하도록, 또 귀납 논리를 제한적으로 시뮬레이션하도록 고안된 유사한 기계에서 수행된 작업을 다루고자 한다.

이 모든 작업은 MIT의 전자 시스템 연구소에서 광범위하게 연구되어 온 프로그래밍에 대한 프로그래밍의 이론과 실제의 일부이다. 여기서 분명해진 것은 그러한 학습하는 장치를 채택하지 않는다면, 엄격하게 패턴화된 기계의 프로그래밍은 그 자체로 매우 어려운 작업이고 이 프로그래밍을 프로그램으로 만드는 장치가 긴급하게 필요하다는 점이다.

학습하는 기계 개념은 우리가 만든 기계에 적용할 수 있고, 우리가 동물이라고 부르는 살아 있는 기계와도 관련이 있다. 그리하여 우리는 생물학적 사이버네틱스를 새로이 조명할 수 있다. 여기서 나는 최신 연구 가운데 스탠리존스D. Stanley-Jones와 스탠리존스K. Stanley-Jones가 쓴 생체 시스템의 카이버네틱스Kybernetics를 다루는 책을 추천한다.[56] 이 책에서 그들은 특별한 자극에 반응하는 다른 되먹임뿐만 아니라 신경계의 작동 수준working level을 유지하는 되먹임에 많은 관심을 쏟는다. 신경계 작동 수준과 특정 응답을 조합하는 일은 상당한 정도로 곱셈 연산을 사용하므로 비선형적이며 우리가 이미 살펴본 방식으로 고려해야 한다. 이 분야는 현재 매우 활발하며, 곧 훨씬 더 활발해질 것으로 기대한다.

내가 지금까지 제시한 기억하는 기계와 자가 증식 기계의 구현 방법은 대부분 청사진 장치blueprint apparatus라고 할 만한 고도로 특수한 장치에 의존한다. 같은 과정의 생리학적 측면은 살아 있는 유기체의 독특한 수완에 따라야 하며, 이때 청사진은 덜 구체적인 과정으로 대체된다. 그러나 계는 이 과정으로 스스로를 조직한다. 이 책 10장은 자체 조직화 과정 가운데 뇌파 진동수가 고도로 특수한 좁은 영역으로 형성되는 과정을 다룬다. 그러므로 10장은 생리학적 관점에서 앞 장의 주제를 반복하며, 청사진에 더 많이 기반해 앞에서와 유사한 과정을 논의한다. 뇌파 진동수가 매우 좁은 영역에 존재한다는 것과 뇌파가 어떻게 생겨나고 무엇을 할 수 있는지, 그리고 그것을 의학적으로 응용할 수 있는지 설명하기 위해 내가 제시한 이론은 생리학 분야에서 중요하고 새로운 성취라고 생각한다. 이와 비슷한 착상들은 생리학의 다른 많은 곳에 쓰일 수 있고 생명 현상의 기초 연구에 실질적인 기여를 할 수 있다. 이 분야에서 나는 어느 정도 완성된 연구가 아니라 연구 프로그램을 제안하는 것이기는 하지만, 나는 그 프로그램에 원대한 희망을 품고 있다.

초판이든 현재 판이든 사이버네틱스 분야에서 이루어진 모든 것을 망라하는 개요를 만드는 것은 내 의도가 아니었다. 그런 작업은 내 관심사와 능력 모두를 벗어난다. 나의 의도는 이 주제에 대한 나의 생각을 표현하고 증폭시키는 것, 그리고 내가 이 분야에 입문하고 또 분야의 발전을 계속 좇도록 이끌었던 아이디어와 철학적 성찰을 보여주는 것이다. 따라서 이 책은 매우 개인적인 책으로, 나 자신이 관심을 가지고 발전시킨 것에 많은 지면을 할애하고, 내가 직접 연구하지 않은 것에는 상대적으로 적은 지면을 할애한다.

나는 이 책을 개정하는 데 여러 방면에서 귀중한 도움을 받았다. 나는 특히 MIT 출판부의 콘스턴스 보이드Constance D. Boyd, 도쿄 공업대학의 이케하라 시카오池原止戈夫 박사, MIT 전기공학부의 육윙 리Yuk-Wing Lee 박사, 벨 전화 연구소의 고든 레이스벡Gordon Raisbeck 박사에게 감사를 표하고자 한다. 또한 새로운 장들을 저술할 때, 특히 뇌전도 연구에서 나타나는 자체 조직 계를 고려한 10장의 계산에서 나의 제자 존 코텔리John C. Kotelly와 찰스 로빈슨Charles E. Robinson에게 받은 도움과 특히 매사추세츠 종합 병원 소속 존 발로John S. Barlow 박사의 공헌을 언급하고 싶다. 색인 작업은 제임스 데이비스James W. Davis가 했다.

이 모두의 세심한 보살핌과 헌신이 없었다면 나는 수정판을 만들 엄두를 내지 못했을 것이고, 작업을 정확하게 해내지도 못했을 것이다.

1961년 3월
미국 매사추세츠주 케임브리지
노버트 위너

글머리에

이 책에는 10여 년 전부터 아르투로 로센블루스Arturo Rosenblueth 박사와 함께한 작업의 결과가 담겨 있다. 로센블루스 박사는 이전에는 하버드 의대에 있었고 지금은 멕시코의 국립 심장학 연구소Instituto Nacional de Cardiología에 재직하고 있다. 그 무렵 로센블루스 박사는 지금은 고인이 된 월터 캐넌 Walter B. Cannon 박사의 동료이자 공동 연구자로 과학적 방법에 관한 월례 집담회를 책임지고 있었다. 참가자들은 대개 하버드 의대의 젊은 과학자였으며, 우리는 밴더빌트 홀의 원탁에 둘러앉아 저녁을 함께 먹곤 했다. 대화는 활기찼고 기탄없이 자기 의견을 말하는 분위기였다. 다른 사람을 격려한다거나 아니면 다른 사람이 자신의 체면을 지킬 수 있도록 해주는 자리와는 거리가 멀었다. 식사가 끝나고 나면, 회원 중 한 사람이나 초청받은 사람이 과학 주제를 다룬 논문을 읽곤 했다. 주제 중에서는 방법론 문제를 맨 먼저 다루거나 적어도 중요하게 다루었다. 발표자는 온후하지만 용서가 없는 예리한 비판의 매질을 견뎌내야만 했다. 그것은 설익은 아이디어, 불충분한 자기비판, 과장된 자기만족, 잘난 척하는 것에 대한 완벽한 카타르시스였다. 그런 갈고리를 견뎌낼 수 없었던 사람은 다시는 나타나지 않았지만, 단골 참석자 중에는 모임이 우리의 과학을 펼치는 데 중요하고 항구적인 도움이 되고 있다고 느끼는 사람이 꽤 있었다.

참석자들이 모두 의사나 의학자였던 것은 아니다. 우리 중에는 꾸준하게 참석하는 회원이자 우리의 토론에 매우 큰 도움이 되었던 마누엘 산도발 바야르타Manuel Sandoval Vallarta 박사가 있었다. 바야르타는 로센블루스와 마찬가지로 멕시코 사람이었고 MIT 물리학 교수였으며, 내가 제1차 세계 대전 이후 MIT에서 교직을 맡으며 처음 가르친 학생 가운데 한 명이기도 했다. 바야르타 박사는 이 토론 모임에 MIT 동료 몇 명을 데려오곤했다. 내가 로센블루스 박사를 처음 만난 것은 바로 이런 모임 중 하나에서였다. 나는 오랫동안 과학적 방법에 관심이 있었고, 1911년부터 1913년까지 과학적 방법에 관한 조사이어 로이스Josiah Royce의 하버드 세미나 회원이었다. 모임에서 수학적 문제를 엄격하게 평가할 수 있는 사람이 참석할 필요가 있다고 다들 생각하고 있었다. 그렇게 해서 나는 그 그룹의 회원이 되었으며, 1944년 로센블루스 박사가 멕시코로 되돌아가고 전쟁이 불러일으킨 대혼란으로 월례 모임이 끝날 때까지 적극적으로 참여했다.

과학이 성장하는 데 가장 유익한 분야들은 이미 정립된 다양한 분야 사이에서 미답의 땅으로 무시되어 온 분야라는 확신을 로센블루스 박사와 나는 여러 해 동안 공유하고 있었다. 라이프니츠Gottfried Wilhelm Leibniz 이래 라이프니츠 시절의 모든 지적 활동을 완전히 따라갈 수 있었던 사람은 아마 아무도 없을 것이다. 그 시대 이후로 과학은 점점 더 전문가의 일이 되어버렸고, 갈수록 협소해지는 경향을 보이는 분야들 속에 놓이게 되었다. 한 세기 전에는 라이프니츠와 같은 사람은 없었지만 그래도 가우스Carl Friedrich Gauss 나 패러데이Michael Faraday 나 다윈Charles Darwin 같은 사람은 있었다. 오늘날에는 자신을 아무 제한 없이 수학자라거나 물리학자라거나 생물학자라고 부를 수 있는 학자가 별로 없다. 어떤 사람이 위상수학자이거나 음향학자이거나 외뿔곤충학자일 수는 있다. 그 사람은 자기 분야의 전문 용어를 잔뜩 알고 있고, 또한 관련 참고 문헌과 갖가지 문제를 모두 알고 있을 것이다. 그러나 흔히 그 사람은 인접 분야를 복도를 따라 세 칸쯤 더 지난 연구실 동료가 다루는 것으로 여길 것이며, 자기 자신이 그 분야에 관심을 두는 것은 개인 영역을 부당하게 침해하는 일이라 생각할 것이다. 이렇게 전문화된 분야들은 갈수록 커져가고 있고 새로운 영토를 침공하고 있다. 결과는 마치 오리건의 시골을 미국 정착민과 영국인과 멕시코인과 러시아인이 동시에 침공한 상황에 비할 만하다. 말하자면 각자의 탐험 활동과 서로 다른 명명법과 규범이 뒤엉켜 혼란이 발생한 것이다. 이 책 본문에서 보게 되겠지만, 순수 수학, 통계학, 전기공학, 신경생리학 등 여러 학문이 상이한 관점으로 탐구해 온 과학 연구 분야들이 있다. 이런 분야에서는 모든 개념이 각 집단마다 다른 이름으로 불린다. 이런 분야에서는 중요한 연구가 세 번 네 번 복제되기도 하지만, 다른 분야에서는 이미 고전이 되어버린 결과를 또 다른 분야에서는 접하지 못해서 늦추어지는 중요한 연구도 있다.

자격을 갖춘 연구자에게 가장 풍부한 기회를 주는 곳이 바로 이런 과학의 경계 영역이다. 이는 동시에 노동 분업에 기초한 집단 공격이라는 확립된 연구 진행 방법론이 가장 굴절을 겪는 곳이기도 하다. 생리학 문제의 어려움이 본질상 수학적이라면, 수학을 모르는 생리학자 열 명은 수학을 모르는 생리학자 한 명만큼만 나아갈 수 있을 뿐이다. 만일 수학을 모르는 생리학자가 생리학을 모르는 수학자와 함께 연구한다면, 생리학자는 수학자의 용어로 자신의 문제를 말할 수 없을 것이며, 후자도 전자가 이해할 수 있는 어떤 형태로든 해답을 제시할 수 없을 것이다. 로센블루스 박사는 과학의 지형도 위에 있는 이 텅 빈 공간들을 제대로 탐구하는 것은 자기 분야에서 전문가이면서도 이웃 분야에 대해서도 완전히 건전하고 숙달된 지식이 있는 사람들로 이루어진 팀만이 할 수 있는 일이라고 언제나 주장했다. 이 팀에서는 모두가 함께 작업하며, 서로의 지적인 습관을 알고 있으며, 동료가 내놓은 새로운 제안의 의미를 그것이 완전히 형식적 표현으로 나타나기 전에 재빨리 파악하는 데 익숙하다. 수학자가 생리학 실험을 수행할 능력이 필요하지는 않지만, 생리학 실험을 이해하고 비판하고 제안할 수 있는 능력이 있어야 한다. 생리학자가 어떤 수학 정리를 증명할 능력이 필요하지는 않지만, 그 정리의 생리학적 의미를 파악하고 수학자에게 어떤 것을 보아야 하는지 말해줄 수 있어야 한다. 우리는 오랫동안 독립적인 과학자들의 연구 기관을 꿈꾸었다. 이 과학자들이 뭔가 거대한 경영진의 노예로서가 아니라, 부분을 전체로 이해하려는 욕망으로, 실로 영적인 절실함으로 뭉쳐 서로서로 이해의 힘을 빌려주면서 과학의 미개척지 중 하나에서 함께 연구하는 그런 연구 기관 말이다.

우리는 공동 연구 분야와 그 속에서 각자 맡을 역할을 선택하기 오래 전부터 이런 사항에 동의하고 있었다. 이 새로운 도약에서 결정적 요인은 전쟁이었다. 나는 국가 비상사태가 혹여 발생한다면 비상사태 시국에 내 역할이 크게 다음 두 사항에 의해 결정되리라 꽤 오랫동안 짐작해 왔다. 나는 버니바 부시Vannevar Bush 박사가 발전시킨 계산 기계 프로그램을 가깝게 접하고 있었고, 또 육웡 리[37] 박사와 함께 전기 네트워크 설계를 공동 연구한 적이 있었다. 사실 둘 다 중요함이 증명되었다. 1940년 여름 나는 편미분방정식을 풀기 위해 계산 기계를 발전시키는 쪽으로 내 관심의 많은 부분을 돌렸다. 내가 이 문제에 관심을 가진 지는 오래되었으며, 부시 박사가 미분 해석기를 써서 아주 훌륭하게 다루었던 상미분방정식의 경우와 대조적으로 그 주된 문제가 다변수 함수를 표현하는 문제라는 점을 스스로 확신하고 있었다. 또한 나는 텔레비전에서 채택된 것 같은 주사scanning 과정을 통해 그 문제에 답을 얻을 수 있으며, 사실상 텔레비전이 자체 산업보다도 개발에 필요한 신기술 도입을 촉진함으로써 공학에 더 유용하게 되리라고 확신했다.

어떤 주사 과정이든 상미분방정식 문제에서 다루어야 하는 자료의 수와 비교하면 자료의 수를 엄청나게 증가시켜야 한다는 점은 분명하다. 적절한 시간 안에 적절한 결과를 얻기 위해서는 기본 처리 과정의 속도를 최대한으로 끌어올리고 본성상 더 느린 성질의 단계들 때문에 이 처리 과정의 흐름이 차단되지 않도록 해야 한다. 또한 개별 처리 과정을 대단히 정확하게 수행함으로써, 기본 처리 과정을 막대한 규모로 반복해도 전체 정확도를 깎아먹을 만큼 큰 누적 오차가 생겨나지 않도록 해야 한다. 따라서 다음과 같은 요건이 제시되었다.

1. 계산 기계의 기본적인 덧셈 장치와 곱셈 장치는 보통의 가산기(덧셈기)와 마찬가지로 수치적이어야 하며, 부시 미분 해석기처럼 측정에 기초를 두어서는 안 된다.

2. 이 기계 장치는 근본적으로 스위치 장치로서 더 빠른 작동의 보장을 위해 기어나 기계식 계전기가 아니라 전자 진공관을 사용해야 한다.

3. 벨 전화 연구소에서 기존에 채택한 정책에 따라 덧셈이나 곱셈 연산에서 10진법이 아니라 2진법을 채택하는 것이 장치의 경제성에 더 도움이 될 것이다.

4. 연산의 전체 계열은 기계 자체에 각인되어야 한다. 그럼으로써 자료가 들어가는 시점부터 최종 결과를 산출하는 시점까지 사람의 개입이 전혀 없어야 한다. 또한 이를 위한 모든 논리적 판단은 기계 자체 속으로 짜 넣어야 한다.

5. 기계는 자료의 저장을 위한 장치를 보유해야 한다. 자료는 그 장치에 빠르게 기록되어야 하며, 삭제할 때까지 확실하게 유지되어야 하며, 빨리 읽어내고 빨리 지울 수 있어야 하고, 새로운 물질로 만든 저장 장치에 바로 옮길 수도 있어야 한다.

이 요건은 전쟁 중에 이용할 수 있도록, 구현 수단에 대한 잠정적 제안과 함께 버니바 부시 박사에게 제출되었다. 당시는 전쟁을 준비하는 단계였고, 이상의 요건에 대해 주목할 만한 연구를 수행할 만큼 충분히 높은 우선순위를 배정하지 않았던 듯하다. 그렇지만 이 요건들은 이제까지 현대적인 초고속 계산 기계 안으로 스며들어 온 발상을 표현하고 있다. 이 개념들은 당시의 시대정신에 아주 잘 맞아떨어졌다. 나는 일단 개념들을 도입한 데 대한 전적인 책임을 전혀 주장하지 않을 작정이다. 그렇지만 이 개념들은 유용함이 밝혀졌으며, 내 제안서가 공학자 사이에서 이 개념들을 퍼뜨리는 데 어느 정도 효과가 있었으리라는 것이 내 바람이다. 여하튼 이 책의 본문에서 더 보게 될 것처럼, 이 발상은 모두가 신경계 연구와 관련하여 흥미롭다.

이 연구는 이와 같이 책상 위에서 만들어졌으며, 무익한 것으로 밝혀지지는 않았지만 로젠블루스 박사와 나의 프로젝트로 즉각 이어지지 않았다. 우리의 실제 공동 연구는 다른 프로젝트에서 비롯되었다. 그 프로젝트에 착수한 것은 전쟁 말기의 목적을 위해서였다. 전쟁 초기에는 독일 공군이 맹위를 떨쳤고 영국이 수세에 몰려 많은 과학자는 대공 병기의 개선에 집중했다. 전쟁이 시작되기 전에도 비행기의 빠른 속력 때문에 발포 방향을 정하는 모든 고전적 방법이 쓸모없게 되었으며 필요한 계산을 모두 제어 장치에 내장해야 했다. 비행기는 과거 표적과 달리 비행기 격추에 사용되는 미사일 속도와 매우 근접한 속도로 움직여 발포 방향을 정하기가 아주 어려웠다. 표적을 향해 미사일을 쏘면 맞지 않으므로, 미래 어느 시점에 미사일과 목표물이 근접하도록 쏘아야 했다. 따라서 우리는 비행기의 미래 위치를 예측하는 모종의 방법을 찾아내야 했다.

가장 간단한 방법은 비행기의 현재 경로를 직선을 따라 연장하는 것이다. 이 방법을 추천할 이유는 많다. 비행기가 속도를 빠르게 하거나 곡선으로 움직이면, 그만큼 유효 속도가 줄어들게 되고 임무 행동에 가용한 시간이 줄어들며 위험 영역에 오래 머무르게 된다. 다른 조건이 같다면 비행기는 될수록 일직선을 따라 날아가려 할 것이다. 그러나 첫 번째 미사일이 폭발할 즈음에는 다른 조건들이 같다고 할 수 없으며, 조종사는 아마 지그재그 기동이나 곡예비행 혹은 뭔가 다른 방식으로 회피하는 조종을 할 것이다.

만일 이 조종이 완전히 조종사 마음대로 이루어진다면, 조종사는 가령 뛰어난 포커 선수처럼 자신의 가능성을 영리하게 사용할 것이다. 조종사는 미사일이 도달하기 전에 자신의 예상 위치를 변경하여 비행기 격추 가능성을 아주 정확하게 계산할 수 없도록 만들 것이다. 아마 예외가 있다면 탄을 낭비하며 마구 쏘는 집중 포격 정도일 것이다. 다른 한편으로 조종사가 비행기를 뜻대로 완전히 자유로이 조종할 기회는 없다. 이유는 이렇다. 조종사는 엄청나게 빠른 속력으로 움직이는 비행기 안에 있으므로 비행기의 경로를 갑자기 벗어나게 되면 조종사가 의식을 잃어 비행기가 추락할 정도로 큰 가속도가 붙을 것이다. 조종사가 비행기를 제어할 수 있으려면 조종익면을 움직여야 하는데, 그 동작에 따라 공기 흐름이 변하기까지 짧지만 어느 정도 시간이 걸린다. 공기 흐름의 변화가 온전히 이루어지더라도 이는 비행기의 가속도를 바꿀 뿐이며, 최종적으로 효과를 내기 전에 먼저 이 가속도의 변화가 속도의 변화로, 다음에는 위치의 변화로 변환되어야 한다. 게다가 전투 상황에 내몰려 있는 조종사가 자의로 아주 복잡하고 아무 방해를 받지 않는 행동을 할 수 있는 경우는 거의 없으며, 자신이 훈련받았던 행동 패턴을 그대로 따르기가 아주 쉽다.

이 모든 것을 볼 때 비행의 곡선 예측이라는 문제의 연구가 가치 있는 일임을 알 수 있으며, 이는 연구의 결과로 그런 곡선 예측 기능을 갖춘 제어 장치가 실제 사용에 적합한 것으로 밝혀지든 아니든 마찬가지이다. 곡선의 미래를 예측하는 것은 곡선의 과거에 모종의 연산을 수행하는 것과 같다. 진짜 예측 연산자는 조립할 수 있는 어떤 장치로도 구현할 수 없다.

그러나 어느 정도 유사한 연산자는 있으며, 사실상 우리가 만들 수 있는 장치로 구현할 수 있다. 나는 MIT의 새뮤얼 콜드웰Samuel Caldwell 교수에게 이런 연산자를 시험할 만한 가치가 있다고 제안했다. 콜드웰 교수는 바로 우리가 부시 박사의 미분 해석기를 가지고 포격 제어 장치의 모델로 사용하여 그 연산자를 시험해 볼 것을 제안했다. 우리는 그렇게 했고, 그 결과는 이 책의 본문에서 논의할 것이다. 여하튼 나는 전쟁 프로젝트에 연루되었고, 그 프로젝트에서 줄리언 비글로Julian H. Bigelow 씨와 나는 예측 이론의 연구와 이 이론을 구현하는 장치의 조립 연구에서 파트너가 되었다.

나는 인간만이 가진 기능을 모방하기 위해 고안된 기계-전기적 시스템의 연구에 참여했다. 그 기능이란 복잡한 패턴을 계산하고 미래를 예측하는 것이다. 우리는 특정한 인간 기능의 수행 방식에 대한 논의를 피해서는 안 된다. 어떤 포격 제어 장치에서는 조준을 위한 원래의 자극이 레이더에서 직접 오는 것이 사실이다. 그러나 사람이 대포 조준수를 맡거나, 대포 조준기가 있거나, 이 두 가지가 포격 제어 시스템으로 결합되어 시스템의 근본적인 부분으로 작동하는 경우가 더 흔하다. 포격 제어 장치를 수학적으로 제어하는 기계 속으로 융합하려면 그 특성을 알아야 한다. 또한 포격 제어 장치의 목표물, 즉 비행기도 사람이 제어하는 것이므로 그 수행 특성을 아는 것이 바람직하다.

비글로 씨와 나는 의지적 활동에서 대단히 중요한 요인이 바로 제어 공학자들이 되먹임이라고 부르는 것이라는 결론에 이르렀다. 이에 대하여 적절한 장에서 상당히 자세하게 서술할 것이다. 여기에서는 운동이 특정 패턴을 따르게 하려면 이 패턴과 실제로 수행되는 운동 사이의 차이를 새로운 입력으로 사용하여 패턴으로 주어진 운동이 부분의 운동에 가깝게 될 수 있도록 조절되는 부분을 이동시켜야 한다는 점을 언급하는 것으로 충분하다. 가령 배에서 사용되는 조타 장치의 한 형태는 조타 바퀴의 눈금이 조종 손잡이에서 돌출부 쪽으로 전달된다. 그렇게 하면 조타 엔진의 밸브가 조절되어 조종 손잡이가 움직여서 이 밸브를 잠근다. 따라서 조종 손잡이가 회전하여 밸브를 조절하는 돌출부의 다른 쪽 끝을 선체 중앙으로 이동하며, 그럼으로써 조타 바퀴의 회전각 위치가 조종 손잡이의 회전각 위치로 기록된다. 틀림없이 마찰이나 그 밖의 조종 손잡이 움직임을 방해하는 지체 힘 때문에 유입되는 수증기의 양이 한쪽 편의 밸브에서는 늘어나고 다른 쪽 밸브에서는 줄어들 것이다. 그럼으로써 조종 손잡이를 원하는 위치로 옮기는 회전력이 커진다. 이처럼 되먹임 계는 조타 장치가 부하에 별로 영향을 받지 않고 동작하도록 한다.

반면 이러한 일련의 동작이 어떠한 이유로 지연될 경우, 되먹임이 너무 갑작스럽게 일어나 방향타가 과도하게 돌아가다가 다시 역방향 되먹임의 작용으로 반대 방향으로 과도하게 돌아 조타 기구가 심하게 진동하는 난조hunting[58]가 생기고, 마침내 조타 기구가 망가진다. 매콜L. A. MacColl 씨의 저서[59] 등에서는 되먹임이 유용하게 쓰일 수 있는 조건과 그렇지 못한 조건을 정확하게 논의하고 있다. 되먹임은 우리가 정량적으로도 잘 알고 있는 현상이다.

연필 하나를 집어 든다고 해보자. 그러려면 어떤 근육들을 움직여야 한다. 그러나 전문 해부학자가 아닌 한 우리는 이 근육들이 어느 것인지 모르며, 해부학자 중에서도 의지에 따라 관련된 근육을 각각 수축하는 동작을 반복하여 연필을 집어 들 수 있는 사람은 거의 있을 법하지 않다. 반대로 생각해 보자. 우리가 하고자 하는 것은 연필을 집어 드는 일이다. 일단 이렇게 하기로 확정하고 나면 우리의 운동은 연필이 아직 집어 들리지 않은 양을 단계적으로 줄이며 진행한다고 대략 말할 수 있을 것이다. 우리는 행위를 부분 단계마다 모두 의식하지 않는다.

그런 방식으로 행위를 수행하려면 의식적 및 무의식적 신경계에 우리가 매 순간 연필을 집어 들지 못한 만큼의 양에 대한 보고가 있어야 한다. 우리가 연필에 주목하고 있다면 이 보고는 적어도 부분적으로는 시각적이겠지만, 이 보고는 일반적으로는 근육 운동감각에서 나온 것으로, 요즘 유행하는 용어로 말하자면 고유감각proprioception에 따른 것이다. 만일 고유감각이 불충분한 경우, 게다가 시각이나 기타 감각으로 고유감각의 작용을 대행할 수 없을 때 우리는 연필을 집는 동작을 실행할 수 없으며 소위 '실조ataxia'라고 하는 상태에 빠진 자신을 발견하게 된다. 이런 종류의 운동 실조는 '척수매독tabes dorsalis'이라고 하는 중추신경의 매독에서 자주 볼 수 있는데, 이 병에 걸리면 척수신경을 통해서 전달되는 근육 운동감각 능력이 많든 적든 손상된다.

그렇지만 과도한 되먹임도 불충분한 되먹임과 마찬가지로 신체가 조직적으로 운동하는 데는 매우 불리한 조건일 공산이 크다. 이렇게 예측했기 때문에 비글로 씨와 나는 다음과 같은 대단히 구체적인 질문을 로센블루스 박사에게 제출했다. 병리학적으로, 환자가 연필을 집는 등 수의적 행동을 하려다 목표물을 지나쳐 버리고 조절 불가능한 진동 상태로 빠지는 경우가 있는가? 이에 대해서 로센블루스 박사는 그것은 '목적 떨림purpose tremor'이라는 잘 알려진 병상으로서 소뇌 장애와 관련하여 발생하는 경우가 많다고 바로 대답해 주었다.

이로써 우리는 적어도 몇 가지 자발적 운동의 성질에 관한 우리의 가설을 뒷받침하는 중요한 확증을 찾아냈다. 우리의 견해가 신경생리학자의 통설보다 상당히 우수한 것이었다는 점은 주목할 만하다. 중추신경계가 감각에서 입력을 받아서 근육으로 방출하기만 하는 완비된 기관self-contained organ이라고는 생각할 수 없게 되었다. 오히려 중추신경계의 가장 특징적인 기능 일부는 순환하는 과정으로서만 설명할 수 있다. 이 순환하는 과정은 신경계에서 근육으로 전달되어서 고유감각기나 다른 어떤 특수한 감각기를 통해서 재차 신경계로 돌아오는 것이다. 이 과정을 밝혀낸 것은 신경 시냅스의 개별 작용뿐만 아니라 신경계 전체의 기능에 관한 신경생리학 분야를 연구하는 데 큰 발전이다.

여기에서 우리 세 사람은 이 새로운 견해는 논문으로 쓸 만한 가치가 있다고 생각하고 이를 정리하여 발표했다.[60] 로센블루스 박사와 나는 이 논문이 방대한 실험 연구 계획의 일부이며, 여러 과학 부문에 걸친 연구 조직을 실현할 수 있게 된다면 이 주제야말로 우리 협동 연구의 중심 과제로서 이상적일 것이라 생각했다.

꽤 오래전부터 비글로 씨와 나에게는 제어공학의 문제들과 커뮤니케이션공학의 문제들이 분리될 수 없으며 이 문제들이 전기공학의 기법 주위에 집중되어 있는 것이 아니라 메시지라는 훨씬 더 근본적인 개념 주위에 집중되어 있음이 명백했다. 이는 메시지가 전기적 수단으로 전송되든, 기계적 수단으로 전송되든, 신경계를 따라 전송되든 상관없이 그러했다. 메시지는 측정할 수 있는 사건들이 시간에 따라 분포된 불연속적 또는 연속적 계열이다. 정확히 말하면 통계학자들이 '시계열'이라 부르는 것이다. 과거에 대한 모종의 연산자로 우리는 메시지의 미래를 예측한다. 이 연산자가 수학적인 계산의 틀로 실현되든, 아니면 기계적이거나 전기적인 장치로 실현되든 마찬가지이다. 이와 관련하여 우리가 처음 만들었던 이상적인 예측 메커니즘은 두 가지 종류의 오차 때문에 타격을 입었다. 이 두 오차는 대략 서로 반대의 성격을 지닌다. 우리가 처음 고안했던 예측 장치는 얼마든지 원하는 정도의 근사로 대단히 매끄러운 곡선을 예측하게끔 만들 수 있었다. 거동의 정교화는 언제나 민감도의 증가라는 대가를 치러야 얻을 수 있었다. 장치가 매끄러운 파동에 더 잘 맞을수록 매끈한 상태와의 작은 편차 때문에 더 많이 진동하게 되며, 그러한 진동이 잦아들어 사라지기까지 더 오래 걸릴 것이다. 따라서 매끄러운 파동을 잘 예측하기 위해서는 거친 곡선을 가능한 한 잘 예측하는 일보다는 더 정밀하고 민감한 장치가 필요할 것으로 보였다. 또 특정한 경우에 사용되는 장치를 선택하는 것은 예측되는 현상의 통계적 특성에 따라 달라져야 할 것으로 보였다. 두 종류 오차 사이의 상호 작용은 하이젠베르크Werner Heisenberg가 정립한 양자역학에 등장하는 불확정성 원리에 따른 위치의 측정과 운동량의 측정 사이의 대응되는 문제와 공통점이 있는 것으로 보였다.

최적 예측의 문제에 대한 해결책을 얻기 위해서는 예측해야 하는 시계열 통계를 이용하는 수밖에 없다고 분명히 깨닫고 나니 애초에 예측 이론의 난점이라고 생각했던 것을 실제로 예측 문제를 풀기 위한 효과적인 도구로 바꾸는 것은 어렵지 않았다. 시계열 통계를 가정하고 나면, 주어진 기법과 주어진 사전 정보lead에 의한 예측의 평균 제곱 오차를 명시적으로 기술하는 표현을 유도할 수 있다. 이를 얻고 나면 최적 예측의 문제를 특정한 연산자를 결정하는 문제로 번역할 수 있다. 결정된 연산자는 그 연산자에 의존하는 어떤 영보다 큰 양을 최솟값으로 만들어야 한다. 이런 유형의 최소화 문제는 '변분법'이라는 수학 분야가 다루는데, 이 분야에는 공인된 기법이 있다. 우리는 변분 기법의 도움을 받아 시계열 미래 예측 문제의 가장 적절한 해답을 그 통계적 특성에 따라 명시적으로 얻을 수 있었다. 더 나아가 이 해답을 구성 가능한 장치를 써서 물리적으로 구현할 수도 있었다.

일단 이렇게 하고 나면, 적어도 공학 설계 문제 하나는 완전히 새로운 면모를 띠게 된다. 일반적으로 공학 설계는 과학보다는 기술로 여겨져 왔다. 이런 종류의 문제를 최소화 원리로 환원시킴으로써 우리는 이 주제를 훨씬 더 과학적인 토대 위에 정립하게 되었다. 우리는 이것이 특별한 경우가 아니라고 생각했고, 상당히 커다란 공학 연구 영역에서 비슷한 설계 문제를 변분법으로 해결할 수 있겠다고 생각했다.

우리는 동일한 방법으로 다른 유사한 문제들을 공략하여 해결했다. 이 중에는 파동 여과기의 설계 문제가 있었다. 메시지가 우리가 배경 잡음이라고 부르는 외부 교란으로 오염되는 경우가 곧잘 있다. 이때 직면하는 문제는 원래 메시지나, 어떤 사전 정보 아래 있는 메시지나, 어떤 주어진 지연lag 즉 사후 정보 때문에 수정된 메시지를 손상된 메시지에 연산자를 작용하여 복원하는 문제이다. 이 연산자와 그것을 구현하는 장치의 최적화된 설계는 단일한 것이든 연합된 것이든 메시지와 잡음의 통계적 특성에 따라 달라진다. 이렇게 해서 우리는 파동 여과기의 설계에서 경험적이고 꽤 우연적인 특성이 있는 과정을 완전히 과학적으로 정당화할 수 있는 과정으로 바꾸어 냈다.

이렇게 함으로써 우리는 커뮤니케이션공학 설계에서 일종의 통계 과학을 만들어냈는데, 이는 통계역학의 한 분야이다. 통계역학이라는 관념은 사실 한 세기 이상 모든 과학 분야에 침식해 들어오고 있다. 현대 물리학에서 이와 같은 통계역학의 우세가 시간의 본성을 해석하는 데 매우 중요한 의미가 있다는 점을 앞으로 보게 될 것이다. 하지만 커뮤니케이션공학의 경우 통계적 요소가 중요함은 바로 알 수 있다. 정보 전송이 가능하기 위해서는 양자택일 중 하나의 전송이 있어야 한다. 전송하는 것이 양자택일이 아니라 한 가지뿐이라면 아무런 메시지도 보내지 않음으로써 가장 효과적으로 가장 적은 수고를 들여 전송할 수 있다. 전신과 전화는 전송하는 메시지가 과거 상태에 따라 완전히 정해지지 않는 방식으로 거듭해서 달라져야만 정상적으로 기능할 수 있으며, 이 메시지의 변이가 모종의 통계적 규칙성을 형성해야만 효과적으로 설계될 수 있다.

커뮤니케이션공학의 이러한 측면을 포괄하기 위해 우리는 정보량에 대한 통계적 이론을 발전시켜야 했다. 그 이론에서 정보의 단위 양은 똑같이 가능한 양자택일을 두고 내리는 결정 한 번으로 전송하는 만큼이다. 이 생각은 거의 같은 시기에 통계학자 로널드 피셔Ronald A. Fisher와 벨 전화 연구소의 섀넌 박사와 본 저자 등 여럿이 하게 되었다. 이 주제를 연구하는 피셔의 동기는 고전 통계 이론에서 찾을 수 있다. 섀넌의 동기는 정보를 부호화하는 문제에 있으며, 나의 동기는 전기 여과기의 잡음과 메시지의 문제에 있다. 곁들여 이 방향의 내 주장 중 일부는 러시아 학자 콜모고로프의 초기 연구[61]와 이어져 있음을 언급해 둔다. 그러나 내 연구의 상당 부분은 내가 러시아 학파의 연구에 관심을 두기 전에 이루어졌다.

정보량이라는 개념은 매우 자연스럽게 통계역학의 고전적인 개념, 엔트로피로 이어진다. 어떤 계에 속한 정보량이 조직화 정도의 척도인 것과 마찬가지로 어떤 계의 엔트로피는 비조직화 정도의 척도이다. 전자는 단순히 후자의 음의 값이다. 이 관점은 열역학 제이 법칙에 대한 다양한 고찰과 소위 '맥스웰 도깨비'의 가능성에 대한 연구로 이어진다. 그러한 문제의식은 효소와 다른 촉매의 연구에서도 독립적으로 나타난다. 그러한 연구는 신진대사나 생식과 같은 생명체에서 일어나는 근본적인 현상을 적절히 이해하는 데 긴요하다. 또 다른 근본적 생명 현상인 자극 반응 현상은 커뮤니케이션 이론의 영역에 속하며 우리가 이제까지 논의해 온 착상들의 관할권에 든다.[62]

4년 전 로센블루스 박사와 나를 둘러싼 일단의 과학자들은 기계 안에서든 생체 조직 안에서든 커뮤니케이션 주변의 문제와 통계역학이 근본적으로 통일되어 있음을 이미 알고 있었다. 다른 한편으로 우리는 이런 문제를 다루는 문헌의 통일성이 부족하고 공통된 용어는커녕 이 분야를 이르는 단일한 이름조차 없어 심각한 곤란을 겪고 있었다. 깊이 숙고한 끝에 우리는 기존 용어가 모두 너무 한쪽으로 크게 편향되어서 그 분야가 응당 누려야 할 미래의 발전에 도움이 되지 않는다는 결론에 이르렀다. 그리고 과학자가 곧잘 그러듯이 그 틈새를 메우기 위해 하나 이상의 그리스어 신조어를 지어내야 했다. 우리는 기계와 동물 모두를 대상으로 포괄하는 제어와 커뮤니케이션 이론의 전체 분야를 '사이버네틱스Cybernetics'라고 부르기로 결정했다. 이 이름은 조타수라는 뜻의 그리스어 '퀴베르네테스χυβερνήτης'로 만든 것이다. 이 용어를 선택하면서 우리는 되먹임 메커니즘에 관한 최초의 의미 있는 논문이 증기 기관의 속도 조절기에 관해 1868년에 제임스 클러크 맥스웰James Clerk Maxwell이 발표한 것이며,[63] 속도 조절기 즉 영어로 '거버너governor'라는 단어가 '퀴베르네테스'의 라틴어 음차에서 비롯되었음을 널리 알리고자 한다. 배의 조타 엔진이 실상 최초의 가장 잘 발달한 되먹임 메커니즘 구현체 중 하나라는 사실도 언급해 두겠다.

사이버네틱스라는 용어가 1947년 여름 이전으로 거슬러 올라가지는 않지만, 이 분야의 발달에서 그 이전 초기 단계를 지칭할 때 이 용어를 사용하는 것이 편리할 것이다. 1942년 무렵부터 이 주제의 발달은 몇 가지 국면을 거쳤다. 먼저 로젠블루스가 1942년 뉴욕에서 조사이어 메이시 재단의 후원으로 열린 한 모임에서 비글로-로젠블루스-위너 공동 논문의 기본 발상을 처음 발표했다. 이는 신경계의 주요 억제 문제에 집중되어 있었다. 그 모임에 참석한 사람 중에는 일리노이 대학교 의대의 워런 매컬럭Warren McCulloch 박사가 있었다. 매컬럭 박사는 로젠블루스 박사와 본 저자와 이미 친분이 있었으며 뇌 피질 조직화 연구에 관심이 있었다.

이 대목에서 사이버네틱스의 역사에서 반복하여 일어난 요소가 개입한다. 수리논리학의 영향이다. 과학사에서 사이버네틱스의 수호성인을 골라야 한다면, 내가 고를 이는 라이프니츠일 것이다. 라이프니츠 철학의 핵심 개념 두 가지는 긴밀하게 연관된 '보편 기호 체계'와 '추론 계산법'이다.

오늘날의 수학적 기호법과 기호논리학은 이 개념들을 계승한 것이다. 주판과 탁상 계산 기계를 거쳐 오늘날의 초고속 계산 기계로 이어지는 기계화 과정에 산술의 계산법이 기여한 것과 마찬가지로, 라이프니츠의 추론 계산법calculus ratiocinator은 추론 기계machina ratiocinatrix의 싹을 지닌다. 사실 라이프니츠도 전 세대의 파스칼처럼 금속으로 계산 기계를 구축하는 데 관심이 있었다. 따라서 수리논리학의 발전으로 이어진 지적 자극이 동시에 사유 과정의 이상적 또는 현실적 기계화로 이어졌다는 점은 전혀 놀랍지 않다.

우리가 따라갈 수 있는 수학적 증명은 유한한 수의 기호로 쓸 수 있는 증명이다. 사실 이 기호는 무한의 개념에 의존할 수도 있지만, 이러한 의존은 유한한 수의 단계 안에서 요약할 수 있다. 수학적 귀납법이 그런 예인데, 매개변수 n에 따라 달라지는 어떤 정리를 증명하기 위해 먼저 $n = 0$인 경우를 증명한 뒤, n의 경우에서 $n + 1$의 경우가 도출됨을 증명하여, 모든 자연수 n에 대해 그 정리를 확립하는 것이다. 게다가 연역 기계의 연산 규칙은 유한한 수이어야 한다. 이때 무한 개념을 언급하여 그렇지 않아 보이는 경우에도, 무한 개념 자체가 유한한 용어로 서술되어야 한다. 요컨대 힐베르트David Hilbert 같은 유명론자들이나 바일Hermann Weyl 같은 직관주의자들 모두에게 수리논리 이론의 발달이 계산 기계의 성능을 한계 짓는 조건과 동종의 제한 조건에 놓인다는 점이 매우 분명해졌다. 앞으로 보게 되겠지만, 이런 방식으로 칸토어Georg Cantor와 러셀Bertrand Russell의 역설을 해석할 수도 있다.

나는 러셀의 학생이었으며, 러셀의 영향을 크게 받았다. 섀넌 박사는 박사 학위를 MIT에서 받았는데, 박사 학위 논문 주제는 고전적인 불 대수에서 사용하는 기법들을 전기공학의 스위치 체계에 적용하는 것이었다. 튜링은 아마 기계의 논리적 가능성을 지적 실험의 일종으로 연구한 최초의 인물 중 하나일 텐데, 튜링은 제2차 세계 대전 중에 영국 정부를 위해 일하며 정부가 맡긴 전자공학 분야 업무를 수행했고, 지금은 테딩턴에 있는 국립 물리 연구소가 현대적 유형의 계산 기계를 개발하기 위해 착수한 프로그램의 책임을 맡고 있다.

수리논리학 분야에서 사이버네틱스 분야로 옮겨온 젊은 학자 중에 월터 피츠Walter Pitts가 있다. 피츠 씨는 시카고 대학교에서 카르납의 학생이었으며, 라셉스키Nicolas Rashevsky 교수와 그의 생물물리학 학파와 일찍부터 알고 지냈다. 덧붙여 이 집단은 수학적인 정신을 소유한 사람들이 여러 유망한 생명과학 주제에 주목하게 하는 데 크게 기여했음을 언급해 두고자 한다. 우리 중 일부의 관점으로는 그 사람들이 에너지와 퍼텐셜에 관한 문제와 고전 물리학 방법론에 너무 심취해 있어서 에너지상으로 전혀 닫혀 있지 않은 신경계와 같은 계의 연구에서 최선의 연구를 하지 못하기는 했지만 말이다.

피츠 씨는 운 좋게도 매컬럭의 영향 아래 있었다. 이 두 사람은 아주 이른 시기부터 특정 전체적 속성을 지니는 계 안에서 시냅스 신경섬유의 연합이 일어나는 문제를 연구했다. 둘은 섀넌과 독립적으로 수리논리학 기법을 사용하여 모든 스위치 문제를 배경으로 하는 논의를 전개했다. 둘은 틀림없이 튜링의 아이디어가 암시하지만 섀넌의 초기 연구에서 두드러지지 않았던 여러 요소를 한데 모았다. 시간을 매개변수로 사용하는 것, 순환cycle을 포함하는 망net을 고려하는 것, 시냅스 지연과 다른 지연들을 고려하는 것이었다.[64]

1943년 여름 나는 보스턴 시립 병원의 렛빈Jerome Lettvin 박사를 만났다. 렛빈 박사는 신경 메커니즘에 관한 문제에 대단히 깊은 관심이 있었다. 렛빈 박사는 피츠 씨의 친한 친구였으며, 나에게 자신의 연구를 알려주었다.[65] 렛빈 박사는 피츠 씨를 부추겨서 보스턴으로 오게 했으며, 로센블루스 박사와 나를 소개해 주었다. 우리 그룹은 렛빈 박사를 환영했다. 피츠 씨가 나와 공동 연구를 하면서 사이버네틱스라는 새로운 과학의 연구를 위해 자신의 수학적 기반을 강화하려고 MIT로 온 것은 1943년 가을의 일이다. 그 무렵은 사이버네틱스가 제대로 태어나긴 했지만 아직 이름도 없던 시절이었다.

그 무렵 피츠 씨는 이미 수리논리학과 신경생리학에 조예가 깊었지만, 아직 공학자들의 매우 많은 연구를 접할 기회는 없었다. 특히 피츠 씨는 섀넌의 연구를 몰랐으며, 전자공학의 가능성을 많이 경험하지 못하고 있었다. 내가 현대적인 진공관의 예를 보여주면서 이것이 금속 장치로 신경 회로나 신경계와 동등한 것을 구현하기 위한 이상적인 수단이라는 점을 설명하자 피츠 씨는 큰 관심을 보였다. 그때부터 연속 스위치 장치에 따라 달라지는 초고속 계산 기계가 틀림없이 신경계에서 일어나는 문제들에 대한 거의 이상적인 모형을 나타낸다는 점이 우리에게 분명해졌다. 뉴런의 발화에서 실무율 특성은 이진법의 자릿수를 결정하는 단일 선택과 정확하게 유사하며, 우리 중 몇 명은 이미 이것을 계산 기계 설계의 가장 만족스러운 기반으로 삼았다. 시냅스는 다른 선택된 요소들에서 온 출력의 특정 조합이 다음 요소의 방전(발화)discharge을 적절하게 촉발할지 안 할지를 결정하는 메커니즘과 다름없었다. 이는 틀림없이 계산 기계와 정확한 유사성을 띠었다. 동물의 기억이 지닌 본성과 다양성을 해석하는 문제는 기계에 대한 인공 기억을 구축하는 문제와 상응한다.

이 무렵 계산 기계를 구축하는 작업이 전쟁 수행 과정에 부시 박사가 최초 의견에서 제시했던 것보다 더 긴요하다는 것이 밝혀졌고, 나의 이전 보고서에서 제시한 시설들과 그다지 다르지 않은 몇몇 연구 시설에서 연구를 진척하고 있었다. 하버드 대학교, 애버딘 성능 시험장[66], 펜실베이니아 대학교에서 이미 계산 기계를 구축했으며, 프린스턴 고등 연구원과 MIT가 곧 같은 분야에 뛰어들 참이었다. 이 작업에서는 기계적 구성에서 전기적 구성으로, 십진법에서 이진법으로, 기계식 계전기에서 전기식 계전기로, 인간이 통제하는 조작에서 자동 통제되는 조작으로 점진적인 개선이 이루어졌다. 요컨대 새로운 기계가 만들어질 때마다 내가 부시 박사에게 보냈던 메모와 더 잘 부합하게 되었다. 이런 분야에 관심 있는 사람들이 들락날락했다. 우리는 하버드 대학교의 에이킨Howard H. Aiken 박사, 고등 연구원의 폰 노이만 박사, 펜실베이니아 대학교의 에니악ENIAC과 에드박 EDVAC 기계를 만든 골드스타인Herman Goldstine[67] 박사 등의 동료와 의견을 교환했다. 우리는 어디서나 열린 마음으로 서로 만났으며, 공학자의 어휘가 금세 신경생리학자와 심리학자의 어휘와 뒤섞였다.

이와 같은 진행 단계에서 폰 노이만 박사와 나는 우리가 막 사이버네틱스라고 부른 분야에 관심 있는 사람들이 모두 모이는 공동 학술 대회를 여는 것이 바람직하리라 생각했다. 이 학술 대회는 1943~1944년 겨울에 프린스턴에서 개최되었다. 공학자와 생리학자와 수학자가 모두 참석했다. 로센블루스 박사는 참석할 수 없었는데, 당시에 멕시코 국립 심장학 연구소 생리학 연구실의 실장 자리를 수락했기 때문이다. 그러나 매컬럭 박사와 록펠러 연구소의 로렌테 데 노Rafael Lorente de Nó[68] 박사가 생리학자 대표로 참석했다. 에이킨 박사는 참석할 수 없었지만, 골드스타인 박사는 모임에 참석한 계산 기계 고안자 중 하나였다. 한편 폰 노이만 박사와 피츠 씨와 나는 수학자였다. 생리학자들은 자신의 관점에서 사이버네틱스 문제를 다룬 공동 발표를 했다. 마찬가지로 계산 기계 고안자들은 자신의 방법과 목적을 발표했다. 이 학술 대회가 끝나갈 무렵, 상이한 분야의 연구자 사이에 실질적으로 사고의 공통 기반이 있으며, 각 그룹이 다른 그룹에서 더 많이 발전시킨 개념을 바로 사용할 수 있고, 공통의 어휘를 만들어내기 위해 노력해야 한다는 것이 모두에게 명백해졌다.

이보다 상당히 앞선 기간에 워런 위버Warren Weaver 박사가 지휘하는 전쟁 연구 그룹에서 문서 하나를 발간했다. 처음에는 비밀 문서였다가 나중에 접근 제한 문서가 되었는데, 이 문서는 예측 장치와 파동 여과기에 관한 비글로 씨와 본 저자의 연구를 포괄하고 있었다. 대공포의 조건만으로는 곡선 예측을 위한 특별한 장치의 고안이 정당화되지 않으며, 목적을 처리하기 위해 정부가 사용해 왔으며 관련된 여러 분야의 연구에서 사용된 원리들이 확실하고 실용적이라는 것이 밝혀져야 했다. 특히 변분법 문제에서 도출되는 적분방정식의 유형은 도파관 문제와 응용 수학의 관심사에 속하는 여러 다른 문제에서 나타났다. 따라서 어떤 식으로든 전쟁이 끝나갈 무렵에는 미국과 영국의 통계학자들과 커뮤니케이션공학자 가운데 상당수가 예측 이론과 커뮤니케이션공학에 대한 통계적 접근에 이미 익숙해졌다. 또한 이미 절판된 나의 정부 문서도 주목받았는데, 레빈슨Norman Levinson,[69] 월먼Wallman, 대니얼Daniell, 필립스Phillips 등이 쓴 상당수의 해설 논문이 그 틈을 메우고 있었다. 나는 수년 동안 연구했던 것을 영구적으로 기록하기 위해 장문의 수학 해설 논문을 쓰고 있었다. 그러나 상황은 완전히 내 통제 아래 있지 않아서 그 논문을 곧바로 출판하지 못했다. 끝으로 1947년 봄에 뉴욕에서 열린 미국 수학회와 수리통계학 연구소의 공동 학술 대회가 사이버네틱스와 가까운 관점에서 확률과정에 역점을 두고 진행되었는데, 그 학술 대회가 끝난 뒤 나는 내 원고 중에서 이미 써 놓은 부분을 일리노이 대학교의 두브Joseph L. Doob 교수에게 전달하여, 미국 수학회가 기획하는 수학 연구 개괄Mathematical Surveys series 단행본을 만들려는 그의 생각에 따라 그의 기호법에 맞추어 발전시키게 했다. 나는 이미 1945년 여름에 MIT의 수학과에서 개설한 강의에서 내 연구 일부를 진전시킨 상태였다. 그 뒤로 나의 오랜 학생이자 동료인[70] 육윙 리 박사가 중국에서 돌아왔다. 리 박사는 1947년 가을에 MIT 전기공학과에서 파동 여과기와 유사 장치의 새로운 설계법을 강의하고 있었고, 이 강의 자료를 책으로 묶어낼 계획이었다. 동시에 절판되었던 내 정부 문서도 다시 출판되었다.[71]

앞에서 말한 것처럼 로센블루스 박사는 1944년 초에 멕시코로 돌아갔다. 나는 1945년 봄에 그해 6월 과달라하라에서 열리는 학술 대회에 참석해 달라는 멕시코 수학회의 초청을 받았다. 마누엘 산도발 바야르타 박사가 이끄는 과학 연구 협의회Comision Instigadora y Coordinadora de la Investigación Cientifica도 나의 참석을 바랐다. 박사에 대해서는 앞에서 이미 말한 적이 있다. 로센블루스 박사가 나를 초대한 것은 몇 가지 과학 연구를 공동 수행하기 위해서였으며, 이그나시오 차베스Ignacio Chávez 박사가 이끄는 멕시코 국립 심장학 연구소는 나의 체류를 연장해 주었다.

나는 멕시코에 열 주 정도 머물렀다. 로센블루스 박사와 나는 월터 캐넌 박사와 이미 의논했던 일련의 연구를 계속하기로 했다. 캐넌 박사도 로센블루스 박사와 함께 있었는데, 캐넌 박사의 방문은 불행하게도 그의 마지막 방문이 되고 말았다. 이 연구는 뇌전증의 강직수축·간대경련수축·위상수축과 심장의 강직연축·박동·세동 사이의 관계와 관련이 있었다. 우리가 보기에 심근은 신경조직만큼이나 전도 메커니즘의 연구에 유용한 과민한 조직 중 하나였다. 게다가 심근 섬유의 문합anastomosis과 교차decussation는 신경 시냅스의 문제보다 더 단순한 현상을 보여주고 있었다. 우리는 또한 차베스 박사의 의심할 바 없는 호의에 깊이 감사했다. 연구소의 정책상 로센블루스 박사의 심장 연구를 제한하는 일은 없었지만, 그 주요 목적에 기여할 기회를 얻게 된 것에 감사했다.

우리의 연구에는 두 가지 방향이 있었다. 하나는 2차원 이상의 균질한 전도성 매질에서 전도도와 잠복 현상을 탐구하는 것이고, 다른 하나는 무작위 전도성 섬유망의 전도 성질을 통계적으로 탐구하는 것이었다. 앞의 방향은 심장 조동heart flutter에 대한 이론의 기초로 이어졌고, 뒤의 방향은 심장 세동 이해의 확장으로 이어졌다. 두 노선의 연구 결과가 우리의 논문에서 전개되었다.[72] 두 경우 모두 이전의 결과가 상당 부분 수정되고 보충되어야 한다는 점이 드러났는데, 심장 조동에 대한 연구를 수정하여 발전시킨 것은 MIT의 올리버 셀프리지Oliver G. Selfridge 씨이며, 심근 망의 연구에 사용되는 통계적 기법을 뉴런 망의 처리에까지 확장한 것은 월터 피츠 씨이다. 피츠 씨는 현재 존 사이먼 구겐하임 재단의 특별 연구원이다. 실험 연구는 로센블루스 박사가 멕시코 국립 심장학 연구소와 멕시코 육군 의과대학교의 가르시아 라모스García Ramos 박사의 도움을 받아 수행하고 있다.

멕시코 수학회의 과달라하라 학술 대회에서 로센블루스 박사와 나는 우리 연구의 몇 가지 결과를 발표했다. 우리는 이미 이전의 공동 연구 계획이 실행 가능하다는 결론에 이르렀다. 다행히 우리는 우리의 결과를 더 많은 청중 앞에서 발표할 기회를 가질 수 있었다. 1946년 봄, 매컬럭 박사는 조사이어 메이시 재단의 후원을 받아 뉴욕에서 열리는 일련의 학술 모임 중 제1회를 개최했으며, 그 주제는 되먹임 문제에 집중되었다. 이 모임들은 전통적인 메이시 방식으로 진행되었다. 메이시 재단을 대표하여 기획을 담당한 프랭크 프리몬트스미스Frank Fremont-Smith 박사가 매우 효율적으로 일을 해냈다. 모임은 스무 명이 넘지 않는 적당한 규모로 다양한 연관 분야에 종사하는 연구자 그룹을 모아서, 이들이 모두 모여 이틀 연속으로 종일 일련의 격식 없는 발표와 함께 토론하고 식사를 하다가, 다른 사람과의 차이점을 확장하고 원래 생각하던 주제에서 사유에 진전을 이루는 기회를 만들도록 기획되었다. 우리 모임의 핵심은 1944년 프린스턴에서 모였던 그룹이었지만, 매컬럭 박사와 프리몬트스미스 박사는 그 주제의 심리학적·사회학적 함의를 적절하게 파악하고 있었으므로 그룹에 다수의 뛰어난 심리학자, 사회학자, 인류학자를 영입했다. 우선 심리학자는 분명히 끌어들여야 했다. 신경계를 연구하는 사람은 항상 마음을 염두에 두며, 반대로 마음을 연구하는 사람은 항상 신경계를 염두에 둔다. 과거 심리학의 많은 부분이 사실은 특별한 감각기의 심리학에 불과했다는 점이 밝혀졌다. 사이버네틱스가 심리학에 도입한 착상 가운데는 바로 이 특별한 감각기와 이어져 있는 매우 특별한 피질 영역의 생리학과 해부학이 큰 비중을 차지한다. 맨 처음부터 우리는 게슈탈트Gestalt 지각의 문제, 즉 지각하여 보편자를 형성하는 문제가 이런 성격일 것이라고 밝혀지리라 예상하고 있었다. 우리가 사각형을 그 위치나 크기나 방향과 무관하게 사각형이라고 인지하는 메커니즘은 무엇인가? 그런 문제를 다룰 도움을 받고, 또 반대로 그들에게 우리가 작업하는 개념이 무슨 쓸모가 있는지를 알려주기 위해 우리가 영입한 심리학자로는 시카고 대학교의 클뤼버Heinrich Klüver 교수, 이제는 고인이 된 MIT의 쿠르트 레빈Kurt Lewin 박사, 뉴욕의 에릭슨M. Ericsson 박사 같은 사람이 있었다.

사회학과 인류학의 경우에는 조직화 메커니즘으로서 정보와 커뮤니케이션의 중요성이 개인을 넘어 공동체까지 확장된다는 것이 분명하다. 한편으로는 개미 공동체 같은 사회적 공동체를 그 커뮤니케이션 수단의 철저한 탐구 없이 이해한다는 것은 완전히 불가능한 일이다. 우리가 이 점에서 슈네일러Theodore Christian Schneirla 박사의 도움을 받은 것은 매우 다행스러운 일이다. 인간의 조직화라는 비슷한 문제에 대해 우리가 도움을 구한 사람은 인류학자 베이트슨Gregory Bateson과 마거릿 미드Margaret Mead였다. 프린스턴 고등 연구원의 모르겐슈테른Oskar Morgenstern 박사는 경제 이론에 속하는 사회 조직화의 중요 분야에서 우리의 조언자가 되어 주었다. 그런데 모르겐슈테른 박사와 폰 노이만 박사의 대단히 중요한 공동 저서는 게임에 관한 것으로서, 이는 사이버네틱스의 주제와는 다르면서도 그와 긴밀하게 연관된 방법론적 관점에서 사회 조직화를 연구한 매우 흥미로운 사례를 보여주었다. 레빈 박사 등은 여론 수집의 이론과 여론 형성의 실제에 대한 최신 연구를 수행했다. 노스럽Filmer Stuart Cuckow Northrop 박사는 우리 연구의 철학적 의미를 평가하는 데 관심을 두었다.

이 서술이 우리 그룹의 참여자 목록을 망라하려는 것은 아니다. 우리는 그룹에 비글로와 새비지Leonard Jimmie Savage 같은 공학자와 수학자를 더 많이 포함시키려 했고, 폰 보닌Gerhardt von Bonin과 로이드Lloyd[73] 등 신경해부학자와 신경생리학자도 더 많이 포함시키려 했다. 우리의 첫 모임은 1946년 봄에 열렸는데, 프린스턴 모임 참석자의 교육적 논문들과 모든 참석자가 사이버네틱스의 중요성을 일반적으로 평가하는 일에 대체로 집중되어 있었다. 모임은 사이버네틱스에 깔린 착상들이 대단히 중요하고 흥미롭기 때문에 6개월 간격으로 모임을 지속할 만하다는 분위기였다. 또한 다음 정식 모임 전에 수학적으로 덜 훈련된 사람을 위해 관련 수학 개념의 성격을 될수록 평이한 언어로 설명하는 소모임을 가져야 한다는 분위기였다.

나는 1946년 여름에 록펠러 재단의 지원과 멕시코 국립 심장학 연구소의 후원을 받아 멕시코로 돌아가서 로센블루스 박사와의 공동 연구를 재개했다. 이번에는 신경 문제를 되먹임이라는 주제를 가지고 직접 부딪쳐서 이에 대해 실험으로 무엇을 할 수 있는지 알아보기로 했다. 우리는 실험동물로 고양이를 선택하고, 연구할 근육으로 대퇴사두신근quadriceps extensor femoris muscle을 선택했다. 근육의 부착 부분을 절개하고, 이를 알려진 만큼 장력을 주어 지렛대에 고정시킨 뒤, 그 등척성isometrical 수축 또는 등장성isotonic 수축을 기록했다. 또 오실로그래프를 사용하여 근육 자체의 동시적인 전기 변화도 기록했다. 우리는 주로 고양이를 가지고 연구했다. 처음에는 에터로 마취한 뒤 대뇌를 제거한 상태로, 나중에는 척수를 흉부 가로절단thoracic transection한 상태로 실험을 진행했다. 많은 경우에 반사 반응을 증가시키기 위해 스트리크닌[74]을 사용했다. 근육의 어느 점에 부하를 올려놓고 가볍게 두드리면 근육이 주기적인 패턴의 수축을 하는데, 생리학자의 언어로는 이를 '간대경련clonus'이라 한다. 우리는 이러한 패턴의 수축을 관찰하면서 고양이의 생리학적 조건, 근육에 올리는 부하, 진동의 주기, 진동의 기준면과 진폭 등에 주목했다. 우리가 이런 것을 분석하려고 한 것은 같은 패턴의 난조hunting를 보이는 기계적 또는 전기적 계를 분석하기 위함이었다. 가령 우리는 서보메커니즘에 관한 매콜의 책에 나오는 방법들을 채택했다. 이 자리는 우리 연구 결과의 의미를 완전히 논의하는 자리가 아니며, 그에 대해서는 실험을 반복하고 연구 논문을 쓰려고 준비하고 있다. 그러나 다음의 주장은 확립되었거나 아주 그럴듯하다는 점을 밝혀두고자 한다. 즉 간대경련 진동의 주기는 우리가 예상했던 것보다 하중 조건의 변화에 훨씬 덜 민감하며, 다른 그 무엇보다도 (원심신경)-근육-(운동말단)-(구심신경)-(중추시냅스)-(원심신경)이라는 닫힌 반사궁reflex arc의 상수들에 의해 훨씬 더 결정되다시피 한다. 만일 선형성의 근거를 원심신경에서 전달되는 충격의 초당 회수로 삼는다면, 이 회로는 근사적으로도 선형연산자 회로가 아니다. 그러나 만일 충격의 수를 로그 값으로 바꾼다면, 이 회로는 훨씬 더 선형연산자 회로에 가깝게 되는 것처럼 보인다. 이것은 원심성 신경의 자극들이 그리는 외접선의 형태가 삼각함수에 가깝지 않지만 이 곡선의 로그 값은 훨씬 더 삼각함수에 가깝다는 사실에 대응한다. 에너지 수준이 일정한 선형 진동 계에서는 자극 곡선의 형태가, 확률이 0인 경우의 집합을 제외하면, 모든 경우에 삼각함수가 되어야 한다. 여기에서도 촉진과 억제의 개념은 본성상 덧셈이 아니라 곱셈에 훨씬 더 가깝다. 가령 완전한 억제는 0을 곱하는 것을 의미하며, 부분적인 억제는 작은 양을 곱하는 것을 의미한다. 반사궁의 논의에서 사용된 것은 바로 이 촉진과 억제 개념이다.[75] 나아가 시냅스는 동시 발생 기록계이다. 나가는 신경섬유가 자극되는 것은 들어오는 자극의 수가 짧은 합계 시간 안에 어떤 문턱값을 초과할 때뿐이다. 이 문턱값이 들어오는 시냅스의 전체 수에 비해 충분히 낮으면, 시냅스 메커니즘은 확률을 배증시키는 역할을 하며, 로그logarithm 계에서는 근사적으로 선형 연결조차 될 수 있다. 시냅스 메커니즘의 이러한 근사적 로그성은 베버-페히너 법칙에서 말하는 감각 강도에 대한 근사적 로그성과 틀림없이 맞물려 있다. 베버-페히너 법칙은 일차 근사에 지나지 않더라도 그러하다.

가장 놀라운 점은 이렇게 로그를 기초로 하여 신경근육 궁의 여러 요소들을 거치는 단일한 펄스의 전도에서 얻을 수 있는 자료를 보면 간대성 진동clonic vibration의 실제 주기를 매우 합당한 근사로 얻을 수 있다는 점이다. 여기에서는 되먹임 계에서 이미 발생한 난조 진동의 진동수를 결정하려는 서보공학 기법을 사용한다. 우리가 얻은 이론적 진동은 관찰된 진동수가 7과 30 사이에 있는 경우에는 대략 초당 13.9회 일어났으며, 일반적으로 진동수는 12와 17 사이 어딘가에서 변화하는 범위 안에서 일정한 값을 갖는다. 상황을 고려하면 훌륭한 일치다.

우리가 관찰할 수 있는 중요한 현상이 간대경련의 진동수만 있는 것은 아니다. 기준면 장력basal tension의 상대적으로 느린 변화도 있으며, 진폭의 훨씬 더 느린 변화도 있다. 이런 현상들은 틀림없이 전혀 선형적이지 않다. 그러나 선형으로 진동하는 계의 상수가 충분히 느리게 변한다면, 그 변화는 일차 근사로 무한히 느린 것처럼 다루어도 되며, 그래서 진동의 각 부분에 걸쳐 계가 그 매개변수가 그 순간 계에 속한 값인 것처럼 거동하는 양 다루어도 된다. 이는 다른 물리학 분과에서는 장기 누적 섭동secular perturbation을 분석할 때 이용하는 방법이다. 이는 기준면의 문제나 경련의 진폭 문제 연구에서도 이용할 수 있다. 이 연구는 아직 완결되지 않았지만 가능하고 전망이 밝다는 것은 분명하다. 경련의 주요 반사궁의 시간 관계로부터 그것이 이중 뉴런 궁임이 밝혀지더라도, 이 반사궁의 자극 증폭은 한 점이나 많은 지점에서 변화할 수 있으며, 이 증폭의 일정 부분은 느린 다중 뉴런 과정의 영향을 받을 수 있을 것으로 보인다. 다중 뉴런 과정은 간대경련의 시간 관계의 주된 원인이 되는 척추 연쇄보다는 중추신경계에서 훨씬 더 빠르게 진행된다. 이 가변성 증폭은 일반적인 수준의 중추 활동성에서, 스트리크닌이나 마취제의 사용에서, 대뇌제거에서, 기타 여러 요인에서 영향을 받을 수 있다.

이것이 로센블루스 박사와 본 저자가 1946년 가을에 열린 메이시 학회에서 발표한 주요 내용이며, 같은 시기에 더 많은 청중에게 사이버네틱스의 개념들을 널리 알리려는 목적으로 열린 뉴욕 학술원 모임에서도 이 내용을 발표했다. 우리는 우리가 얻은 결과에 만족했으며 이 방향에서 일반적인 실천 가능성을 완전히 확신했지만, 우리의 공동 연구 기간이 너무 짧았고, 우리 연구가 너무나 많은 압박을 받고 있었기 때문에 실험으로 더 입증하지 않은 채 발표하는 것이 더 바람직하다고 느끼고 있었다. 이 입증─물론 자연스럽게 반증이 될 수도 있었다─을 탐구하고 있던 때가 1947년 여름과 가을이었다.

록펠러 재단은 이미 로센블루스 박사에게 멕시코 국립 심장학 연구소에 있는 새로운 실험동에 설비할 수 있도록 연구비를 지급했었다. 우리는 우리 프로그램을 더 즐겁고 건전한 속도로 진행할 수 있도록 그들과 함께─즉, 워런 위버 박사에게 물리과학부의 책임을 맡기고, 로버트 모리슨 Robert Morrison 박사에게 의학부의 책임을 맡겨서─ 장기 과학 공동 연구의 기반을 마련할 때가 무르익었음을 느꼈다. 이 점에서 우리는 각자의 기관들에서 열정적인 지원을 받았다. 이학부의 조지 해리슨 George Harrison 학장은 이 협상 기간에 MIT의 주된 대변인이었으며, 이그나시오 차베스 박사는 자신이 속한 국립 심장학 연구소를 대변했다. 협상이 진행되는 동안 공동 활동의 실험실 센터는 심장학 연구소에 있어야 함이 분명해졌다. 실험실 장비를 중복 구비하지 않기 위해서이기도 했고, 록펠러 재단이 라틴아메리카에 과학 센터를 설립하는 데 보였던 아주 진지한 관심을 심화하기 위해서이기도 했다. 최종적으로 그 계획은 5년 동안 수행하는 것으로 결정되었다. 그 기간에 나는 격년으로 심장학 연구소에서 6개월을 지내기로 했고, 로센블루스 박사는 내가 심장학 연구소에서 지내지 않는 끼는 해에 6개월을 MIT에서 지내기로 했다. 심장학 연구소에서의 시간은 사이버네틱스에 직접 적용할 만한 실험 자료를 얻고 해명하는 데 집중하여 사용할 예정이었으며, 끼는 해는 더 이론적인 연구에, 무엇보다도 이 새로운 분야에 뛰어들고 싶은 사람을 위해서, 필요한 수학적, 물리적 및 공학적 배경지식과 생물학적, 심리학적 및 의학적 기법에 제대로 익숙해지는 것을 보장하는 훈련 계획을 고안하는 매우 어려운 문제에 집중하여 사용할 예정이었다.

사이버네틱스: 동물과 기계의 제어와 커뮤니케이션

1947년 봄에 매컬럭 박사와 피츠 씨가 사이버네틱스에 상당히 중요한 일련의 연구를 발표했다. 매컬럭 박사는 시각 장애인이 인쇄된 페이지를 귀로 듣고 이해하도록 하는 장치를 고안하는 문제를 제시했다. 광전지 매개자로 유형에 따라 다양한 음색의 소리를 만들어내는 것은 오래된 이야기이다. 이는 여러 가지 방법으로 구현할 수 있다. 난점은 글자들의 패턴이 주어질 때, 글자들의 크기가 어떻든 상관없이, 이 패턴과 실질적으로 똑같은 소리의 패턴을 만들어내는 일이었다. 이것은 형태 감지 문제, 즉 게슈탈트의 문제와 분명히 유사하다. 게슈탈트는 크기와 방향이 매우 많이 달라지는 와중에 사각형을 사각형으로 인지하게 해준다. 매컬럭 박사의 장치는 갖가지 크기의 활자를 선택하여 읽어낼 수 있는 것이었다. 이와 같은 선택적 문자 인식은 주사scanning 과정을 이용하여 자동으로 할 수 있다. 이 주사법은 이미 내가 메이시의 한 회의에서 제안했던 것인데, 어떤 도형과 모양은 비슷하지만 크기가 다른 표준 도형을 비교하는 것이다. 선택적 문자 인식을 하는 장치의 도면에 주목한 폰 보닌 박사는 그것을 보았을 때 바로 다음과 같이 질문했다. "이것은 대뇌 시각피질 제4층의 도면입니까?" 이 질문에서 아이디어를 얻은 매컬럭 박사는 피츠 씨의 도움을 받아 시각피질의 해부학과 생리학을 연결하는 이론을 만들어냈으며, 이 이론에서는 일련의 변환에 대한 주사 과정이 중요한 역할을 한다. 이는 1947년 봄에 메이시 학회와 뉴욕 학술원 모임에서 모두 발표되었다. 끝으로 이 주사 과정은 어떤 주기적인 시간과 연관된다. 이는 보통 텔레비전에서 훑고 지나가는 시간 즉 '소인 시간消印 時間'이라고 불리는 것에 해당한다. 고리 모양으로 연속된 시냅스의 동작을 1회 행하는 시간을 해석하는 데에는 다양한 해부학적 실마리가 있다. 그 시간은 0.1초 정도인데, 이 시간은 소위 뇌파 '알파 리듬'의 주기와 거의 같다. 이 알파 리듬은 여러 다른 증거로 볼 때, 시각에 기원을 두며 또한 형태 지각 과정에서 중요한 역할을 하는 것 같다.

나는 1947년 봄에 프랑스 낭시에서 열리는, 조화해석에서 비롯한 문제들에 관한 어느 수학 학회에 초청을 받았다. 나는 초청을 수락했고 낭시로 오고 가는 여정에 영국에서 약 세 주를 머물기로 했다. 주로 내 오랜 친구인 홀데인John Burdon Sanderson Haldane 교수의 방문객으로서였다. 특히 맨체스터와 테딩턴 국립 물리학 연구소에서는 초고속 계산 기계를 연구하는 사람들을 만날 훌륭한 기회가 있었다. 무엇보다도 사이버네틱스의 기본 아이디어들에 관해 테딩턴의 튜링 씨와 이야기를 나눌 수 있었다. 나는 케임브리지의 심리학 연구소도 방문해서 바틀릿Frederic Charles Bartlett 교수와 그의 공동 연구자들이 인간적 요소와 연관된 제어 과정에서 인간적 요소에 대한 연구 내용을 토론할 아주 좋은 기회를 얻었다. 내가 여기서 알게 된 것은 영국에서도 미국 못지않게 사이버네틱스에 대한 흥미가 왕성하고 사이버네틱스가 잘 알려져 있으며, 한정된 재원 때문에 제한이 있기는 해도 우수한 공학적 연구가 진행되고 있다는 점이었다. 나는 여러 곳에서 사이버네틱스의 가능성에 대한 깊은 이해와 관심을 발견했는데, 홀데인, 레비 Hyman Levy, 버널John Desmond Bernal 교수 등은 확실히 사이버네틱스를 과학과 과학적 철학scientific philosophy 방면에서 매우 중요한 문제라고 생각하는 것 같았다. 그러나 이 분야를 통일하고 갖가지 연구를 하나로 모으는 작업에서는 우리가 미국에서 달성한 만큼의 진보가 있다고는 생각되지 않았다.

프랑스 낭시에서 열린 조화해석 학회에는 통계학적 개념들과 커뮤니케이션공학에서 나오는 개념들을 통합하는 논문이 많았다. 이는 사이버네틱스의 관점과 완전히 일치하는 방식이었다. 여기에서 나는 특히 블랑라피에르André Blanc-Lapierre 씨와 로에브Michel Loève 씨의 이름을 언급해야겠다. 나는 수학, 생리학, 물리화학 분과에서도 그 주제가 상당히 흥미로웠다. 특히 이들이 생명 자체의 본성에 관한 더 일반적인 문제를 다룰 때의 열역학적 측면에 관해 그러했다. 나는 여정을 출발하기 전 보스턴에서 헝가리 출신의 생화학자 센트죄르지Szent-Györgyi Albert 교수와 그 주제를 토론했으며, 그의 생각이 내 생각과 합치한다고 생각했다.

내가 프랑스 방문 중에 겪은 사건 하나는 여기 기록해 둘 만하다. 나의 MIT 동료인 데 산틸라나Giorgio de Santillana 교수가 내게 에르만 출판사의 프레이만Enrique Freymann 씨를 소개해 주었다. 프레이만 씨는 나에게 본서 저술을 제안했다. 나는 멕시코 사람인 프레이만 씨의 제안을 수락하게 되어 기뻤다. 이 책의 저술과 이 책으로 이어진 연구의 상당 부분이 멕시코에서 이루어졌기 때문이다.

이미 암시한 것처럼 메이시 모임에서 나온 발상이 가리키는 연구 방향 중 하나는 사회적인 계에서 커뮤니케이션 개념과 커뮤니케이션 기법의 중요성에 관한 것이다. 사회 조직도 개인의 경우와 마찬가지로 분명 커뮤니케이션 체계로 연결된 하나의 조직이고, 되먹임 성질을 가진 순환 과정을 주체로 하는 일종의 역학에 지배되고 있다. 이것은 인류학과 사회학 양 분야 일반에 관해서도, 경제학의 가장 특수한 분야에 대해서도 말할 수 있는 바이고, 폰 노이만과 모르겐슈테른의 게임 이론 연구도 이와 같은 범주에 속하는 것이다. 이런 견지에서 베이트슨 박사와 마거릿 미드 박사는 현대와 같은 혼란한 시대에는 사회적, 경제적 문제가 매우 긴박하니 이 방면의 사이버네틱스 연구에 보다 정력을 기울일 것을 나에게 요청했다.

내가 그들이 사회적 상황에 느끼는 다급함에 공감하고, 또 이 책 후반부에서 논할 이런 종류의 문제를 그들 같은 유능한 연구자가 다루기를 소망하기는 하나, 내가 이 방면의 문제를 최우선으로 여겨야 한다고 하는 그들의 의견에는 찬성할 수 없다. 또 이 방면의 진보가 현대 사회의 병증에 상응하는 치료 효과를 불러오리라는 그들의 기대에도 동의하지 않는다. 그 이유는 첫째로, 사회에 영향을 끼치는 요인 가운데 주된 것이 단지 통계적인 것은 아니겠지만, 그 기초가 되는 통계의 지속 기간이 현저하게 짧다. 베서머Sir Henry Bessemer의 기술 도입 이전과 이후의 철강 경제를 통계의 한 항목으로 취급하는 것은 별로 의미가 없다. 또 자동차 공업이 부흥하고 말라야[6]에서 파라고무나무hevea 재배 전후의 고무 생산량 통계를 비교한들 별 소용이 없다. 또 매독 치료약 살바르산salvarsan의 발명 이전과 이후의 시기를 통틀어서 성병 발병 횟수 통계 수치를 한 표에 기록하는 것 역시 이 약의 효과를 연구하는 특수 목적 이외에는 아무런 도움이 되지 않는다. 양호한 빛의 해상도를 얻으려면 구경이 큰 렌즈가 필요하듯이, 사회 현상에 관한 쓸모 있는 통계를 얻으려면 본질적으로 일정한 조건이 지속될 필요가 있다. 렌즈가 균질한 물질로 되어 있어서 렌즈의 각 부분에서 빛의 지연이 파장의 몇 분의 1 이하 적당한 값 이내로 수습되지 않으면 외형상 렌즈의 구경을 크게 하더라도 실효 구경은 별로 커지지 않는다. 사회 현상처럼 큰 변화가 일어나는 상황에서 장기간에 걸친 통계를 취한다 해도, 그 결실은 형식적 겉치레일 뿐 실제와는 다르다. 인간과학은 새로운 수학적 기술을 시험하는 데 매우 적절치 않은 분야이다. 기체 통계역학은 분자의 요동이 거시적 입장에서 무시할 수 있으므로 성립하지만, 그 같은 요동이 관심의 대상이 되는, 분자 크기 정도로 작은 생물의 세계에서는 통계역학이 무력해지는 것과 유사한 현상이 인간과학에서 일어난다. 또한 인간과학은 결과를 얻기 위한 일정한 계산 방법이 없는 상황에서는 사회학, 인류학, 경제학 분야 전문가의 판단력이 차지하는 비중이 너무 크기 때문에, 전문가라고 할 정도로 풍부한 경험을 갖지 못한 신인으로서는 아무것도 할 수 없는 분야이기도 하다. 이 점에 관해 한마디 더 부연하려 한다. 소표본 이론과 같은 요즈음의 방법론은 그 상황의 주요인을 명시적으로 알고 있거나 암묵적으로 감지하고 있는 통계학자가 활용하면 좋다. 그렇지 않고, 전혀 미지의 경우에 적극적으로 통계적 추측을 하기 위해서 특유의 매개변수 결정 범위를 넘어서서 소표본 이론과 같은 방법론을 사용하는 경우 유효함을 신뢰하기 어렵다.

이상과 같은 분야에서는 우리가 얻을 수 있는 자료에 한계가 있다는 것을 감안하면, 사이버네틱스에 대한 나의 기대는 확실히 경감되고 만다. 내가 사이버네틱스적인 사고로, 실제로 쓸모 있는 작업을 하고 싶은 분야가 따로 두 가지 있는데, 그 희망도 향후 발전을 통해서만 이루어질 수 있는 것이다. 그중 하나는 잃어버린 수족 또는 마비된 수족의 보형물prosthesis 제작술이다. 게슈탈트를 논의한 부분에서처럼, 매컬럭은 커뮤니케이션공학의 발상을 상실한 감각을 다른 것으로 대체하는 문제에 적용하여 시각장애인이 인쇄 문자를 귀로 들을 수 있게 하는 장치를 제작했다. 매컬럭의 장치는 분명히 눈만이 아니라 뇌 시각피질visual cortex의 기능까지도 어느 정도 대신할 수 있다. 의수족에 대해서도 유사한 일을 할 수 있는 가능성이 분명히 존재한다. 수족 하나의 상실은 단순히 받침대로서 쓸모가 있었던 물체 또는 절단부부터 기계적인 연장으로 이어지고 있었던 물체의 상실과 근육의 수축력 상실에 그치는 문제가 아니다. 수족을 상실하면 수족에서 생겨나는 피부감각과 운동감각도 동시에 상실한다. 전자의 상실은 의수족 제조자가 유사품으로 대체하려고 노력하는 것들이다. 하지만 의수족 제조자는 후자의 감각 상실에 대해서는 아무것도 해줄 수가 없다. 간단한 막대 모양 의수족의 경우라면 감각 상실은 중요하지 않다. 없어진 수족의 대용이 되는 막대는 그것 자체가 자유도가 없으므로 수족 절단부의 운동 기전만으로도 충분히 그것의 위치나 속도를 알 수 있다. 그러나 움직일 수 있는 무릎과 발목 관절이 딸린 의족, 즉 환자가 남아 있는 근육 조직을 사용하여 앞으로 내던지듯이 해서 걸을 수 있는 의족의 경우는 사정이 달라진다. 환자는 의족의 관절 위치나 운동을 알 수 없기 때문에 울퉁불퉁한 길에서는 걸음걸이가 곤란해진다. 인공 관절이나 의족 바닥에 스트레인 게이지나 압력계를 부착하고 전기적 방법이나 진동기를 이용하여 남은 피부에 그 정보를 전달하는 것은 결코 불가능하지 않다. 현대 의수족은 절단으로 인한 기능 상실을 어느 정도 복원해 주지만, 실조ataxia 문제는 해결되지 않은 채 남아 있다. 적당한 수용체를 사용하면 실조는 상당한 정도까지 회복시킬 수 있다. 환자는 건강한 사람이 자동차를 운전할 때 쓰는 것과 같은 반사 능력을 배울 수 있고, 그리하여 보다 확실한 걸음으로 걸을 수 있게 된다. 우리가 지금까지 다리에 대해서 말한 것은 팔에 더욱 잘 적용할 수 있다. 신경학 문헌을 읽어본 사람에게는 눈에 익은 인체 모형으로 알 수 있듯이, 엄지손가락 절단으로 생기는 감각 상실은 고관절 절단에서 오는 감각 상실보다 훨씬 중대할 수 있다.

나는 이러한 고찰을 적당한 권위자에게 보고하기 위해서 정리하기 시작했는데, 현재까지는 별로 진전을 보지 못하고 있다. 다른 사람이 이런 일에 대해 이미 착상하고 있을지 모르고, 또 시도해 본 결과 기술적으로 실현하기 어려운 상황에 이르렀는지도 모른다. 어떻든 이러한 것이 아직 실제적으로 고려되지 않는다면, 빠른 시일 내에 그리해야 할 것이다.

또 하나 주목할 만한 것이 있다. 나는 오래전부터 현재의 초고속 계산기는 원리상 자동 제어 장치의 이상적인 중추신경계로 사용할 만하다고 생각해 왔다. 그 입력과 출력은 숫자나 도형 등이 아니라 광전지나 온도계 같은 인공 감각기에서 읽을 수 있고 전동기나 솔레노이드의 동작으로 내보낼 수도 있다. 스트레인 게이지와 유사한 장치를 써서 이들 전동 기관의 동작을 읽고, 중추 제어계에 보고하여, 즉 '되먹임하여' 인공 근육 운동감각을 실현한다면, 사람의 어떤 정교한 동작이라도 거의 해낼 수 있는 기계를 인공적으로 만들어낼 수 있다. 나가사키 원폭 투하가 있기 훨씬 전, 즉 일반인보다 앞서 원자 폭탄에 대해 내가 알아차렸던 바는, 우리가 선악을 묻지 않은 채 미증유의 중요성을 띤 사회 혁명에 당면해 있다는 것이었다. 자동 공장, 즉 직공 없는 일관 조립 공장이 현재 실현되지 않은 이유는 단지 우리가 제2차 세계 대전 중에 레이더 기술 진보에 기울인 정도의 노력을 여기 투입하지 않았기 때문일 뿐이다.[77]

나는 이 새로운 진보가 좋은 방향으로든 나쁜 방향으로든 무한한 가능성이 있다고 말해왔다. 이유 한 가지는 새뮤얼 버틀러Samuel Butler가 은유적으로 상상했던 기계의 지배가 기술 진보의 결과로 가장 긴급한 문제가 되고 있고, 더군다나 은유가 아닌 실제 문제가 되고 있는 것이다. 인류를 위해 인간의 일을 대신하는 새롭고 유능한 기계 노예 집단이 생겨난다. 이같은 기계 노예는 노예 노동자와 거의 동등한 경제적 성격을 띤다. 다른 점은 인간의 잔인함이라는 부도덕을 직접적으로 수반하지는 않는다는 점이다. 그렇지만 노예 노동과 경쟁하는 조건을 받아들이는 노동은, 어떤 것이든 간에 노예 노동의 조건을 받아들이며, 본질적으로는 노예 노동과 다름없다. 이 본질은 한 마디로 경쟁이다. 기계 덕분에 불쾌하고 비천한 일을 할 필요가 없게 되는 것은 인류에게 대단한 복지일지 모르나, 내가 모르는 어떤 부분에서는 그렇지 않을 수도 있다. 기계가 창출한 새로운 가능성을 시장의 용어, 즉 기계가 벌게 해준 돈으로 평가해서는 안 된다. "제5의 자유the fifth freedom". 미국 제조업 협회National Association of Manufacturers나 《새터데이 이브닝 포스트 Saturday Evening Post》로 대표되는 미국 여론의 표어가 된 이 말은 분명히 자유 경쟁 시장의 용어이다. 나는 미국인으로서 미국에 대해 잘

사이버네틱스: 동물과 기계의 제어와 커뮤니케이션

알기 때문에 미국 여론이라고 했지만, 미국에만 한정할 일은 아니다. 장사꾼의 눈에는 국경이 없기 때문이다.

최초의 산업 혁명, 즉 "어두운 악마의 방앗간dark satanic mills "[78]이 배태한 혁명에서 기계와 인간이 경쟁하여 인간 노동력의 가치가 하락한 것을 보면, 오늘날 일어나는 현상의 역사적 배경을 보다 명확하게 설명할 수 있다. 굴삭기와 같은 증기 삽과 경쟁할 수 있는 저임금은 미국에서 단순 육체 노동자의 생계를 더 이상 지탱하지 못한다. 이와 마찬가지로 현대의 산업 혁명은 인간 사고력의 가치를 하락시키고 있다. 적어도 간단하거나 일상적인 일에서는 말이다. 물론 제1차 산업 혁명 시절에 뛰어난 목수, 기계공, 재봉사는 어느 정도 실직을 면했듯이, 제2차 산업 혁명에서도 뛰어난 과학자와 행정가는 실직하지 않을 것이다. 그러나 제2차 혁명이 끝났을 때, 능력이 보통 또는 그 이하인 일반인은 값나가는 어떤 것도 갖지 못할 것이다.

이 문제를 해결하려면 물론 사고파는 문제보다 인간의 가치를 더 존중하는 사회를 만들어야 한다. 이러한 사회에 도달하기 위해서는 충분한 계획뿐 아니라 적지 않은 투쟁도 필요하다. 가장 이상적으로 순조로운 경우라도 그러할 것이다. 그렇지 않은 경우라면? 모를 일이다. 그래서 나는 이와 같은 사정에 관한 정보나 견해를, 노동의 조건과 장래에 강한 관심을 가진 이들, 즉 노동조합 활동가에게 전하는 것이 나의 의무라고 생각했다. 나는 산업 노조 협회Congress of Industrial Organizations의 고급 간부 한두 명과 접촉했다. 간부는 매우 이해하고 공감하는 태도로 나의 이야기를 들어주었다. 하지만 나도, 어느 노조 간부도 다른 사람에게 이야기를 전할 수는 없었다. 내가 이미 들었던 바대로 노조 간부의 견해는 다음과 같았다. 미국이나 영국에서 노동조합과 노동 운동은 매우 제한된 사람들의 손에 달린 일이고, 그들은 직장 관리에서 특별하게 제기되는 문제나 임금과 노동 조건을 놓고 벌이는 분쟁을 취급하는 데는 매우 익숙하지만, 노동 자체의 정치적, 기술적, 사회학적, 경제적 문제를 대국적인 입장에서 논의하는 데는 전혀 준비가 안 되어 있다는 것이다. 이유는 간단하다. 일반적으로 노동조합의 간부는, 노동자로서 힘든 생활을 영위하며 교육받을 기회가 없다가, 갑

자기 행정 관리자로서의 분주한 생활로 접어들었기 때문이다. 교육받은 사람은 조합 활동에 매력을 느끼지 않고, 또 조합 쪽에서도 그런 사람을 받아들이기 어렵다.

이러한 상황에서 사이버네틱스라는 새로운 과학에 공헌한 우리는 도덕적 견지에서는 적어도 편안하지만은 않은 입장에 처했다. 이미 말한 것처럼 우리는 선악과 무관하게 기술적으로 대단한 가능성이 있는 새로운 학문의 창시에 공헌해 왔다. 우리는 새 학문을 세상에 건네줄 수 있을 뿐이지만, 우리를 둘러싼 세상은 벨젠[79]과 히로시마의 세상이다. 우리는 이 새로운 기술적 진보를 억제할 권리가 없다. 진보는 시대의 소유다. 우리가 진보를 억제한다고 해도 이 기술의 발전을 가장 무책임하고 욕심 많은 기술자들의 손에 넘기는 결과만 생길 것이다. 우리가 할 수 있는 최선은 이 연구의 동향과 의의를 널리 알리고, 이 영역에서 우리의 노력을 생리학이나 심리학과 같이 전쟁과 착취에서 멀리 떨어진 분야에 한정하는 일이다. 자칫 잘못하면 이 연구가 힘의 결집을 조장할지 모른다. (힘이란 존속한다면 항상 가장 부도덕한 손에 모이게 된다.) 그러나 앞서 말한 바처럼, 이 새로운 영역의 연구가 위험해도 인류와 사회의 이해를 심화하는 좋은 성과를 올릴 전망에 비하면 위험이 실현될 가능성은 감수할 만하다고 낙관하는 사람도 있다. 하지만 내가 이 책을 쓰는 1947년의 시점에서 그러한 희망은 매우 가냘픈 것이라고 할 수밖에 없다.

이 책의 저자로서, 출판을 위해 원고를 정리하고 자료를 준비해 주신 피츠 씨, 셀프리지 씨, 조르주 뒤베Georges Dubé 씨 그리고 프레더릭 웹스터 Frederic Webster 씨에게 감사의 뜻을 전하고 싶다.

1947년 11월
멕시코시티 국립 심장학 연구소에서

제1장

뉴턴의 시간과
베르그손의 시간

독일 아이라면 누구에게나 익숙한 노래가 있다.

너는 알고 있니, 얼마나 많은 별이

푸르른 하늘 장막 위에 펼쳐져 있는지?

너는 알고 있니, 얼마나 많은 구름이

온 세상 위에서 저 멀리 흘러가는지?

하느님이 세어보았더니

아주 큰 숫자로도

다 셀 수가 없더래.

Weisst du, wieviel Sternlein stehen

An dem blauen Himmelszelt?

Weisst du, wieviel Wolken gehen

Weithin über alle Welt?

Gott, der Herr, hat sie gezählet

Dass ihm auch nicht eines fehlet

An der ganzen, grossen Zahl.

—빌헬름 하이|Wilhelm Hey

이 짧은 노래는 두 가지 과학을 나란히 놓는다는 점에서 철학자와 과학사학자에게 흥미로운 주제를 던져준다. 이 두 과학, 즉 천문학과 기상학은 우리 머리 위의 하늘을 다룬다는 공통점이 있지만, 그 밖에는 극단적인 대조를 보인다. 천문학은 가장 오래된 과학이지만, 기상학은 그 이름에 걸맞게 된 지 얼마 안 되는 과학에 속한다. 익숙한 천문 현상들은 수 세기 동안 예측할 수 있었지만, 내일 날씨를 정확하게 예측하는 것은 대개 쉬운 일이 아니며 실제로 많은 곳에서는 매우 초라한 수준이다.

위의 노래로 돌아가면, 첫 번째 질문에 대한 대답은 오차의 한계 안에서 별이 얼마나 많이 있는지 우리는 알고 있다는 것이다. 쌍성이나 변광성 일부에서 발생하는 사소한 불확실성을 제쳐두면 별은 명확한 대상이며, 세거나 목록을 만들기에 아주 적합하다. 만일 사람이 만든 별들의 목록, 독일어로 '두르히무스테룽Durchmusterung'이라 하는 목록이 특정한 등급보다 덜 밝은 별을 포함시키지 않더라도, 더 많은 등급의 별까지 이어지는 하느님의 별 목록(두르히무스테룽)이라는 개념에 께름칙한 것은 아무것도 없다.

다른 한편 기상학자에게 구름에 대하여 비슷한 목록(두르히무스테룽)을 만들어달라고 요청한다면, 그 기상학자는 면전에서 웃음을 터뜨릴지도 모른다. 아니면 기상학의 모든 언어를 동원하더라도 거의 영구적인 정체성을 지니는 대상으로 정의되는 구름 같은 것은 없다는 점을 참을성 있게 설명할지도 모른다. 설령 고정된 구름 같은 것이 있더라도 이것을 셀 수 있는 방도가 전혀 없으며, 또한 사실은 그것을 세는 데 관심이 전혀 없다고 말할 것이다. 위상수학에 소질 있는 기상학자라면 아마 구름을 고체 상태 또는 액체 상태로 있는 물의 일부분의 밀도가 특정한 양을 넘어서는 공간의 연결된 영역으로 정의할지도 모른다. 그러나 이런 정의는 누구에게든 조금의 가치도 없을 것이며, 기껏해야 대단히 일시적인 상태를 나타낼 것이다. 기상학자가 정말 관심을 두는 것은 가령 "보스턴, 1950년 1월 17일, 하늘에 보이는 구름의 양 38, 권적운"과 같은 통계적 진술이다.

물론 우주기상학이라고 할 만한 것을 다루는 천문학 분야가 있다. 가령 찬드라세카르Subrahmanyan Chandrasekhar가 추구했던 분야로 은하와 성운과 성단에 대한 통계적 연구가 있다. 그러나 이는 천문학에서도 매우 새로운 영역이며, 기상학 자체보다도 더 새로운 분야이다. 이는 고전 천문학의 전통 바깥에 있는 것이다. 고전 천문학 전통은 순수하게 분류 목록Durchmusterung을 만드는 분야만 제외하면 원래 항성들의 세계보다는 태양계에 관심을 두고 있었다. 태양계 천문학은 코페르니쿠스, 케플러, 갈릴레오, 뉴턴 등의 이름과 주로 연관되며, 현대 물리학을 키운 유모 역할을 한 것도 태양계 천문학이었다.

천문학은 이상적으로 단순한 과학이다. 적절한 동역학 이론이 있기 전부터, 심지어 바빌로니아 시대로 거슬러 올라가더라도, 사람들은 일식이 규칙적으로 예측할 수 있는 순환 주기에 따라 일어나며 시간상으로 더 과거나 더 미래로 확장할 수 있다는 사실을 알고 있었다. 별들이 궤적에 따라 움직이는 것을 관측하여 시간을 다른 어떤 방식보다 더 잘 측정할 수 있다는 것도 알고 있었다. 태양계에서 일어나는 모든 사건의 패턴은 바퀴, 아니 일련의 바퀴들의 회전이었다. 이는 주전원을 사용하는 프톨레마이오스 이론의 형태이든, 코페르니쿠스 궤도 이론의 형태이든, 미래가 과거를 반복하는 양태의 어떤 이론에서든 마찬가지였다. 천구의 음악은 회문回文이며, 천문학이라는 책은 앞으로 읽히는 것과 똑같이 뒤로도 읽힌다. 앞으로 향하는 태양계의 운동과 반대 방향으로 역행하는 운동 사이에는 처음 위치와 처음 방향이 다르다는 것 외에는 아무런 차이도 없다. 결국 뉴턴이 이 모든 것을 형식적 공준의 집합과 닫힌 역학으로 환원했을 때, 이 역학의 근본 법칙들은 시간 변수 t를 $-t$로 변환하더라도 달라지지 않게 되었다.

따라서 만일 행성의 운동을 동영상으로 찍어서 그 움직임을 알아볼 수 있도록 빠르게 한 뒤, 그 동영상 필름을 반대 방향으로 재생한다면, 여전히 뉴턴 역학과 잘 합치하는 행성들의 가능한 묘사가 될 것이다. 반면에 만일 소나기구름 속에 있는 구름의 난류를 동영상으로 찍어서 이를 반대로 재생한다면, 전반적으로 잘못된 것처럼 보일 것이다. 상승 기류가 있으리라 예상하는 곳에서 하강 기류를 보게 될 것이고, 난류는 그 짜임새가 점점 더 성기게 될 것이고, 대개 그렇듯이 구름의 모양이 변한 뒤 번개가 치는 게 아니라 번개가 친 뒤에 구름의 모양이 변할 것이며, 끝없이 그럴 것이다.

이 모든 차이를 야기하는 천문학적 상황과 기상학적 상황 사이의 차이는 무엇인가? 특히 천문학적 시간의 겉보기 가역성과 기상학적 시간의 겉보기 비가역성의 차이는 무엇인가? 우선 기상학적 계는 엄청난 수의 근사적으로 동등한 입자를 포함하며, 그중 어떤 것은 다른 것과 아주 가깝게 결합해 있다. 반면, 태양계 우주의 천문학적 계에는 비교적 적은 수의 입자[80]만 들어 있으며, 그 크기는 매우 다양하다. 이 입자들은 서로 매우 느슨하게 결합되어서 이차적인 결합 효과가 우리가 관찰하는 묘사의 전반적인 면을 바꿀 수 없을 만큼 작으며, 그 다음 단계의 결합은 완전히 무시해도 좋다. 행성이 운동하는 조건은 실험실에서 우리가 구성할 수 있는 그 어떤 물리적 실험보다도 제한적인 수의 힘만이 작용하며 기타 영향을 거의 무시할 수 있는 상황에 가깝다. 행성들 사이의 거리와 비교하면, 행성뿐 아니라 태양조차도 점이나 다름없다. 행성들에 미치는 탄성 및 소성塑性 변형과 비교하면, 행성들은 거의 강체에 가깝거나, 그렇지 않더라도 그 내력內力은 그 중심의 상대 운동에 관한 한 중요성이 거의 없다. 행성들이 운동하고 있는 공간은 가로막는 물질이 거의 완전히 없으며, 행성 간 상호 인력의 효과를 분석할 때 행성들의 질량은 중심에 거의 몰려 있고 거의 일정하다고 해도 좋다. 중력 법칙은 역제곱 법칙에서 아주 미세하게만 이탈한다. 태양계 천체의 위치와 속도와 질량은 언제라도 대단히 잘 알려져 있으며, 그 과거와 미래의 위치를 계산하는 일이 상세하게는 쉽지 않겠지만 원리상으로는 쉽고 정확하게 할 수 있다. 다른 한편, 기상학에서는 관련 입자들의 수가 막대해서 초기 위치와 초기 속도를 모두 정확히 기록하는 일은 전혀 불가능하다. 이 기록이 실제로 이루어져서 입자들의 미래 위치와 미래 속도를 계산할 수 있다고 해도, 숫자가 헤아릴 수 없을 만큼 엄청나서 우리가 어떤 식으로든 이용하려면 과격한 재해석이 필요할 것이다. '구름', '온도', '난류' 등의 용어는 모두 단일한 물리적 상황을 지시하는 것이 아니라 가능한 상황들의 분포를 지시하는 것이어서, 그중 단 하나의 사례만 실제로 실현된다. 지구상에 있는 모든 기상학 관측소에서 동시에 눈금을 읽어낸다고 해도, 뉴턴의 관점에서 대기의 실제 상태를 특성화하기 위해 필요한 자료 가운데 수억 분의 일밖에 얻지 못할 것이다. 그 눈금들은 무한한 수의 다른 대기 상태와 모순되지 않는 상수들만을 제공하며, 기껏해야 몇몇 선험적 가정을 사용하여 가능한 대기 상태들의 집합에 대한 척도를 확률분포로 제공할 수 있을 뿐이다. 뉴턴의 법칙이나 여타 인과적 법칙을 써서 우리가 임의의 미래 시간에 예측할 수 있는 것이라고는 계의 상수들이 따르는 확률분포가 고작이며, 이 예측 가능성조차 시간이 지남에 따라 차츰 희미해진다.

뉴턴 계에서는 시간이 완전히 가역적이지만, 확률과 예측의 문제에 답을 구해 보면 과거와 미래가 대칭이 아니다. 대답에 해당하는 질문이 비대칭적이기 때문이다. 만일 물리 실험 하나를 설정한다면 내가 다루고 있는 계를 과거에서 현재로 가져오게 되는데, 그 과정에서 어떤 양은 고정되어 있고 어떤 다른 양은 알려진 통계분포를 따른다고 가정할 만한 충분히 합리적인 이유가 있어야 한다. 그런 뒤에 주어진 시간 뒤의 결과에 대한 통계분포를 관찰한다. 이것은 내가 돌이킬 수 있는 과정이 아니다. 그렇게 하려면 과거에 개입하지 않고서도 어떤 통계적 극한 안에 머무르게 되는 계의 올바른 분포를 골라낸 뒤에, 주어진 시간 이전에 선행 조건이 어떤 것이었는지 알아낼 필요가 있을 것이다. 그러나 미지의 위치에서 시작한 계가 좁게 정의된 통계적 영역으로 모이는 일은 기적이라 할 만큼 거의 일어나지 않는다. 우리는 기적이 일어나길 기다렸다가 기적에 의존하는 것을 실험적 기법의 토대로 삼을 수는 없다. 요컨대 우리의 시간은 한쪽 방향으로 흐르며, 우리와 미래의 관계는 우리와 과거의 관계와 다르다. 우리의 모든 질문은 이 비대칭성을 조건으로 삼으며, 이 질문들에 대한 우리의 모든 대답은 똑같이 이 비대칭성을 조건으로 삼는다.

시간의 방향에 관한 아주 흥미로운 천문학적 의문은 천체물리학의 시간과도 연관이 있다. 천체물리학에서 우리는 단일한 관측으로 멀리 떨어진 천체를 관측하고 있으며, 우리 경험의 성격에 일방향성은 없는 것처럼 보인다. 그렇다면 지구상의 실험 관측에 바탕을 두는 열역학은 일방향성을 지니는데, 그러한 열역학이 천체물리학에 큰 도움이 되는 까닭은 무엇인가? 그 대답은 흥미롭지만 분명하지 않다. 우리는 별이 내보내는 광선이나 입자선을 감지하여 별을 관측한다. 우리는 들어오는 빛을 감지할 수 있지만 별에서 나가는 빛을 감지할 수는 없다. 적어도 나가는 빛의 감지는 들어오는 빛의 감지만큼 간단하고 직접적인 실험을 통해 이루어지지 않는다. 들어오는 빛을 감지할 때 빛의 종착점은 눈 아니면 사진 건판이다. 이미지의 수용을 위해서는 우리의 조건화가 필요한데, 어느 정도 시간이 흐르는 동안 이미지들을 차단 상태에 두는 것이다. 우리는 잔상을 피하기 위해 눈이 어두운 곳에서 적응하도록 기다리며, 사진의 헐레이션[81]을 방지하기 위해 건판을 검은 종이에 싸 둔다. 눈이나 사진 건판을 그렇게 해야만 우리에게 쓸모가 있다. 상이 맺히기 전에 이루어지는 입자의 흐름에 우리가 그대로 노출된다면, 눈만 멀면 다행일 것이다. 사진 건판을 사용한 뒤에 검은 종이에 싸서 보관하다가 다시 사용하기 전에 현상해야 한다면, 사진술은 대단히 어려운 예술이 될 것이다. 이리하여 우리는 별들이 우리와 온 세상을 향해 발하는 빛을 볼 수 있다. 역전된 방향으로 진화하는 별이 있다면, 온 하늘에서 복사를 끌어들일 것이고 우리 자신에게서 끌어당긴 복사조차 우리가 감지할 수 없을 것이다. 우리는 과거를 알지만 미래는 모르기 때문이다. 따라서 우리가 보는 우주의 한 부분이 가지고 있는 과거-미래 관계는, 복사광의 방출에 관한 한, 우리의 것과 일치한다. 우리가 어떤 별을 본다는 바로 이 사실이 그 별의 열역학이 우리의 것과 같음을 의미하는 것이다.

시간의 진행 방향이 우리와 반대인 지적 생명체를 상상하는 것은 매우 재미있는 지적 실험이다. 그런 생명체는 우리와 의사소통을 할 수 없다. 이 생명체가 우리에게 보내는 신호는 그쪽에서 보면 귀결들의 논리적 흐름이지만 우리 쪽에서 보면 전제들이다. 그 전제들은 이미 우리의 경험 속에 들어왔으므로, 어떤 지적 생명체가 보냈다고 가정하지 않아도 그 신호에 대한 자연스러운 해석으로 보일 것이다. 만약 이 생명체가 우리에게 정사각형을 그려서 보여준다면, 우리는 이 생명체가 그린 도형의 흔적을 도형보다 앞선 것으로 간주해야 하며, 그 정사각형은 언제든 완벽하게 설명할 수 있는 그 흔적의 기묘한 결정체로 보일 것이다. 그것의 의미는 마치 우리가 산이나 절벽에서 사람의 얼굴 모양을 보는 경우와 같이 돌연히 발생하는 것처럼 보일 것이다. 정사각형을 그리는 것이 우리에게는 정사각형이 사라져 버리는, 갑작스럽기는 하지만 자연 법칙으로 설명할 수 있는 이변으로 보일 것이다. 우리와 반대 입장에 있는 지적 생명체도 우리를 똑같이 생각하게 될 것이다. 우리가 의사소통을 할 수 있는 어떠한 세계 안에서든 시간의 방향은 단일하다.

뉴턴 천문학과 기상학의 비교로 돌아가자. 대개의 과학 분야는 이 둘의 중간에 위치하지만, 천문학보다는 기상학에 가깝다. 이미 말한 바와 같이, 천문학조차도 우주기상학을 포함한다. 조석 진화론으로 유명한 조지 다윈 경 Sir George Darwin이 연구한 아주 흥미로운 분야 역시 포함한다. 앞에서는 태양과 행성들의 상대 운동을 강체들의 운동으로 취급할 수 있다고 말했지만, 이 경우는 꼭 그렇다고 할 수 없다. 예컨대 지구는 거의 바다로 둘러싸여 있다. 지구의 중심보다 달에 더 가까이 있는 물은 지구의 단단한 부분보다 달 쪽으로 더 강하게 끌리며, 반대쪽에 있는 물의 끌림은 이보다 약하다. 이런 상대적으로 미미한 효과로 물 한쪽은 달 쪽으로, 또 한쪽은 달의 반대쪽으로 돌기부 두 개를 이룬다. 순전히 물로만 이루어진 구체라면, 이 돌기부들은 그다지 에너지를 크게 흐트러뜨리지 않으면서 지구를 맴도는 달을 따라 움직일 수 있어서, 언제나 정확하게 달 쪽과 그 반대쪽에 있을 것이다. 이들은 결과적으로 달에도 인력을 미치지만 천구상 달의 각위치角位置에 큰 영향을 끼치지는 않을 것이다. 하지만 돌기부들이 지구상에서 일으키는 조석의 물결은 해안이나 베링해, 아일랜드해 등 얕은 바다에서는 서로 엉켜서 흐름이 늦어진다. 이로 인해 조석의 물결은 달의 위치보다 뒤처진다. 이런 현상을 만드는 힘들은 대체로 불안정하고 흩어지기 쉬우며, 기상학에서 다루는 힘들과 매우 닮은 성질을 지니기에 통계적인 처리가 필요하다. 실로 해양학 oceanography은 대기가 아닌 수권 hydrosphere의 기상학이라고 부를 만하다.

이런 마찰력들은 달을 지구를 도는 궤도에서 뒤쪽으로 끌어당기는 한편, 지구의 회전은 앞쪽으로 속도를 증가시킨다. 이 힘들은 한 달과 하루의 길이를 서로 비슷하게 한다. 달에서 하루는 지구에서 한 달이며, 달은 언제나 거의 같은 면을 지구 쪽으로 향하고 있다. 이 현상은 달이 액체나 기체 또는 부드러운 물질로 이루어져서 지구의 인력에 당겨지고 그 과정에서 대량의 에너지를 흐트러뜨릴 때 일어난 조석 진화의 결과라는 주장이 제기되었다. 조석 진화 현상은 지구와 달 사이에서만 일어나는 것이 아니며, 중력이 작용하는 모든 계에서 어느 정도 관찰되는 것이다. 과거의 시점에서 보면 조석 진화는 태양계의 모습을 상당히 바꾸었지만, 이런 변형은 역사적으로 태양계 행성들의 강체 운동 효과에 비하면 경미하다.

이와 같이 중력 천문학조차 감쇠해 가는 마찰 과정을 포함하고 있다. 뉴턴의 도식에 엄밀하게 들어맞는 과학은 하나도 없다. 생명과학 분야들은 분명히 한 방향으로 진행하는 현상들만 취급한다. 출생은 죽음의 정확한 역행이 아니며, 세포 조직들을 쌓아 올리는 합성대사도 그것들을 무너뜨리는 분해대사의 정확한 역행이 아니다. 세포의 분열은 시간적으로 대칭을 이루는 양식으로 행해지지 않으며, 수정란을 만드는 생식세포의 결합도 마찬가지이다. 개체는 시간을 따라 한 방향으로 날아가는 화살이며, 종도 마찬가지로 과거에서 미래의 방향으로 나아간다.

고생물학에서 취급하는 기록들은 생물이 오랜 기간에 걸쳐 단순한 것에서 복잡한 것으로 나아간 확고한 경향성을 보여 준다. 간혹 기록이 단절되거나 혼란스러운 부분도 있지만, 대세에 큰 영향은 없다. 19세기 중엽 무렵 이런 경향성은 편견 없이 진정으로 열려 있는 과학자라면 누구에게나 확실히 알려졌으며, 그러기에 그 메커니즘들을 해명하는 문제가 거의 같은 시기에 연구를 진행하던 찰스 다윈과 앨프리드 월리스Alfred Wallace 두 사람이 위대한 발걸음을 떼면서 크게 진보한 것은 결코 우연이 아니다. 이 진보는 어떤 종의 개체들에서 우연히 발생한 변이가 하나 또는 여럿의 방향성을 띠는 변이 과정에 각인되고, 개체의 관점이나 종의 관점에서 볼 때 다양한 변이가 변이 과정의 계열마다 서로 다른 정도로 존속한다는 인식이다. 돌연변이로 생겨난 발 없는 개는 분명히 굶어 죽겠지만, 갈비뼈로 기어 다니는 메커니즘을 발달시킨 가늘고 긴 모양의 파충류는 거추장스럽게 돌출된 사지가 없이 매끈한 몸체를 지닌다면 생존 가능성이 더욱 커진다. 물속에 사는 동물은 어류든 파충류든 포유류든 어느 것이나 방추형의 모양, 강력한 신체 근육, 물을 헤쳐가기에 적합한 꼬리 부분을 지니고 있다면 더 잘 헤엄칠 수 있을 것이다. 따라서 재빨리 달아나는 먹잇감을 따라가서 먹이를 구해야 하는 동물의 생존 여부는 이러한 형태를 갖추는지에 달려 있다.

다윈의 진화란 이와 같이 다소 우연한 변이가 어느 정도 확고한 형태로 결합되는 메커니즘을 일컫는다. 다윈의 원리는 그것이 따르는 메커니즘에 대해 훨씬 더 많은 것을 알게 된 오늘날에도 여전히 유효하다. 멘델의 연구는 유전에 관해 다윈의 견해보다 훨씬 더 정밀하고 불연속적이지만, 더 프리스Hugo de Vries의 시대 이후 돌연변이에 대한 개념은 돌연변이의 통계적 기초에 대한 우리의 이해 방식을 완전히 바꾸어 버렸다. 우리는 염색체의 내부 구조를 연구하고 그 안에 있는 유전자의 위치를 알아내었다. 현대의 유전학자 명부에는 혁혁한 이름이 수많이 올라 있다. 그중 홀데인 등 몇 사람은 멘델 유전학의 통계적 연구가 진화 연구의 유효한 수단이 되는 데 기여했다.

이미 찰스 다윈의 아들인 조지 다윈 경의 조석 진화론을 언급했다. 아들의 생각과 아버지의 생각 간 관련성이나 '진화'라는 용어의 선택이 우연은 아니다. 종의 기원론과 마찬가지로 조석 진화에서도 우리는 조석이 있는 바다의 물결과 물 분자들의 불규칙한 운동이 지닌 임의 변동 가능성이 역학적 과정을 거쳐 한 방향으로 나타나는 발전 양식으로 변환되는 메커니즘을 알고 있다. 조석 진화론은 분명 아버지 다윈의 생각을 천문학에 적용한 것이다.

다윈 집안의 3대에 해당하는 찰스 다윈 경Sir Charles Galton Darwin은 현대 양자역학의 권위자다. 이 사실은 우연처럼 보일 수도 있지만, 통계학의 발상이 뉴턴의 착상을 한층 더 침범해 가는 상황을 보여준다. 맥스웰, 볼츠만Ludwig Boltzmann, 기브스로 이어지는 이름은 열역학이 통계역학으로 환원되는 점진적인 과정을 대표한다. 즉 하나의 동역학계가 아니라 여러 동역학계의 통계적 분포를 다루며, 우리가 내리는 결론이 전체 계가 아니라 지배적 다수의 계와 관련되는 상황에서 열과 온도에 관한 여러 현상이 뉴턴 역학이 적용되는 현상으로 환원되었던 것이다. 1900년 무렵 열역학 중 특히 복사 분야에 중대한 과오가 있었다는 사실이 밝혀졌다. 플랑크Max Planck의 법칙이 보여주듯, 에테르의 고주파 복사를 흡수하는 능력은 복사 이론에서 역학적으로 인정하던 기존의 어느 능력보다도 훨씬 작다는 사실이 드러난 것이다. 플랑크는 복사에 관한 준원자 이론, 즉 복사의 양자 이론을 창시했는데, 이 이론은 그와 같은 현상들을 만족스럽게 설명할 수 있었으나 나머지 전체 물리학과는 전혀 맞지 않는 것이었다. 또한 뒤이어 닐스 보어Niels Bohr도 이에 관해 비슷한 방식으로 특정 용도로만 쓰이는 원자 이론을 제창했다. 뉴턴과 플랑크-보어는 각각 헤겔의 이율배반에서 말하는 정립과 반정립을 만들어낸 것이다. 이들에 대한 종합은 1925년 하이젠베르크가 발견한 통계적 이론인데, 이는 기브스의 통계적 뉴턴 역학을 거시적 현상에 대한 뉴턴 및 기브스의 통계적 이론과 유사한 이론으로 대체하지만, 현재와 과거의 자료를 완전하게 모으더라도 미래는 통계적으로 예측하는 수밖에 없다. 결국 뉴턴 천문학뿐만 아니라 뉴턴 물리학도 통계적인 상황의 평균값을 묘사하는 것이며, 따라서 진화 과정의 결산이라고 해도 과언이 아니다.

뉴턴의 가역적 시간에서 기브스의 비가역적 시간으로의 이와 같은 변천은 철학적 반향을 불러일으켰다. 베르그손은 물리학의 가역적 시간과 진화론 및 생물학의 비가역적 시간 사이의 차이를 강조했다. 전자에서는 새로운 것이 아무것도 일어나지 않는 데 반해 후자에서는 끊임없이 새로운 것이 일어난다. 생기론vitalism과 기계론mechanism 사이에 있었던 오랜 논쟁의 핵심은 뉴턴 물리학은 생물학을 위한 적절한 틀이 될 수 없다는 인식이었을 것이다. 논쟁이 유물론materialism의 침입에 맞서 적어도 영혼과 신의 그림자를 어떠한 형태로든 보존하고자 하는 소망으로 더 복잡해졌다 할지라도 그렇다. 결국, 우리가 보아 온 바와 같이, 생기론자들은 너무나 많은 것을 시도했다. 생물학 쪽의 요구와 물리학 쪽의 요구 사이에 벽을 만드는 대신 물질과 생명 둘 다를 그 안에 가둘 정도로 넓게 둘러쳐진 벽을 만든 것이다. 새로운 물리학에서 말하는 물질이 뉴턴의 물질과는 다른 것이 사실이지만, 그것은 생기론자들이 소망하는 것처럼 의인화된 것에서도 멀리 떨어져 있다. 양자 이론가가 말하는 우연은 아우구스티누스주의자가 말하는 윤리적 자유가 아니다. 기회의 여신 튀케Tyche는 숙명의 여신 아난케Ananke 못지않게 무정한 여신인 것이다.

모든 시대의 사상은 그 시대의 기술에 반영되어 있다. 민간 기술자는 곧 고대에는 토지 측량사, 천문학자, 항해사였고, 17세기와 18세기 초에는 시계공과 렌즈 연마사였다. 고대에도 그러했지만, 장인들은 천계를 모방하여 그들의 도구를 만들었다. 회중시계는 다름 아닌 주머니 속의 천구의天球儀로서 반드시 천구가 움직이는 것과 같이 움직이도록 되어 있고, 그 속에서 마찰과 에너지의 흩어짐이 있더라도 극복되어 바늘들의 움직임이 가능한 한 일정한 주기성을 띠도록 만들어졌다. 하위헌스Christiaan Huygens와 뉴턴의 모형을 따른 이 기술의 주된 성과는 대항해 시대의 출현이었다. 대항해 시대에 괄목할 만한 정확도를 가진 경도의 계산이 처음으로 가능해졌으며, 그때까지 운과 모험에 달린 일이었던 대양 교역이 납득할 수 있는 정규 사업으로 바뀔 수 있었다. 그것은 상인의 공학이었다.

상인의 뒤를 이어 수공업자가, 항해용 정밀 시계chronometer를 이어 증기 기관이 등장했다. 뉴커먼Thomas Newcomen의 엔진 이후 거의 현재에 이르기까지 공학의 중심 분야는 원동기 연구였다. 열은 회전 운동 에너지나 평행 운동 에너지로 변환되었고, 뉴턴 물리학은 톰프슨Sir Benjamin Thompson, 카르노Nicolas Léonard Sadi Carnot, 줄James Prescott Joule 등에 의해 보완되었다. 열역학이 출현했는데, 여기에서 시간은 두드러지게 비가역적이다. 열역학의 초기 단계는 뉴턴 역학과 거의 관련 없는 사유 영역으로 보인다. 그러나 에너지 보존의 이론[82]과 카르노의 원리에 대한 통계적 설명 즉 열역학 제이 법칙—증기 기관의 최대 효율은 보일러와 응축기의 작동 온도에 의존한다는 에너지 퇴화의 원리—이 열역학과 뉴턴 역학을 동일한 하나의 과학의 통계적 측면과 비통계적 측면으로 융합했다.

17세기와 18세기 초반이 시계의 시대이고, 18세기 후반과 19세기가 증기 기관의 시대라고 한다면, 현대는 커뮤니케이션과 제어의 시대이다. 전기공학은 두 분야로 나누어지는데, 이는 독일에서는 강전strong current 기술과 약전weak current 기술의 구분으로 알려져 있고 미국에서는 전력공학과 커뮤니케이션공학의 구분으로 알려져 있다. 바로 이 구분이 우리가 살고 있는 이 시대와 바로 전 시대를 구별하는 것이기도 하다. 실제로 커뮤니케이션공학은 어떤 크기의 전류나 커다란 포탑을 돌릴 만한 강력한 엔진의 작동도 취급할 수 있다. 커뮤니케이션공학이 전력공학과 다른 점은 그 주된 관심이 에너지의 경제성이 아니라 신호의 정확한 복원에 있다는 것이다. 이는 송신기의 키를 두들겨서 보낸 신호가 상대방의 전보 수신기가 복원되는 것일 수도 있고, 전화기 두 대가 주고받는 음성 신호일 수도 있으며, 배의 방향타의 각도로 받아들이는 키의 회전일 수도 있다. 커뮤니케이션공학은 가우스, 휘트스톤Charles Wheatstone 및 초기 전신 기술자들과 더불어 시작되었다. 커뮤니케이션공학은 19세기 중반 최초의 대서양 횡단 해저 케이블이 실패한 후 켈빈 경William Thomson, Baron Kelvin에 의해 비로소 합당한 과학적 대우를 받게 되었다. 1880년대 이후 커뮤니케이션공학이 오늘날의 모습을 갖추는 데 가장 공헌한 사람은 헤비사이드Oliver Heaviside일 것이다. 레이더가 발명되어 제2차 세계 대전 동안 쓰였고, 긴급하게 대공 화기 제어도 수행해야 했으므로, 대단히 많은 숙련된 수학자와 물리학자가 현장 업무에 참여하게 되었다. 오늘날 과거 어느 때보다도 활발하게 연구가 진행되고 있는 경이로운 자동 계산기도 이와 같은 영역에 속한다.

다이달로스나 알렉산드리아의 헤론 이래 기술 발전의 모든 단계에서 살아 있는 생명체의 작동하는 모형체simulacrum를 만드는 발명가의 역량은 항상 사람들의 흥미를 끌어왔다. 자동 기계automaton를 연구하고 만들고자 하는 이런 욕망은 항상 시대의 살아 있는 기술이라는 이름으로 표현되어 왔다. 마법의 시대에는 프라하의 랍비가 언급하지 말아야 할 신의 이름을 모독하면서 흙 인형에 생명을 불어넣어 만들었다는 '골렘'이라는 기이하고 불길한 괴물의 관념이 있었다. 뉴턴의 시대에 자동 기계는 발끝으로 어설프게 회전하는 작은 인형들을 위에 붙인 시계 장치 음악상자였다. 19세기에 자동 기계는 인간 근육 속의 글리코젠 대신 연료를 태워서 작동하는 영광스러운 발명품 열기관이었다. 끝으로 현대의 자동 기계는 광전지로 문을 열거나, 레이더 빔이 포착한 비행기를 향해 대포를 돌리거나, 미분 방정식의 해를 계산한다.

그리스 시대의 자동 기계나 마법적 자동 기계는 현대 기계 발달의 주된 방향들과는 무관하며, 중요한 철학 사상에도 큰 영향을 미치지는 않았다. 하지만 시계 장치 자동 기계는 전혀 사정이 다르다. 우리는 이를 무시하곤 하지만, 시계 장치 자동 기계는 근대 철학의 초기에 매우 본질적이고 중요한 역할을 수행했다.

우선 데카르트는 하등 동물이 자동 기계라고 생각했다. 이는 동물은 구원받거나 버림받을 영혼이 없다는 정통파 기독교인들의 사고에 이의를 제기하지 않으려는 생각에서 나온 것이다. 내가 아는 한 데카르트는 이 살아 있는 자동 기계가 어떻게 작동하는지 논의한 바 없다. 하지만 데카르트는 이와 연관된 중요한 문제를 비록 만족스럽지 못한 방식이긴 하지만 논의하고 있다. 감각과 의지에서 인간의 영혼이 그 물질적 환경과 어떻게 결합하는가 하는 문제였다. 데카르트는 이 결합이 뇌의 중앙 부분인 송과선 pineal gland에서 일어나는 것으로 간주한다. 데카르트가 생각한 이런 결합의 본성, 즉 이 결합이 정신과 물질 상호 간의 직접 작용을 보여주는지는 결코 명확하지 않다. 아마도 데카르트는 이를 양방향으로 이루어지는 직접 작용으로 간주하지만, 외부 세계에 대해 행위한 인간의 경험이 유효함을 보장하려고 신의 선함과 진실함에 호소하는 것 같다.

이 문제에 관해 데카르트가 신에게 돌린 역할은 불안정하다. 신은 완전히 수동적인 존재이거나 능동적인 참여자일 수 있다. 전자의 경우 데카르트의 설명이 어떻게 무엇인가를 설명하는지 알기 어렵고, 후자의 경우 신의 진실성이 보장하는 것이 감각 행위에 신이 적극적으로 관여하는 것이 아니면 무엇일지 알기 어렵다. 따라서 후자를 채택한다면, 물질 현상들이 이루는 연속적 인과 관계 사슬은 신의 행위에서 시작되는 연속적 인과 관계 사슬과 평행하다. 신은 이런 인과 관계에 의해 물질적 상황에 대응하는 경험을 우리의 내면에 산출하는 것이다. 이렇게 가정하면, 우리의 의지와 그것이 외부 세계에 만들어내는 결과들 사이의 대응을 그것과 유사한 신의 간섭에 기인하는 것으로 돌리는 것은 지극히 자연스럽다. 휠링크스 Arnold Geulincx나 말브랑슈Nicolas Malebranche 같은 기회원인론자occasionalist가 따른 것이 바로 이 길이다. 여러 가지 방식에서 이 학파의 계승자인 스피노자에 이르러 기회원인론 학설은 더 합리적인 모양새가 되었는데, 스피노자는 정신과 물질의 상응은 신의 두 자기 충족적 속성들 간의 상응이라고 주장한다. 그러나 스피노자는 역학적 사고방식의 소유자가 아니었으므로 이런 상응의 메커니즘에 대해서는 거의 내지 전혀 주의를 기울이지 않는다.

라이프니츠는 바로 이런 상황에서 출발한다. 그런데 스피노자가 기하학적으로 생각하는 데 반해 라이프니츠는 동역학적으로 생각한다. 먼저 라이프니츠는 서로 상응하는 요소들의 짝인 정신과 물질을, 상응하는 요소들 즉 모나드monad들의 연속체로 대치한다. 모나드라는 착상은 영혼을 바탕으로 했지만, 그것은 자기의식 단계에 도달한 완전한 영혼에 못 미치는 것과 데카르트라면 물질에 속하게 했을 세계의 부분을 형성하는 것도 포함하고 있다. 각 모나드는 자기만의 갇힌 우주 안에 살며, 우주가 처음 만들어진 무한한 과거에서 끝없이 먼 미래까지 완벽하게 연속적인 인과 관계의 사슬이 저마다 있다. 모나드들은 갇혀 있기는 하지만, 신의 예정 조화pre-established harmony로 서로 상응하고 있다. 라이프니츠는 모나드를 천지 창조 때부터 영원히 시간을 맞추도록 태엽을 감아 놓은 시계에 비유한다. 인간이 만든 시계와 달리 모나드는 시간이 맞지 않는 일이 없는데, 이는 창조주가 기적과도 같이 완전무결한 솜씨로 빚은 것이다.

라이프니츠는 시계를 본떠 구상한 자동 기계들의 세계를 숙고하는데, 이는 라이프니츠가 하위헌스의 제자였음을 생각하면 자연스러운 일이다. 모나드들은 서로를 반영하지만, 그 반영은 인과 관계의 사슬을 통해 서로 전달되지 않는다. 모나드들은 음악상자 위에서 춤추는 수동적인 인형들과 마찬가지로 또는 그 이상으로 자기 충족적이다. 모나드들은 외부 세계에 실제적인 영향을 끼치지 않으며, 또한 그것에서 영향을 받지도 않는다. 라이프니츠에 따르면 모나드는 창을 갖지 않는다. 우리가 보는 세계의 겉모습은 허구와 기적 사이에 있는 것이다. 모나드는 작게 그려진 뉴턴의 태양계이다.

19세기에는 인간이 만든 자동 기계와 자연적 자동 기계, 즉 유물론자가 보는 동식물은 아주 다른 시각에서 연구되었다. 에너지 보존과 에너지 열화가 그 시대의 지배적인 원리였다. 생명체는 무엇보다도 일종의 열기관으로, 포도당이나 글리코젠 또는 전분과 지방과 단백질을 연소하여 이산화탄소, 물, 요소尿素로 바꾼다. 대사 평형metabolic balance이야말로 여기서 가장 주목받는 것이다. 동물 근육의 낮은 작동 온도가 비슷한 효율을 내는 열기관의 높은 작동 온도에 대비되어 주목을 받았더라도, 이 사실은 구석으로 밀려난 채 생명체의 화학 에너지와 열기관의 열에너지 간 대비로 그럴듯하게 설명되었다. 이 시대에 근본적인 개념들은 모두 에너지와 관련되었는데, 그중에서도 주된 개념은 퍼텐셜 에너지이다. 인체공학은 동력공학power-engineering의 한 분야다. 이는 오늘날까지도 고전적 사고방식을 가진 보수적인 심리학자 사이에서 지배적인 시각이다. 라셉스키나 그의 학파 등 생물물리학자 한 무리가 따르는 전반적인 사상 경향은 이런 사고방식이 여전히 세력이 있음을 입증한다.

오늘날 우리는 신체가 보존계와 대단히 거리가 먼 것이고, 신체 각 부분은 가용 동력이 우리가 생각했던 것보다 훨씬 제한된 환경에서 작동한다는 것을 알게 되었다. 전자관이 우리에게 보여준 사실은 에너지를 외부에서 공급받아 그 에너지 대부분을 낭비하는 체계도 낮은 에너지로 작동할 경우 기대한 기능을 효율적으로 수행할 수 있다는 것이다. 우리는 신체 신경계의 원자에 해당하는 뉴런 같은 중요한 요소가 진공관과 매우 유사한 조건하에서 순환에 의해 외부에서 상대적으로 작은 에너지를 공급받아 역할을 수행한다는 것과, 뉴런의 작동을 기술하기 위해 가장 중요한 장부는 에너지 장부가 아니라는 것을 깨닫기 시작했다. 요컨대 자동 기계에 대한 새로운 연구는 자동 기계의 종류가 금속 기계이건 인간의 신체이건 커뮤니케이션공학 분야에 속한다. 연구의 핵심 개념으로는 메시지, 교란의 크기 또는 '잡음'—이는 전화 기술에서 차용한 용어다—, 정보량, 부호화 기법 등이 있다.

이러한 이론에서 우리는 외부 세계에 효율적으로 대처하는 자동 기계를 에너지의 흐름 즉 물질대사로만 보지 않으며, 인상들의 흐름과 입력 전언들의 흐름 그리고 출력 전언들의 행위 흐름으로도 다룬다. 인상을 수용하는 기관은 인간과 동물의 감각기에 해당한다. 그러한 기관은 광전지를 비롯한 광 수신기, 자체 발사한 헤르츠 파동을 수신하는 레이더 장비, 맛을 보는 장치라고 할 수 있는 수소 이온 전위 기록기hydrogen-ion-potential recorder,

온도계, 각종 압력계, 마이크 등이 있다. 작용체는 전동기나 솔레노이드, 가열 코일 등 여러 가지가 있다. 수용체 또는 감각기와 작용체 사이에는 중계 역할을 수행하는 일련의 요소가 있어 원하는 형식의 반응을 작용체에서 산출하는 형태로 입력된 갖가지 인상을 재결합한다. 이 중앙 제어 체계에 공급되는 정보에는 작용체 자체의 작용에 관한 정보도 자주 포함될 것이다. 이러한 기관은 무엇보다도 우리의 신체의 근육 운동 지각 기관들과 체내에서 자극을 전달하는 고유감각기에 해당하는데, 인간의 신체에는 관절의 위치나 근육의 수축률 등을 기록하는 기관들이 있기 때문이다. 더구나 자동 기계가 받아들인 정보는 즉각 사용될 필요가 없고, 얼마간 시간이 흐른 뒤에 쓰일 수 있도록 지연시키거나 저장해 둘 수도 있다. 이는 기억에 해당한다. 마지막으로 자동 기계가 동작하는 동안, 동작의 규칙 자체가 과거 수용체를 통해서 들어온 자료에 의해 어떤 변화를 받기 쉬운데, 이는 학습의 과정과 다르지 않다.

우리가 지금 이야기하는 기계는 작은 것도 크게 떠벌리는 사람의 몽상이 아니며 미래에나 있을 일에 대한 희망도 아니다. 그것은 이미 자동 온도 조절 장치, 자동 항법 장치, 목표물을 스스로 찾아가는 미사일, 대공 화기 제어 장치, 자동화된 석유 분해 증류기, 초고속 계산기 등으로 이미 구현되어 있다. 이런 기계는 사실상 제2차 세계 대전 훨씬 전부터 사용되기 시작했지만—증기 기관의 속도 조절기가 그 예이다—, 세계 대전 와중에 진행된 대규모 기계화 과정에서 크게 발전했다. 극도로 위험한 원자 에너지를 다루면서는 더욱 고도로 기술 발전이 이루어질 것이다. 이른바 제어 장치 또는 자동 조절 메커니즘에 관한 새로운 서적이 한 달이 멀다 하고 출간된다. 18세기가 시계의 시대였고, 19세기가 증기 기관의 시대였다면, 현대는 진정 자동 변환 장치의 시대이다.

이상을 요약하면 이렇다. 현대의 각종 자동 기계는 인상의 수용과 동작의 수행으로 외부 세계에 대처한다. 감각기와 작용체가 있으며, 상호 간 정보 전달을 통합하는 신경계와 같은 체계를 지닌다. 이는 생리학 용어로 잘 기술할 수 있다. 현대의 자동 기계를 생리학의 메커니즘을 활용하는 하나의 이론으로 통합하는 일은 가능하며 그다지 경이롭지도 않다.

이런 메커니즘과 시간의 관계는 주의 깊은 연구가 필요하다. 입력과 출력의 관계는 시간상 선후 관계로 이어지며 또한 명확한 과거-미래의 질서가 있어야 한다. 감지 능력을 지닌 자동 기계에 관한 이론이 통계적 이론인지는 아직 확실하지 않다. 우리는 단 하나의 입력을 처리하기 위한 커뮤니케이션공학 기계의 실행에 대해서는 거의 관심을 두지 않는다. 적절하게 기능하는 기계는 복수 입력의 전체 집합을 만족스럽게 처리해야 하는데, 이는 통계적으로 수신이 예상되는 입력 집합에 대응하여 통계적으로 만족할 만하게 수행함을 의미한다. 따라서 이를 다루는 이론은 고전적인 뉴턴 역학보다는 기브스의 통계역학에 속한다. 보다 상세한 연구는 커뮤니케이션 이론에 배정한 장에서 살펴보자.

현대의 자동 기계는 생명체로서 베르그손의 시간 속에 존재하며, 따라서 베르그손의 고찰에 따르면 생명체 기능의 근본 양식이 이러한 유형의 자동 기계의 기능의 본질적인 양식과 같지 않아야 할 이유가 없는 것이다. 기계론조차 생기론의 시간 구조에 부합한다고 할 정도로 생기론은 승리를 거두었다. 하지만 도덕이나 종교와 조금이라도 관련이 있는 관점을 취한다면 이 새로운 역학은 과거의 역학과 마찬가지로 전적으로 기계론적이므로, 앞에서도 언급했듯 이 승리는 완전한 패배이기도 하다. 우리가 이 새로운 입장을 유물론적이라고 불러야 할지는 거의 용어 선택 문제에 불과하다. 물질의 우세는 현대보다는 19세기 물리학의 한 국면이 띠는 특징이었으며, 이제 '유물론'은 그저 '기계론'의 느슨한 동의어 정도가 되었다. 사실상 기계론자와 생기론자 사이의 모든 논쟁거리는 처음부터 잘못 제기된 문제로 격하되었다.

제2장

군과 통계역학

금세기가 시작할 무렵 과학자 두 명이 각자 미국과 프랑스에서 서로 전혀 연관되지 않은 듯 보이는 방향을 따라 연구를 진행하고 있었다. 설령 상대 방의 존재를 아주 미미하게나마 인지했더라도 그러했다. 미국 뉴헤이븐에서는 윌러드 기브스가 통계역학에서 새로운 관점을 발전시키고 있었다. 프랑스 파리에서는 앙리 르베그Henri Lebesgue가 삼각급수 연구에 사용할 수 있는 더 강력하고 개선된 적분 이론을 발견함으로써 에밀 보렐Émile Borel에 버금가는 명성을 얻고 있었다. 두 발견자는 실험실에 속한 사람이라기보 다는 서재에 속한 사람이라는 점에서 비슷했지만, 이 점 외에 두 사람의 과 학에 대한 전반적인 태도는 극단적으로 반대였다.

기브스는 수학자이긴 했지만 언제나 수학을 물리학의 시녀로 여겼다. 르베그는 가장 순수한 형태의 해석학자였다. 수학적 엄밀성의 극단적으로 엄격한 현대적 기준을 옹호하는 능력 있는 사람이었으며, 내가 아는 한 모 든 저작에서 물리학에서 직접 비롯되는 문제나 방법을 단 한 가지도 사용 한 예가 없었다. 그렇지만 두 사람의 저작은 연결된 단일 실체를 이루고 있 으며, 기브스가 물었던 문제의 답이 르베그의 저작에 있을 정도였다.

기브스의 핵심 개념은 다음과 같다. 원래 형태의 뉴턴 동역학은 개별 적인 계를 다루며, 초기 속도와 운동량이 주어지면 계는 힘과 가속도를 연 결하는 뉴턴 법칙 아래 특정한 일련의 힘에 따라 변화를 겪는다. 그러나 실 제로 절대다수의 경우에는 초기 속도와 운동량을 모두 알 수 있는 재간이 없다. 계에서 불완전하게 알려진 위치와 운동량이 따르는 초기 분포를 가 정하면, 미래의 어느 시점에서든 운동량과 위치의 분포가 완전히 뉴턴식 방법으로 결정된다. 그러면 이 분포에 관해 주장할 수 있을 것이며, 그중 어떤 것은 미래의 계가 어떤 특성을 확률 1로 가지거나 어떤 특성을 확률 0으로 가지는 성격도 띨 것이다.

확률 1과 확률 0은 완전한 확실성과 완전한 불가능성을 포함하는 개 념이지만, 그 밖에도 더 많은 것을 포함한다. 점 크기의 총알로 과녁을 쏜 다면 과녁의 어떤 특정 점을 맞출 가능성은 일반적으로 0이다. 물론 그 점 을 맞추는 것이 불가능하지는 않다. 그리고 실제로 매 경우 어떤 특정 점을 틀림없이 맞추지만, 그 사건의 확률은 0이다. 따라서 확률 1의 사건은 아무 점이나 맞추는 사건이며, 이는 확률 0인 경우들의 모임으로 이루어져 있을 것이다.

그렇지만 기브스 통계역학의 기법에서 사용되는 과정 중 하나는 암시적으로만 사용되었으며 기브스는 어디에서도 이를 분명하게 알고 있지 않았다. 이것은 복잡한 우발성contingency을 더 특정적인 우발성들의 무한 열(첫째, 둘째, 셋째 등등)로 분해하는 것이다. 무한 열의 각 항마다 확률은 모두 알려져 있으며, 더 큰 우발성의 확률은 더 특별한 우발성의 확률을 합하여 표현된다. 후자는 무한 열을 이룬다. 따라서 우리는 모든 생각할 수 있는 경우에 각 확률들을 더해서 전체 사건의 확률을 얻을 수는 없다. 왜냐하면 0을 아무리 더하더라도 0이기 때문이다. 한편 첫 번째, 두 번째, 세 번째 등등의 구성원이 각 항이 양수로 주어지는 특정의 위치를 갖도록 우발성의 열을 이룬다면 이를 모두 더할 수 있다.

이 두 경우를 구별하기 위해서는 사례 집합의 성질에 관해 섬세하게 고찰해 보아야 한다. 기브스는 매우 유능한 수학자였지만, 아주 섬세한 사람은 전혀 아니었다. 어떤 집합이 무한하면서도 다른 무한집합(가령 자연수 집합)과 본질적으로 다른 크기multiplicity를 가질 수 있을까? 이 문제가 해결된 것은 거의 19세기 끝자락에 게오르크 칸토어를 통해서였으며, 대답은 '그렇다'이다. 0과 1 사이에 있으면서 유한하거나 무한한 모든 서로 다른 소수를 생각해 보면, 이 소수들은 1, 2, 3, ……의 순서로 배열할 수 없다. 그러나 정말 이상하게도 유한소수들만 택하면 그렇게 배열할 수 있다. 따라서 기브스 통계역학에서 요청되는 구별은 표면상 불가능한 것은 아니다. 기브스 이론에서 르베그가 기여한 것은 확률 0인 우발성들과 우발성들의 확률 합에 관한 통계역학의 암묵적 요건이 실제로 충족되며 기브스의 이론이 모순을 일으키지 않는다는 점을 보인 것이다.

그러나 르베그의 연구는 통계역학의 필요에 직접 바탕을 두고 있지 않았고, 매우 다른 이론처럼 보이는 것, 즉 삼각급수 이론에 바탕을 두고 있었다. 이것은 파동과 진동을 다루던 18세기 물리학으로, 선형계에서 일

사이버네틱스: 동물과 기계의 제어와 커뮤니케이션

어나는 일련의 운동을 일반적으로 계의 단순한 진동들을 합성하여 표현할 수 있는가 하는 당시 해결되지 않은 문제로 거슬러 올라간다. 여기에서 단순한 진동은 시간의 경과가 단순히 평형에서 계가 벗어나는 정도에다 시간에만 의존하고 위치에는 의존하지 않는 양수 또는 음수 값을 곱하기만 하면 되는 진동을 가리킨다. 이렇게 해서 단일한 함수가 급수의 합으로 표현된다. 이 급수에서는 계수가 나타내려는 함수에 주어진 가중 함수를 곱한 값의 평균으로 표현된다. 이론 전체는 개별 항들의 평균으로 된 급수의 평균이 가진 성질에 의존한다. 어떤 양이 구간 0부터 A까지의 구간에서는 1, A부터 1까지의 구간에서는 0으로 주어진다면, 그 평균은 A이며, 이를 구간 0과 1 사이에 있는 무작위 점이 0과 A 사이의 구간에 있을 확률로 볼 수 있다는 점에 주목할 필요가 있다. 다르게 말하면, 급수의 평균을 위해 필요한 이론은 경우의 무한 열에서 구성할 수 있는 확률에 대한 적절한 논의에 필요한 이론과 매우 가깝다. 바로 이것이 르베그가 자신의 문제를 푸는 과정에서 기브스의 문제도 풀 수 있었던 이유이다.

기브스가 논의했던 특정 분포는 그 자체로 동역학적으로 해석할 수 있다. 자유도가 N인 아주 일반적인 종류의 보존되는 동역학계를 생각하면, 그 위치 좌표와 속도 좌표는 $2N$개 좌표의 집합으로 환원될 수 있으며, 그중 N개는 일반화 위치 좌표라 하고, 나머지 N개는 일반화 운동량 좌표라 한다. 이 좌표들의 집합으로부터 $2N$차원 공간이 정해지며, 그에 대한 $2N$차원 부피가 정의된다. 만일 이 공간의 한 영역을 택하여 시간이 흐름에 따라 점들이 흐르게 하면, $2N$개 좌표의 집합 전체가 경과 시간에 따라 새로운 다른 집합으로 바뀌는데, 그 영역의 경계가 연속적으로 변화하더라도 그 $2N$차원 부피는 변하지 않는다. 이렇게 영역으로 단순하게 정의되지 않는 일반적인 집합에 대해 이상의 논의를 확장하면 부피 개념에서 르베그 유형 측도measure의 체계가 생겨난다. 체계적으로 주어진 측도와 이 측도를 일정하게 유지하면서 변환되는 보존되는 동역학계에는 숫자로 된 값을 갖는 양이 하나 더 있어서 일정한 값으로 유지된다. 바로 에너지이다. 계의 모든 물체가 서로에만 작용하고, 공간 속에서 고정된 작용점과 방향을 가진 힘이 없다면, 일정한 값으로 유지되는 양이 두 개 더 있다. 둘 다 벡터인데, 계 전체의 운동량과 운동량 모멘트(이하 각운동량)가 그것이다. 이것을 소거하는 것은 어렵지 않기 때문에 계를 자유도가 더 줄어든 계로 대치해도 된다.

　매우 특수한 계에서는 에너지와 운동량과 각운동량으로 정해지지 않으면서도 계가 변화해 갈 때 변하지 않는 다른 양들이 있을 수 있다. 그러나 다른 불변량이 존재하는 계 중에서 동역학계의 처음 위치와 처음 운동량에 의존하면서 르베그 측도에 바탕을 둔 적분계system of integration를 따를 만큼 충분히 규칙적인 계는 아주 정확한 의미에서는 대단히 드물다.[83] 이와 달리 다른 불변량이 없는 계에서는 그 에너지, 운동량, 각운동량에 상당하는 일반 좌표를 고정할 수 있는데, 그때 나머지 좌표가 이루는 공간에서 그 위치 좌표와 운동량 좌표가 원래 공간의 측도에서 일종의 '부분측도'를 결정한다. 그것은 마치 3차원 공간의 측도가 곡면들의 모임에 속하는 2차원 곡면 하나하나의 면적을 결정하는 것과 같은 이치다. 예를 들어 동심구면의 모임을 생각해 보자. 정해진 두 구면 사이 부피를 1로 정규화하면 극히 근접해 있는 두 동심구면 사이 부피에서 극한을 취하여 구면상 면적의 측도를 얻을 수 있다.

　이 새로운 측도를 에너지와 전체 운동량과 전체 각운동량이 정해져 있는 위상 공간phase space의 한 영역 위에서 택하자. 그리고 계에서 다른 잴 수 있는 불변량은 없다고 가정하자. 이 제한된 영역에서 전체 측도가 일정하다고 하자. 또는 단위를 바꾸어서 전체 측도가 1이 되게끔 만들 수 있다고 하자. 우리의 측도는 시간에 대해 불변인 측도에서 얻은 것이기 때문에, 그 자체로 불변이다. 이 측도를 위상 측도phase measure라 하고, 이 측도에 대하여 취한 평균을 위상 평균phase average이라 하겠다.

　그런데 시간에 따라 변하는 양에는 시간 평균time average도 있을 수 있다. 가령 $f(t)$가 t에 따라 달라진다면, 과거에 대한 시간 평균은

　사이버네틱스: 동물과 기계의 제어와 커뮤니케이션

$$\lim_{T \to \infty} \frac{1}{T} \int_{-T}^{0} f(t)dt \qquad (2.01)$$

가 될 것이며, 미래에 대한 시간 평균은

$$\lim_{T \to \infty} \frac{1}{T} \int_{0}^{T} f(t)dt \qquad (2.02)$$

가 될 것이다.

기브스의 통계역학에는 시간 평균과 공간 평균이 둘 다 나타난다. 기브스가 두 종류 평균이 어떤 의미에서 똑같다는 것을 보이려 한 것은 뛰어난 생각이었다. 두 종류 평균이 관련되는 개념에서 볼 때 기브스는 완전히 옳았다. 그러나 그가 이 관계를 증명하려고 사용한 방법 면에서 볼 때, 기브스는 완전히 대책 없이 틀렸다. 이 점을 기브스의 탓으로 돌릴 수는 없다. 기브스가 세상을 떠날 무렵만 해도 르베그 적분의 명성은 이제 막 아메리카 대륙으로 들어오기 시작했을 때였다. 그 이래 15년이 지날 때까지 르베그 적분은 박물관에서나 볼 수 있는 진기한 것이었고, 엄밀함의 필요나 가능성을 젊은 수학자들에게 보여줄 때나 유용한 것이었다. 오스굿William Fogg Osgood처럼 저명한 수학자도 죽는 날까지 르베그 적분에 전혀 신경 쓰지 않았다.[84] 1930년 무렵이 되어서야 비로소 코프만Bernard Koopman, 폰 노이만, 버코프George David Birkhoff[85] 등 수학자 한 무리가 마침내 기브스 통계역학의 적절한 토대를 확립했다. 나중에 에르고딕 이론의 연구에서 이 토대가 무엇이었는지 보게 될 것이다.

기브스 자신은 모든 불변량을 별도의 좌표들로 제거한 계에서 위상 공간 안의 거의 모든 점들의 궤적은 그런 공간 안의 모든 좌표를 휩쓸고 지나갈 것이라고 생각했다. 그는 이 가설을 '에르고딕 가설ergodic hypothesis'이라 불렀다. 이 말은 그리스어 '에르곤ἔργον, 일'과 '호도스ὁδός, 길'에서 온 것이다. 우선 플랑슈렐Michel Plancherel 등이 밝힌 것처럼 이 가설이 참인 실질적인 경우는 없다. 미분가능한 경로 중에서 평면의 모든 면적을 덮을 수 있는 것은 있을 수 없다. 설령 그 길이가 무한히 크더라도 그러하다. 기브스의 추종자들은, 아마 결국에는 기브스 본인마저도 이 사실을 모호한 방식으로 인지했고, 기존 에르고딕 가설을 준에르고딕 가설로 대치했다. 준에르고딕 가설은 시간이 지남에 따라 계가 알려진 불변량들로 결정된 위상공간의 영역에서 모든 점에 임의 정도로 가까이 지나간다고 주장할 따름이다. 이것이 참이라는 데에는 논리적 난점이 없다. 기브스가 여기에 바탕을 두고 끌어낸 결론이 매우 부적절할 뿐이다. 준에르고딕 가설은 계가 각 점의 근방에서 머무는 상대 시간에 관해서는 아무것도 말해주지 않는다.

기브스의 이론을 이해하는 데 가장 중요한 **평균** 개념과 **측도** 개념 외에, 에르고딕 이론의 진정한 의의를 평가하기 위해서는 **불변량** 개념과 **변환군**transformation group 개념에 대한 더 정확한 분석이 필요하다. 기브스의 벡터해석 연구를 보면 기브스에게 이 개념들이 익숙했음은 분명하다. 그러나 기브스가 두 개념의 완전한 철학적 가치까지 제대로 평가하지 못했다고 주장하는 것도 가능하다. 기브스와 동시대인이었던 헤비사이드처럼 기브스도 물리적, 수학적 총명함이 학문 자체의 논리를 앞질렀던 과학자였고, 그래서 전반적으로 옳았지만 종종 자기 주장이 왜 어떻게 옳은지 설명할 수 없었다.

어떤 과학이 존재하려면 고립되어 존재하지 않는 현상이 있어야 할 필요가 있다. 갑작스러운 변덕을 부리기 쉬운 비합리적인 신이 행하는 일련의 기적이 지배하는 세계에서는 새로운 격변을 어찌할 바를 모르고 수동적으로 기다릴 도리밖에 없다. 그런 세계를 잘 보여주는 장면이 《이상한 나라의 앨리스》에 나오는 크로케croquet 시합이다. 이 크로케 시합의 타구봉은 플라밍고이다. 공은 두더지라서 말려 있다가도 조용히 몸을 펼쳐 하고 싶은 일을 한다. 굴렁쇠는 카드놀이를 하는 군인들이라서 자기네들이 끌고 가는 기관차와도 같다. 규칙은 성미가 급하고 예측하기 힘든 하트 여왕의 법령이다.

게임의 효과적인 규칙이나 유용한 물리학 법칙의 본질은 미리 말할 수 있어야 하며, 한 가지보다 많은 경우에 적용할 수 있어야 한다는 점이다. 이상적으로 말하면, 논의하고 있는 계의 성질들 중 특정 환경의 다발 아래에서 똑같이 남아 있는 성질을 그것이 표현해야 한다. 가장 단순한 경우에는 계가 종속되는 **변환**의 집합에 대하여 불변인 성질이다. 이렇게 해서 우리는 **변환, 변환군, 불변량**이라는 개념을 얻었다.

계의 변환은 각 요소가 서로 바뀌는 일종의 변동이다. 시간 t_1과 시간 t_2 사이의 전이에서 일어나는 태양계의 변경은 행성들이 있는 위치 집합의 변환이다. 행성의 중심을 옮길 때 그 좌표들에서의 유사한 변화나 회전에 대해 기하학적 축들이 겪는 변화도 일종의 변환이다. 현미경으로 확대하여 표본을 관찰할 때 일어나는 척도상 변화도 마찬가지로 일종의 변환이다.

변환 A의 뒤에 변환 B가 따라옴으로써 생기는 결과도 또 다른 변화이며, 곱 또는 합성 BA라 한다. 일반적으로 A와 B의 순서에 따라 합성 결과가 달라진다는 점에 주목할 필요가 있다. 가령 A가 좌표 x를 y로 바꾸고, y를 $-x$로 바꾸면서 z는 변하지 않는 변환이라고 하고, B가 x를 z로, z를 $-x$로 바꾸고 y는 그대로 두는 변환이라고 하면, BA는 x를 y로, y를 $-z$로, z를 $-x$로 바꾸는 변환이다. 한편 AB는 x를 z로, y를 $-x$로, z를 $-y$로 바꿀 것이다. 만일 AB와 BA가 똑같다면, A와 B가 **교환가능**하다고 말한다.

언제나 그런 것은 아니지만 가끔 변환 A가 계의 모든 원소를 다른 하나의 원소로 바꿀 뿐 아니라 모든 원소가 하나의 원소를 변환한 결과인 경우가 있다. 이런 경우에 유일한 변환 A^{-1}가 있어서 AA^{-1}과 $A^{-1}A$가 우리가 I라고 쓰고 **항등변환**이라 부르는 매우 특별한 변환이 된다. 항등변환은 모든 원소를 자기 자신으로 변환시킨다. 이 경우에 A^{-1}를 A의 **역변환**이라 한다. A는 A^{-1}의 역변환이며, I는 자기 자신의 역변환이고, AB의 역변환은 $B^{-1}A^{-1}$임은 분명하다.

변환들의 집합 중에서, 집합에 속하는 모든 변환이 그 집합에 속하는 역변환을 가지며, 그 집합에 속하는 것 가운데 임의로 택한 두 변환의 합성이 다시 그 집합에 속하는 집합이 있다. 이런 집합을 **변환군**이라 한다. 선

위나 평면 안이나 3차원 공간 속에서의 평행이동의 집합은 변환군이며, 더나아가 아벨 군이라 부르는 특별한 종류이다. 아벨 군에서는 임의의 두 변환이 교환가능하다. 한 점에 대한 회전의 집합이나 공간 안에서 한 강체가 취할 수 있는 모든 운동의 집합은 비非아벨 군이다.

어떤 변환군이 변환하는 모든 요소에 어떤 양이 딸려 있다고 하자. 각요소가 군에 속하는 변환에 의해 변화될 때, 어떤 변환에 대해서도 이 양이 불변이라면, 그 양을 이 '군의 불변량'이라고 한다. 이와 같은 군의 불변량에는 여러 종류가 있으나 그중 두 가지가 지금 우리 목적에 특히 중요하다.

그 첫 번째 것은 소위 '선형불변량'이다. 아벨 군이 변환하는 요소를 x라는 문자로 나타내고, 요소들을 정의역으로 하는 복소함수를 $f(x)$라 하고, 이 복소함수가 적절히 연속이거나 적분가능하다 하자. 그러면 x에 변환 T를 가해서 얻어진 요소를 Tx로 나타내고, $f(x)$가 절댓값이 1인 함수라고 하고,

$$f(Tx) = \alpha(T) f(x) \tag{2.03}$$

가 성립한다고 하자. 여기에서 $\alpha(T)$는 T에만 의존하는 절댓값이 1인 수다. 그때 $f(x)$를 군의 지표character라 한다. 이것은 다소 일반화된 의미에서 군의 불변량이지만, 만일 $f(x)$와 $g(x)$가 군의 지표라면, $f(x)g(x)$나 $[f(x)]^{-1}$도 분명 군의 지표다. 군에 대하여 정의된 임의의 함수 $h(x)$가 그 군의 지표가 형성하는 일차결합으로, 즉

$$h(x) = \sum A_k f_k(x) \tag{2.04}$$

와 같은 꼴로 나타낼 수 있다고 하자. 여기에서 $f_k(x)$는 군의 지표이다. 지금 만약 (2.03) 식에서 $\alpha(T)$와 $f(x)$가 이루는 관계와 똑같은 관계가 $\alpha_k(T)$와 $f_k(x)$ 간에도 성립한다면,

사이버네틱스: 동물과 기계의 제어와 커뮤니케이션

$$h(Tx) = \sum A_k a_k(T) f_k(x) \tag{2.05}$$

가 성립한다.

따라서 만일 $h(x)$를 군 지표들의 일차결합으로 전개할 수 있다면 모든 T에 대해서 $h(Tx)$를 지표들로 전개할 수 있다.

이미 말한 바와 같이 한 군의 지표가 주어지면, 다른 지표와의 곱이나 원래 지표의 역원도 같은 군의 지표가 된다. 상수함수 1도 또한 일종의 지표다. 따라서 군의 지표를 곱하는 것이 군의 지표들 자체의 변환군을 생성한다. 이것을 그 원래 군의 '지표군character group'이라 한다.

원래의 군이 무한 직선상 평행이동 변환들이 이루는 군이라고 하면, 연산자 T는 x를 $x + T$로 바꾸는 것이 된다. 그때 식 (2.03)은

$$f(x + T) = \alpha(T) f(x) \tag{2.06}$$

가 되는데, $f(x) = e^{i\lambda x}$, $\alpha(T) = e^{i\lambda T}$라고 하면 이 식을 만족한다. 이 경우 지표는 함수 $e^{i\lambda x}$이고, 지표군은 λ를 $\lambda + \tau$로 바꾸는 평행이동 군이며, 원래 군과 같은 구조를 갖는다. 원래의 군이 원 주위의 회전으로 이루어진다면 이렇게 되지 않을 것이다. 이 경우 연산자 T는 x를 0와 2π의 사이에 있는 수로 바꾸는데, $x + T$와의 차가 2π의 정수배가 된다. 이때에도 식 (2.06)은 그대로 성립할 것이며, 다음과 같은 추가 조건을 얻게 된다.

$$\alpha(T + 2\pi) = \alpha(T) \tag{2.07}$$

이제 앞에서처럼 $f(x) = e^{i\lambda x}$라 놓으면

$$e^{i2\pi\lambda} = 1 \tag{2.08}$$

을 얻는데, 이것은 λ가 양의 정수 또는 음의 정수 또는 0이 되어야 함을 의미한다. 따라서 지표군은 정수만으로 이루어진 평행이동에 대응한다. 한편 만일 원래 군이 정수만의 평행이동 군이라면, 식 (2.06)에서 x와 T는 2π의 정수배에만 국한되고, $e^{i\lambda x}$에 관련된 수는 λ와의 차가 2π의 정수배만큼만 다른 수가 된다. 따라서 지표군은 본질적으로 원의 회전군이 된다.

임의의 지표군에 대하여, 어떤 주어진 지표에 대한 $\alpha(T)$ 값의 분포는, 그 군의 임의 원소 S에 대하여 $\alpha(S)$를 모두 곱해도 전체는 변하지 않는다. 따라서 어떤 합리적인 근거로 이들 값의 평균을 취할 수가 있다면 그 평균은 군의 원소 각각에 그 군의 고정된 한 원소를 곱하는 변환에 영향을 받지 않으므로, $\alpha(T)$는 항상 1이거나, 아니면 그 평균에 1이 아닌 수를 곱해도 변하지 않는 수, 즉 0이어야 한다. 여기에서 다음과 같은 결론을 얻는다. 즉 임의의 지표와 그 켤레(이것도 또한 지표임)를 곱한 값의 평균은 1이 될 것이며, 임의의 지표와 이와 다른 지표의 켤레를 곱한 값의 평균은 0이 될 것이다. 다르게 말해서, 만일 $h(x)$를 식 (2.04)처럼 나타내면,

$$A_k = \text{average } [h(x)\overline{f_k(x)}] \tag{2.09}$$

를 얻는다.

원의 회전군을 생각하면, 이로부터 바로 다음 결과를 얻는다. 즉, 만일

$$f(x) = \sum a_n e^{inx} \tag{2.10}$$

라면

$$a_n = \frac{1}{2\pi} \int_0^{2\pi} f(x)e^{-inx}dx \tag{2.11}$$

이다. 또한 무한 직선상의 평행이동에 대한 결과는 다음 사실과 긴밀한 관련이 있다. 즉, 만일 적절한 의미에서[86]

$$f(x) = \int_{-\infty}^{\infty} a(\lambda)e^{i\lambda x} d\lambda \qquad (2.12)$$

라면, 적절한 조건 아래

$$a(\lambda) = \frac{1}{2\pi} \int_{-\infty}^{\infty} f(x)e^{-i\lambda x} dx \qquad (2.13)$$

가 된다.

이상의 결과는 여기에서는 매우 개략적으로 성립 조건을 명백히 알리지 않은 채 서술했다. 이 이론에 대한 더 상세한 서술을 원하는 독자는 다음 미주 문헌을 보면 된다.[87] 군에 대해서는 선형불변량의 이론 이외에 그 측도 불변량metrical invariant의 일반 이론이 있다. 측도 불변량이란 어떤 집합의 원소가 군에 의해서 변환된 대상을 그 군의 연산자를 써서 순열로 섞어도 아무런 변화를 겪지 않는 르베그 측도의 모둠이다. 이것에 관련하여 우리는 하르Haar Alfréd가 제시한 바, 일반 측도에 관한 흥미로운 이론을 인용하겠다.[88] 이미 말한 것처럼 모든 군은 군 자체의 연산으로 곱해서 순열이 섞이는 원소들의 집합이다.[89] 군이 그런 변환에 불변인 측도를 가질 수도 있다. 하르는 비교적 많은 종류의 군에 대하여 군 자체의 구조를 이용하여 정의할 수 있는 유일하게 정해지는 불변측도가 존재함을 증명했다.

측도 불변량의 이론을 변환군에 응용하는 가장 중요한 예는 앞서 말한 기브스가 시도했다가 실패한 증명, 즉 위상 평균과 시간 평균을 서로 바꿀 수 있다는 정당화를 제시하는 것이다. 이것을 달성하기 위한 토대가 소위 '에르고딕 이론'이다.

보통의 에르고딕 정리는 다음과 같은 성질을 가진 앙상블 E에서 시작한다. 즉 E의 측도는 1이며, 측도 보존 변환 T에 의해서나 측도 보존 변환들 T^λ의 군에 의해서 E 자신으로 변환된다. 여기에서 $-\infty < \lambda < \infty$이며,

$$T^\lambda \cdot T^\mu = T^{\lambda+\mu} \tag{2.14}$$

이다.

에르고딕 이론에서는 E의 원소 x의 복소함수 $f(x)$에 관심을 둔다. 모든 경우에 $f(x)$는 x에 대해 잴 수 있는 함수이며, 또한 연속 변환군에 관해서는 $f(T^\lambda x)$를 x와 λ 모두에 대해 잴 수 있는 함수로 선택한다.

코프만과 폰 노이만의 평균 에르고딕 정리에서 $f(x)$는 L^2류로 잡는다. 즉

$$\int_E |f(x)|^2 dx < \infty \tag{2.15}$$

이 정리의 주장은 다음과 같다. 다음 함수는,

$$f_N(x) = \frac{1}{N+1} \sum_{n=0}^{N} f(T^n x) \tag{2.16}$$

또는 변환군이 연속군일 때 다음 함수는,

$$f_A(x) = \frac{1}{A} \int_0^A f(T^\lambda x) d\lambda \tag{2.17}$$

경우에 따라 각각 $N \to \infty$ 또는 $A \to \infty$일 때 극한 $f^*(x)$로 평균수렴한다. 평균수렴한다는 것은 다음과 같은 의미이다.

$$\lim_{N \to \infty} \int_E |f^*(x) - f_N(x)|^2 dx = 0 \qquad (2.18)$$

$$\lim_{A \to \infty} \int_E |f^*(x) - f_A(x)|^2 dx = 0 \qquad (2.19)$$

버코프의 '거의 모든 곳에서의' 에르고딕 정리에서는 $f(x)$를 L류^{class} L로 잡는다. 즉

$$\int_E |f(x)| dx < \infty \qquad (2.20)$$

함수 $f_N(x)$와 $f_A(x)$는 (2.16)식과 (2.17)식과 같이 정의한다. 이 정리는 x가 취할 수 있는 측도 0인 값의 집합을 제외하면

$$f^*(x) = \lim_{N \to \infty} f_N(x) \qquad (2.21)$$

이고

$$f^*(x) = \lim_{A \to \infty} f_A(x) \qquad (2.22)$$

임을 주장한다.

이른바 에르고딕 또는 측도추이적^{metrically transitive}인 경우는 매우 흥미롭다. 변환 T나 일련의 변환들 TA가 점 x의 집합이 1이나 0 이외의 측도를 가질 때 집합을 불변이 되게 하지 않는 경우이다. 이때 (어느 에르고딕 정리에 대해서이든지) 특정한 영역에서 f^*가 취하는 함숫값은 거의 언제나 1 아니면 0이다. 따라서 $f^*(x)$는 거의 언제나 상수이며, $f^*(x)$가 가질 수 있는 값은 거의 언제나

$$\int_0^1 f(x)dx \qquad (2.23)$$

이다.

즉 코프만의 정리에서는 평균극한limit in the mean, Lim이

$$\operatorname{Lim}_{N \to \infty} \frac{1}{N+1} \sum_{n=0}^{N} f(T^n x) = \int_0^1 f(x)dx \qquad (2.24)$$

가 되며, 버코프의 정리에서는

$$\lim_{N \to \infty} \frac{1}{N+1} \sum_{n=0}^{N} f(T^n x) = \int_0^1 f(x)dx \qquad (2.25)$$

가 된다. 다만 x값의 집합으로서 영측도 또는 확률 0인 것은 제외한다. 연속적인 경우에도 마찬가지 결과가 성립한다. 이는 기브스가 위상 평균과 시간 평균을 맞바꾼 것에 대한 적합한 정당화이다.

폰 노이만은 매우 일반적인 조건 아래 변환 T 또는 변환군 TA가 에르고딕이 아닌 경우에도 에르고딕 성분으로 환원할 수 있음을 증명했다. 즉 x 값의 집합으로서 영측도인 것을 제외하면 E는 유한하거나 셀 수 있는 류class들의 집합 E_n과 류의 연속체 $E(y)$로 쪼갤 수 있으며, 여기서 측도는 각각의 E_n과 $E(y)$에서 수립할 수 있고, 이 측도들은 모두 T 또는 T^A에 대해 불변이다. 이 변환들은 모두 에르고딕이며, $S(y)$를 S와 $E(y)$의 교집합이라 하고 S_n을 S와 E_n의 교집합이라 하면,

$$\operatorname*{measure}_{E}(S) = \int \operatorname*{measure}_{E(y)} [S(y)]dy + \sum \operatorname*{measure}_{E_n}(S_n) \quad (2.26)$$

다르게 말하면 측도 보존 변환의 전체 이론을 에르고딕 변환의 이론으로 환원할 수 있다.

에르고딕 이론은 직선 위의 변환군과 동형인 변환군들보다 더 일반적인 변환군에 적용될 수 있음을 언급하고자 한다. 특히 n차원 변환군에 적용 가능하다. 3차원의 경우가 물리적으로 중요하다. 시간상의 평형과 유사한 공간적 개념은 공간적 균질성이다. 균질한 기체, 액체, 고체의 이론은 3차원 에르고딕 이론의 적용에 따라 달라진다. 3차원에서 평행이동 변환의 비非에르고딕 군은 구별되는 상태들의 혼합에 가하는 평행이동 변환들의 집합으로 드러나며, 그 상태들은 주어진 시각에 두 가지 상태의 혼합으로는 존재하지 않는 상태이다.

통계역학에서 기본 개념 중 하나로서 고전 열역학에서도 응용되는 것이 엔트로피의 개념이다. 이는 일차적으로 위상 공간의 영역이 지니는 속성이며 그 확률측도의 로그 값으로 표현된다. 예를 들어 A와 B, 두 부분으로 나뉜 병 속에 들어 있는 입자 n개의 동역학을 생각해 보자. A에 있는 입자가 m개이고, B에 있는 입자가 $n - m$개라면, 위상 공간의 영역을 특성화한 것이 되며, 영역은 어떤 확률측도를 가지게 될 것이다. 그 로그 값이 분포, 즉 A에 있는 입자가 m개이고, B에 있는 입자가 $n - m$개인 분포의 엔트로피이다. 계는 대부분의 시간을 가장 엔트로피가 높은 상태 근처에 머물 것이다. m_1개가 A에 있고, $n - m_1$개가 B에 있을 경우 확률이 최대라면, 대부분의 시간에 거의 m_1개 입자가 A에 있을 것이며, 거의 $n - m_1$개 입자가 B에 있을 것이라는 의미에서 그러하다. 실용적으로 구별이 가능한 한계 이내에서 입자의 수와 상태가 매우 많은 계에서는 이 말이 곧 엔트로피가 최대가 아닌 상태에서 앞으로 일어나는 일을 관찰하면 엔트로피가 거의 언제나 증가한다는 뜻이다.

열기관을 다루는 보통 열역학 문제에서는 엔진 원통처럼 큰 영역에서 대략 열평형을 이루는 조건을 다루고 있다. 우리가 엔트로피를 연구하는 상태는 주어진 온도와 부피를 가지는 적은 수의 영역에서 그 온도와 부피에서의 최대 엔트로피 상태이다. 열기관, 특히 터빈처럼 원통에서보다 기체가 훨씬 더 복잡한 방식으로 팽창하는 열기관을 더 상세하게 논의하더라도 이 조건이 아주 격심하게 바뀌지는 않는다. 평형 상태를 제외하면 평형과 연관된 방법으로는 온도를 정확히 정의할 수 없지만, 여전히 아주 좋은 근사로 국소 온도에 대해 말할 수 있다. 그러나 살아 있는 물질에서는 이 대략적인 균질성마저 아주 많이 잃어버리고 만다. 전자 현미경으로 볼 수 있는 단백질 조직의 구조는 아주 명확하고 세밀한 결을 지니고 있으며, 그 생리학은 틀림없이 결의 세밀함에 상응한다. 이 세밀함은 보통 온도계의 시간-공간 척도보다 훨씬 더 크다. 따라서 살아 있는 조직에서 보통 온도계로 읽어내는 온도는 개략적인 평균이며, 열역학의 진짜 온도가 아니다. 기브스의 통계역학은 몸에서 일어나는 일의 상당히 적합한 모형일 것이다. 반면 보통 열기관의 묘사는 틀림없이 적합하지 않을 것이다. 근육 작동의 열효율은 거의 아무 의미도 없으며, 그것이 뜻하는 듯 보이는 바를 틀림없이 뜻하지 않는다.

맥스웰 도깨비는 통계역학에서 매우 중요한 착상이다. 입자들이 주어진 온도에서 통계적 평형을 이루는 속도 분포를 따르며 이리저리 움직이는 기체를 생각해 보자. 완전 기체perfect gas의 경우 속도 분포는 맥스웰 분포가 된다.[90] 이 기체가 단단한 용기 안에 담겨 있고, 용기 안에 벽이 하나 가로질러 있다고 하자. 벽에는 작은 문이 달린 구멍이 있다. 문에는 문지기가 있는데, 이는 사람을 닮은 도깨비여도 되고 아니면 미세한 메커니즘이어도 된다. 평균 속도보다 더 빠른 입자가 A 부분에서 문 쪽으로 다가오거나, 평균 속도보다 더 느린 입자가 B 부분에서 문 쪽으로 다가오면, 문지기는 문을 열어서 입자가 구멍을 지나가게 한다. 그러나 평균 속도보다 더 느린 입자가 A 부분에서 다가오거나 평균 속도보다 더 빠른 입자가 B 부분에서 다가오면, 문을 닫는다. 이런 식이라면 속도가 빠른 입자들의 농도가 B 부분에서는 증가하고 A 부분에서는 감소한다. 그러면 겉보기에 엔트로피가 감소한다. 따라서 두 부분을 열기관으로 연결하면 제이종 영구 기관을 얻는 것으로 보인다.

맥스웰 도깨비가 제기하는 문제에 답을 하기보다는 질문 자체를 거부하는 것이 더 쉽다. 그런 존재나 구조의 가능성을 부정하는 일처럼 쉬운 일도 없다. 우리는 맥스웰 도깨비가 엄격한 의미에서는 평형 상태의 계에서는 존재할 수 없다는 사실을 알게 될 것이다. 그러나 만일 우리가 맨 처음부터 이를 받아들이기만 하고 증명하려 하지 않는다면, 엔트로피에 대하여 그리고 가능한 물리적, 화학적, 생물학적 계에 대하여 뭔가를 배울 수 있는 훌륭한 기회를 잃어버릴 것이다.

맥스웰 도깨비가 작동하기 위해서는 다가오는 입자에서 입자의 속도와 입자가 벽에 충돌하는 위치에 관한 정보를 얻어야 한다. 이 충돌이 에너지 교환과 연관되든 그렇지 않든, 그런 정보는 도깨비와 기체의 결합과 연관되어야 한다. 그런데 엔트로피 증가 법칙은 완전히 고립된 계에만 적용되며, 고립된 계의 고립되지 않은 부분에는 적용되지 않는다. 따라서 우리가 말하고 있는 엔트로피는 기체와 도깨비가 이루는 전체 계의 엔트로피이며 기체만의 엔트로피가 아니다. 기체의 엔트로피는 더 큰 계의 전체 엔트로피에서 하나의 항에 지나지 않는다. 이 전체 엔트로피를 이루는 항들 중 도깨비에 연관된 항도 찾아낼 수 있을까?

틀림없이 그렇게 할 수 있다. 맥스웰 도깨비는 정보를 얻어야 활동할 수 있으며, 다음 장에서 볼 수 있듯이, 이 정보는 음의 엔트로피를 나타낸다. 이 정보는 어떤 물리적 과정, 예를 들면 어떤 종류의 복사를 통해 전달되어야 한다. 이 정보는 분명 대단히 낮은 에너지 수준에서 보내질 것이며, 또 입자와 도깨비 사이 에너지 전달은 꽤 긴 시간 동안 정보의 전달에 비해서 무시할 수 있을 만큼 작을 것이다. 그러나 양자역학에 입각하여 말하자면, 문제의 기체 입자 에너지에 정보를 얻는 데 사용했던 빛의 진동수로 정해지는 최소 에너지 이상의 영향을 확실하게 덧붙이지 않고서는, 입자의 위치에 관한 정보나 운동량에 관한 정보, 하물며 이 둘 모두에 관한 정보를 얻는 것은 불가능하다. 이와 같이 모든 상호 작용은 면밀히 말해 에너지를 포함하는 것이며, 통계적 평형에 있는 계는 엔트로피와 에너지에 관해서도 평형 상태에 있다. 장기적으로는 맥스웰 도깨비가 자신 주위의 온도에 대응하는 무작위 운동을 하게 된다. 라이프니츠가 모나드에 관해 말한 바처럼, 도깨비는 이 무작위 운동으로부터 작은 인상을 매우 많이 받아서 마침 내는 '일종의 현기증'을 일으켜 확실한 지각을 할 수 없게 된다. 이렇게 되면 맥스웰 도깨비로서 활동하지 못한다.

그러나 도깨비가 활동을 못할 때까지 상당히 긴 시간이 걸리고, 이 시간은 도깨비가 활동하는 상phase이 준안정metastable할 정도로 길 수 있다. 준안정 상태에 있는 도깨비가 실제로 존재하지 않는다고 생각해야 할 이유는 없다. 실제로 효소는 준안정 상태 맥스웰 도깨비라고 할 수 있는데, 효소가 빠른 입자와 느린 입자를 구별하는 것은 아니지만 다른 이에 상응하는 과정으로 엔트로피를 감소시킨다. 살아 있는 생명체 특히 인간 자체도 이런 시각에서 볼 수 있을 것이다. 효소나 생명체는 분명히 둘 다 준안정 상태에 있다. 효소의 안정 상태는 효력이 사라진 상태이고, 생명체의 안정된 상태는 죽은 뒤이다. 모든 촉매는 마지막에는 작용을 멈춘다. 촉매는 반응 속도를 바꾸며, 진짜 평형 상태를 바꾸지는 않는다. 그러나 촉매나 인간이나 어느 것이든, 비교적 항구성이 있는 상태라고 생각해도 될 만큼 충분히 명확한 준안정 상태를 가진다.

이 장을 끝맺으면서, 에르고딕 이론이 앞에서 말해온 것보다 훨씬 더 넓은 내용을 포괄한다고 꼭 말하고 싶다. 에르고딕 이론의 최근 연구에서는 군의 변환에 대해서 불변인 측도는 그 존재를 미리 가정하지 않아도 된다. 오히려 이런 변화를 받는 집합 자체를 이용하여 직접 불변측도를 정의할 수 있다. 나는 특별히 크릴로프Nikolay Mitrofanovich Krylov와 보골류보프Nikolay Nikolayevich Bogolyubov의 연구와 후레비치Witold Hurewicz와 일본 학파의 연구 중 일부를 언급하고자 한다.

다음 장에서는 시계열 통계역학을 다룬다. 이 분야가 다루는 경우는 열기관의 통계역학이 다루는 경우와 아주 다르며, 그러므로 생명체 안에서 어떤 일이 일어나고 있는지 모사하는 모형으로 쓰이기에 매우 적합하다.

사이버네틱스: 동물과 기계의 제어와 커뮤니케이션

제3장

시계열, 정보 및
커뮤니케이션

우리는 다양한 현상에서 시간의 경과에 따라 분포하는 수량, 또는 수량의 계열(즉 시계열)을 볼 수 있다. 연속 기록 온도계로 기록되는 온도라든가, 날마다 증권 거래소에서 기록되는 주식 종가라든가, 기상국Weather Bureau[91]에서 날마다 발표하는 기상학적 자료 전체 등이 모두 시계열이다. 이러한 시계열은 연속 시계열이거나 이산 시계열일 수 있고, 단순 시계열이거나 다중 시계열일 수 있다. 이들 시계열은 비교적 느리게 변동하기 때문에 필산이나 계산자 또는 탁상 계산기와 같은 보통의 수치 계산기로 처리하는 데 적합하다. 이런 시계열에 대한 연구는 이미 통계 이론의 전통적인 부분에 속한다.

일반적으로는 별로 인식되지 않지만, 전화 선로, 텔레비전 회선, 레이더 장치의 일부분 등과 같이 급속하게 변하는 전압의 계열도 위 사례와 마찬가지로 통계학이나 시계열 이론이 다루는 영역이다. 다만 그것들을 결합하고 변조하는 장치는 대개 매우 빠르게 작용해야 하며, 입력이 대단히 급격하게 변하더라도 동일하게 보조를 맞추어 결과를 낼 수 있어야 한다. 이와 같은 장치들―즉 전화 수화기, 파동 여과기wave filter, 벨 전화 연구소의 보코더vocoder와 같은 자동 음성 부호화 장치, 진동수 변조 회로와 그것들을 사용한 수신기―은 모두가 본질적으로 고속 연산 장치이고, 그 작용은 통계학 연구실의 계산 기계, 예정표, 계산기 담당자 등 전체에 해당한다. 이런 장치에는 대공 화기 제어 시스템의 자동 거리 측정기나 자동 조준기와 마찬가지로 그것들을 사용하는 데 필요한 교묘한 세부 조작이 미리 내장되어 있어야 한다. 그래야 하는 이유도 대공 화기의 경우와 마찬가지다. 즉, 어떤 경우에도 동작의 연쇄는 매우 빨라야 하므로 인간이 그 일부로 개입하는 것은 허용되지 않는다.

무엇보다도 시계열과 그것을 다루는 장치는 계산기 실험실에 있든, 전화 회선 속에 있든, 정보의 기록, 보존, 전송, 사용을 다루어야 한다. 이 정보란 무엇이며, 그것은 어떻게 측정할 수 있을까? 정보의 가장 간단하고 기본적인 형태 중 하나는, 동등한 확률로 어느 쪽이든 한쪽이 반드시 일어나는 두 가지 중에서 한쪽의 선택, 예컨대 동전을 던졌을 때 앞인가 뒤인가와 같은 선택의 기록이다. 이와 같은 양자택일을 결정decision이라고 부르기로 하자. 지금 어떤 양이 두 개의 수 A와 B 사이에 있으며, 똑같은 사전확률로 분포하는 경우 이 양을 완전히 정확하게 측정함으로써 얻는 정보량을 구하기로 하자. 이 경우 $A = 0$, $B = 1$이라 하고, 그 양을 이진법을 사용하여 무한 이진수 $0.a_1a_2a_3\cdots a_n\cdots$와 같이 나타내자. 여기에서 $a_1, a_2, \cdots$은 각각 0 또는 1이다. 그러면 결정 횟수가 무한대가 되며, 따라서 정보량도 무한대가 된다. 여기에서

$$. a_1a_2a_3\cdots a_n\cdots = \frac{1}{2}a_1 + \frac{1}{2^2}a_2 + \cdots + \frac{1}{2^n}a_n + \cdots \quad (3.01)$$

이다.

그런데 우리가 실제로 실행하는 측정은 완전히 정확하게 할 수 없다. 측정 오차의 길이가 $0.b_1b_2b_3\cdots$인 범위에 걸쳐서 고르게 분포한다고 하자. 여기에서 b_k는 0이 아닌 첫 번째 자릿수이다. 그러면 a_1로부터 a_{k-1}까지의 모든 결정, 나아가 아마도 a_k까지의 결정이 의미 있겠지만, 그 이후의 모든 결정은 그렇지 않을 것이다. 따라서 실행되는 결정의 횟수는 분명히

$$-\log_2 . b_1b_2\cdots b_n\cdots \quad (3.02)$$

에서 그리 멀지 않다. 이 양을 정보량에 대한 정확한 공식과 정의로 삼기로 하자.

이것은 다음과 같이 생각해도 좋다. 우리는 사전에a priori 변수가 0과 1 사이에 있다고 알고 있었는데, 사후에a posteriori는 변수가 $(0, 1)$ 안에 포함된 구간 (a, b)에 있음을 알았다고 하자. 그때 우리가 사후의 지식으로부터 얻는 정보량은

$$-\log_2 \frac{\text{measure of } (a, b)}{\text{measure of } (0, 1)} \quad (3.03)$$

이다.

그러나 어떤 양이 x와 $x + dx$ 사이에 있을 사전확률은 $f_1(x)dx$이고, 사후확률이 $f_2(x)dx$인 경우를 생각해 보자. 이때 사후확률이 얼마만큼의 새로운 정보를 우리에게 주는 것일까?

이 문제는 본질적으로 곡선 $y = f_1(x)$와 $y = f_2(x)$의 아래 영역에 일종의 폭을 부여하는 것과 같다. 여기서 주의할 것은 우리가 변수 x가 기본적으로 균일 분포equipartition를 따른다고, 다시 말해 x를 x^3이나 x의 어떤 함수로 대치하면 결과는 일반적으로 같지 않을 것으로 가정한다는 점이다. $f_1(x)$는 확률밀도이므로

$$\int_{-\infty}^{\infty} f_1(x)dx = 1 \tag{3.04}$$

일 것이며, 따라서 $f_1(x)$의 아래 영역 폭의 평균 로그 값은 $f_1(x)$의 역수에 로그를 취해 구한 값의 높이의 어떤 평균이라고 생각할 수 있다. 이리하여 곡선 $y = f_1(x)$와 연관된 정보량의 측도는

$$\int_{-\infty}^{\infty} [\log_2 f_1(x)] f_1(x)dx \tag{3.05}$$

라 하는 것이 합리적이다.[92]

여기서 정보량으로 정의한 양은 보통 엔트로피라고 정의되는 양에 마이너스 부호를 붙인 것이다. 여기에서 말한 정의는 로널드 피셔가 통계학의 문제를 위해 내린 정의와는 다르지만, 이 또한 일종의 통계적 정의이며, 통계학의 기법에서도 피셔의 정의 대신으로 사용할 수 있다.

특히 $f_1(x)$가 구간 (a, b)상에서는 일정하며, 그 이외의 곳에서는 0이 된다고 하면

$$\int_{-\infty}^{\infty} [\log_2 f_1(x)] f_1(x)dx = \frac{b-a}{b-a} \log_2 \frac{1}{b-a} = \log_2 \frac{1}{b-a} \quad (3.06)$$

라는 결과를 얻을 수 있다.

이것을 사용하여 하나의 점이 영역 $(0, 1)$ 속에 있을 정보를 그것이 영역 (a, b) 속에 있을 정보와 비교하면, 그 차의 측도가

$$\log_2 \frac{1}{b-a} - \log_2 1 = \log_2 \frac{1}{b-a} \quad (3.07)$$

가 된다.

정보량에 대한 우리의 정의는 x가 2차원 또는 그 이상의 차원을 가진 영역을 움직이는 변수일 경우로도 확장된다. 2차원의 경우에는 $f(x, y)$가

$$\int_{-\infty}^{\infty} dx \int_{-\infty}^{\infty} dy f_1(x, y) = 1 \quad (3.08)$$

이라면, 정보량은

$$\int_{-\infty}^{\infty} dx \int_{-\infty}^{\infty} dy f_1(x, y) \log_2 f_1(x, y) \quad (3.081)$$

로 주어진다. 여기서 주의해야 할 점이 있다. 만일 $f_1(x, y)$가 $\phi(x)\psi(y)$의 꼴이고, 또한

$$\int_{-\infty}^{\infty} \phi(x)dx = \int_{-\infty}^{\infty} \psi(y)dy = 1 \quad (3.082)$$

라면,

$$\int_{-\infty}^{\infty} dx \int_{-\infty}^{\infty} dy \; \phi(x)\psi(y) = 1 \tag{3.083}$$

및

$$\int_{-\infty}^{\infty} dx \int_{-\infty}^{\infty} dy f_1(x,y) \log_2 f_1(x,y)$$
$$= \int_{-\infty}^{\infty} dx \; \phi(x) \log_2 \phi(x) + \int_{-\infty}^{\infty} dy \; \psi(x) \log_2 \psi(y) \tag{3.084}$$

를 얻을 수 있고, 독립된 원천으로부터의 정보량은 덧셈으로 주어진다.

흥미로운 문제 하나는 어떤 문제에서 하나 또는 그 이상의 변수를 고정했을 때 얼마만큼의 정보를 얻을 수 있는가 결정하는 일이다. 가령 변수 u가 x와 $x + dx$ 사이에 있을 확률이 $\exp\left(-x^2/2a\right) dx/\sqrt{2\pi a}$라 하고, 변수 v가 x와 $x + dx$ 사이에 있을 확률이 $\exp\left(-x^2/2b\right) dx/\sqrt{2\pi b}$라고 하자. 이때 만일 $u + v = w$임을 알고 있다면 u에 관해서 우리가 알 수 있는 정보는 얼마인가? 이 경우 w는 고정되어 있다고 할 때 분명히 $u = w - v$가 된다. u와 v의 사전 분포가 서로 독립되어 있다고 가정하자. 그러면 u의 사후 분포는

$$\exp\left(-\frac{x^2}{2a}\right) \exp\left[-\frac{(w-x)^2}{2b}\right] = c_1 \exp\left[-(x-c_2)^2 \left(\frac{a+b}{2ab}\right)\right] \tag{3.09}$$

에 비례한다. 여기에서 c_1과 c_2는 상수이며, w를 고정함으로써 얻을 수 있는 정보의 이득에 대한 공식에는 이 상수들이 나타나지 않는다.

w의 값을 미리 알았을 때 x에 대해서 얻을 수 있는 정보량이, w를 알지 못했을 때의 정보량보다 얼마나 더 많은가를 나타내는 x에 관한 정보

의 증가량은 다음과 같이 주어진다.

$$
\frac{1}{\sqrt{2\pi[ab/(a+b)]}} \int_{-\infty}^{\infty} \left\{ \exp\left[-(x-c_2)^2 \left(\frac{a+b}{2ab} \right) \right] \right\}
$$
$$
\times \left\{ \left[-\frac{1}{2} \log_2 2\pi \left(\frac{a+b}{2ab} \right) \right] - (x-c_2)^2 \left[\left(\frac{a+b}{2ab} \right) \right] \log_2 e \right\} dx
$$
$$
-\frac{1}{\sqrt{2\pi a}} \int_{-\infty}^{\infty} \left[\exp\left(-\frac{x^2}{2a} \right) \right] \left(-\frac{1}{2} \log_2 2\pi a - \frac{x^2}{2a} \log_2 e \right) dx \qquad (3.091)
$$
$$
= \frac{1}{2} \log_2 \left(\frac{a+b}{b} \right)
$$

가 된다. 여기에서 주목해야 할 것은 이 식 (3.091)의 값이 양의 값이고, w 와는 무관하다는 점이다. 이것은 u와 v의 제곱 평균의 합과 v의 제곱 평균 의 합의 비의 로그 값의 절반이다. v의 변화 범위가 작을 경우에는 $u+v$를 아는 것이 u에 주는 정보량의 증가는 크고, 그것은 b가 0에 가까워짐에 따라 무한대로 접근한다.

   이 결과를 다음과 같이 해석할 수도 있다. 즉 u를 메시지, v를 잡음이 라고 생각한다.[93] 잡음이 없는 경우에는 정보가 정확해지고 그 전달하는 정 보는 무한대이다.

   그러나 잡음이 있을 때 정보량은 유한하게 되고, 잡음의 강도가 증가 함에 따라 급속히 0에 가까워진다.

   지금까지 설명한 바와 같이, 정보량은 확률이라 생각할 수 있는 양의 로그 값에 마이너스 부호를 붙인 것으로 본질적으로는 음의 엔트로피이 다. 정보량이 평균적으로 엔트로피에 대해 알려진 여러 성질을 가지고 있 음을 보이는 것은 흥미로운 일이다.

   $\phi(x)$와 $\psi(x)$가 두 개의 확률밀도라고 하면, $[\phi(x)+\psi(x)]/2$도 확률 밀도다. 이때 다음과 같은 식이 유도된다.

$$
\int_{-\infty}^{\infty} \frac{\phi(x)+\psi(x)}{2} \log \frac{\phi(x)+\psi(x)}{2} dx
$$

사이버네틱스: 동물과 기계의 제어와 커뮤니케이션

$$\leq \int_{-\infty}^{\infty} \frac{\phi(x)}{2} \log \phi(x) dx + \int_{-\infty}^{\infty} \frac{\psi(x)}{2} \log \psi(x) dx \qquad (3.10)$$

이것은

$$\frac{a+b}{2} \log \frac{a+b}{2} \leq \frac{1}{2}(a + \log a + b \log b) \qquad (3.11)$$

이라 하는 관계식에서 유도된다. 바꾸어 말하면, $\phi(x)$와 $\psi(x)$ 아래의 영역에서 겹친 부분은 $\phi(x) + \psi(x)$에 속하는 최대 정보량을 감소시킨다. 한편 $\phi(x)$를 구간 (a, b) 밖에서는 0이 되는 확률밀도라고 한다면,

$$\int_{-\infty}^{\infty} \phi(x) \log \phi(x) \ dx \qquad (3.12)$$

가 최솟값이 되는 것은 $\phi(x)$가 구간 (a, b)에서는 $\phi(x) = 1/(a - b)$이고, 이 구간 밖에서 0이 될 때이다. 이것은 로그 곡선이 위로 볼록하다는 사실에서 유도된다.

정보가 사라지는 과정은 쉽게 예상할 수 있듯이 엔트로피가 늘어나는 과정과 매우 닮아 있을 것이다. 그 과정은 원래 나뉘어 있던 확률의 영역이 융합하는 경우에 일어난다. 예컨대 우리는 다음과 같은 경우에 정보량을 잃는다. 즉, 어떤 변수의 분포를 그 변수의 다른 값에 대해서 같은 값을 취하도록 하는 그 변수의 함수의 분포로 대치했을 때, 또는 다변수 함수에서 변수 중 어느 것을 자연의 변역을 넘어 움직이게 할 때이다. 메시지에 어떤 조작을 가해도 평균적으로는 정보를 증가시킬 수 없다. 이것이야말로 진정 열역학 제이 법칙이 커뮤니케이션공학에 적용된 경우다. 역으로 애매한 사정을 보다 상세하게 규정하는 것은, 앞에서도 말한 바와 같이 평균에 있어서 일반적으로 정보를 증대하며 감소케 하지는 못한다.

변수 $(x_1, \cdots, x_n)$에 관한 n차원 확률밀도 $f(x_1, \cdots, x_n)$과, m개의 종속변수 $y_1, \cdots, y_m$이 있는 경우는 흥미롭다. 이들 m개 변수의 값을 고정시키면 정보량은 얼마나 증가할까? 우선 그것들을 각기 한계 $y_1^*, y_1^* + dy_1^*; \cdots; y_m^*, y_m^* + dy_m^*$ 사이에 고정하고, 다시 새로운 변수로 $x_1, x_2, \cdots, x_{n-m}, y_1, y_2, \cdots, y_m$을 택하자. 그러면, 이 새로운 변수의 집합을 두고 생각할 때, 우리의 분포 함수는 $y_i^* \leq y_i \leq y_i^* + dy_i^*$로 주어지는 영역 R상에서는 $f(x_1, \cdots, x_n)$에 비례하고, R의 밖에서는 0이 된다. 따라서 이 y들을 지정함으로써 얻게 되는 정보량은

$$\frac{\underbrace{\int dx_1 \cdots \int}_{R} dx_n f(x_1, \cdots, x_n) \log 2 f(x_1, \cdots, x_n)}{\underbrace{\int dx_1 \cdots \int}_{R} dx_n f(x_1, \cdots x_n)}$$

$$= \frac{\begin{array}{c} -\int_{-\infty}^{\infty} dx_1 \cdots \int_{-\infty}^{\infty} dx_n f(x_1, \cdots, x_n) \log_2 f(x_1, \cdots, x_n) \\ \int_{-\infty}^{\infty} dx_1 \cdots \int_{-\infty}^{\infty} dx_{n-m} \left| J\left(\begin{array}{c} y_1^*, \cdots, y_m^* \\ x_{n-m+1}, \cdots, x_n \end{array} \right) \right|^{-1} \\ \times f(x_1, \cdots, x_n \log_2 f(x_1, \cdots, x_n)) \end{array}}{\begin{array}{c} -\int_{-\infty}^{\infty} dx_1 \cdots \int_{-\infty}^{\infty} dx_n f(x_1, \cdots, x_n) \log_2 f(x_1, \cdots, x_n) \\ \int_{-\infty}^{\infty} dx_1 \cdots \int_{-\infty}^{\infty} dx_{n-m} \left| J\left(\begin{array}{c} y_1^*, \cdots, y_m^* \\ x_{n-m+1}, \cdots, x_n \end{array} \right) \right|^{-1} \\ \times f(x_1, \cdots, x_n \log_2 f(x_1, \cdots, x_n)) \end{array}} \tag{3.13}$$

이 될 것이다.

식 (3.13)에서 논의한 것의 일반화는 다음 문제와 밀접한 관계가 있다. 즉, 앞서 논의한 것 중에서 변수 $x_1, x_2, \cdots, x_{n-m}$만 생각할 때, 정보를 얼마만큼 가지게 되는 것일까? 여기에서, 이들 변수의 사전 확률밀도는

$$\int_{-\infty}^{\infty} dx_{n-m+1} \cdots \int_{-\infty}^{\infty} dx_n f(x_1, \cdots, x_n) \qquad (3.14)$$

이고, 또 y^*들을 고정한 후의 정규화하지 않은 확률밀도는

$$\sum \left| J \begin{pmatrix} y_1^*, \cdots, y_m^* \\ x_{n-m+1}, \cdots, x_n \end{pmatrix} \right|^{-1} f(x_1, \cdots, x_n) \qquad (3.141)$$

이 된다. 단 여기서 합 Σ는 주어진 y^*에 대응하는 점 $(x_{n-m+1}, \cdots, x_n)$의 집합 전체에 걸쳐서 계산한다. 이에 근거해서 우리는 좀 길어지기는 해도 우리의 문제에 대한 풀이를 쉽게 적어 내려갈 수 있다. 집합 $(x_1, \cdots, x_{n-m})$을 일반화된 메시지로 하고, 집합 $(x_{n-m+1}, \cdots, x_n)$을 일반화된 잡음으로 하며, y^*의 집합을 방해받은 일반화된 메시지로 한다면, 위와 같이 해서 (3.13)의 문제를 일반화한 것의 풀이를 얻는다.

그러므로 이미 말한 메시지-잡음 문제의 일반화에 대한 해법을 적어도 형식적으로는 얻은 셈이다. 일련의 관측이, 이미 알고 있는 결합된 분포를 가진 메시지와 잡음의 집합에 임의의 방법으로 관계하는 것이다. 이러한 관측이 메시지에 한해서 얼마의 정보를 주는지 확인하고자 한다. 이것이 커뮤니케이션공학의 중심 문제다. 이에 따라 우리는 진폭 변조, 진동수 변조, 위상 변조 등 여러 방식을 정보를 보내는 효율 면에서 평가할 수 있는 것이다. 이것은 기술적인 문제이므로 여기서 상세히 논하기에 부적절하지만, 다소 주의를 환기하려 한다. 우선 첫째로 위에서 말한 정의로부터 전력에 관한 한 고른 분포로 된 진동수를 가진 무작위 잡음과, 어떤 진동수 대역을 가지고 있고 그 지대상에 일정한 전력을 가지고 있는 정보에 대해서는 가장 효율이 좋은 정보 전송 방법이 진폭 변조라는 것을 알 수 있다. 같은 정도로 효율적인 다른 방법이 있을 수는 있다. 한편 이 방식으로 전송된 정보는 반드시 귀 등의 아무 수용체로 수신하기에 가장 적합한 모양이라고는 할 수 없다. 그러므로 상술한 이론과 거의 같은 이론을 사용해서 수

용체의 특성을 고려해야 한다. 일반적으로 진폭의 변조나 다른 어떤 유형의 변조를 효율적으로 사용하려면, 적당한 해독 장치를 써서 수신한 정보를 인간의 수용체 또는 기계적 수용체에 적합한 형태로 변환해야 한다. 또 원래의 메시지도 되도록 압축하여 부호화해서 전송하는 편이 좋다. 이 문제는 벨 전화 연구소의 "보코더" 장치 설계에서 적어도 부분적으로 취급되었으며, 그 후 같은 연구소의 섀넌 박사가 이 문제에 대해 만족할 만한 일반 이론을 제출했다.

정보 측정의 정의와 수법에 대해서는 이 정도로 하고, 정보가 시간이 흐름에 따라 동질적인 형태로 나올 수 있게 하는 방법에 대해서 논하여 보자. 전화 등 커뮤니케이션 장치 대부분은 사실 특정의 시간 원점을 가지고 있지 않다. 이와는 모순처럼 보이지만 실제로는 그렇지 않은 조작이 하나 있다. 바로 변조 조작이다. 가장 간단한 변조는 메시지 $f(t)$를 $f(t)\sin(at+b)$의 꼴로 변환하는 것이다. $\sin(at+b)$라는 인수를 이 장치 속에 삽입된 여분의 메시지라고 생각하면, 이 경우도 우리의 일반 이론에서 취급할 수 있는 것이다. 이 여분의 메시지를 우리는 **반송파**carrier라고 부르는데, 이것은 커뮤니케이션 계의 단위 시간당 정보 전송량에 아무것도 더하지 않는다. 반송파의 정보는 모두 임의로 짧은 시간 구간 안에 전달되는데, 새로운 정보가 부가되는 일은 전혀 없다.

시간이 흐름에 따라 동질적인 메시지, 즉 통계학자가 말하는 '통계적 평형에 있는 시계열'은 이와 같이 시간의 함수 하나 또는 시간의 함수들이 이루는 집합이다. 이것은 시간 t를 $t+\tau$로 바꾸어도 불변이 되는 잘 정의된 확률분포를 가진 함수 집합의 앙상블이다. 즉 $f(t)$를 $f(t+\tau)$로 바꾸는 연산자 T^λ로 이루어진 변환군은 이 앙상블의 확률을 불변하게 유지한다. 이 군은 다음의 성질을 충족시킨다.

$$T^\lambda[T^\mu f(t)] = T^{\mu+\lambda} f(t) \ (\text{단}, \left\{ \begin{array}{l} (-\infty < \lambda < \infty) \\ (-\infty < \mu < \infty) \end{array} \right.) \qquad (3.15)$$

이로부터 다음이 유도된다. 만일 $\Phi[f(t)]$가 $f(t)$의 범함수, 즉 $f(t)$의 전체 역사에 따라 정해지는 함수이고, 또 앙상블 전체상에서 $f(t)$의 평균이 유한하다면, 우리가 인용했던 버코프의 에르고딕 정리를 사용하여 다음과 같은 결론에 도달할 수 있다. 즉, 그 확률(측도)가 0이 되는 $f(t)$의 값들의 집합을 제외하고 나면, $\Phi[f(t)]$의 시간 평균이 존재한다. 기호로 나타내면

$$\lim_{A \to \infty} \frac{1}{A} \int_0^A \Phi[f(t+\tau)]d\tau = \lim_{A \to \infty} \frac{1}{A} \int_{-A}^0 \Phi[f(t+\tau)]d\tau \qquad (3.16)$$

가 존재한다.

나아가 다음과 같은 것도 말할 수 있다. 앞 장에서는 에르고딕 이론에 관한 폰 노이만의 정리에 대해서 서술했는데, 이하와 같다.

(3.15)에서와 같은 측도 보존 변환군에 의해서 그 자신으로 이동하는 계에 속하는 어떤 요소 함수도 각각, 혹 그 확률이 0인 경우를 제외하면, 다음과 같은 세 가지 성질을 띠는 어떤 부분집합(본래 계와 일치할 수도 있다)에 속한다. 이 부분집합은 (i) 앞의 변환군에 의해서 그 자신으로 이동하고, (ii) 부분집합 자신 위에서 정의된 것으로 앞의 변환군에 대해 불변인 측도를 가진다. 또한 (iii) 부분집합의 어느 부분이 앞의 변환군을 적용하고도 (ii)의 측도로 불변이라면, 그러한 부분의 측도는 부분집합 전체의 측도와 같거나 0이 된다. 이와 같은 부분집합에 속하지 않은 요소는 버리기로 하고, 또 위의 (ii)에서와 같은 적당한 불변 측도를 사용한다고 하면, 거의 모든 경우 평균 (3.16)은 $f(t)$의 모든 함수공간상에서 $\Phi[f(t)]$의 평균, 소위 **위상 평균**phase average이 된다는 것을 알 수 있다. 따라서 이와 같은 함수 $f(t)$의 앙상블로 확률이 0인 경우를 제외하면, 우리는 이 앙상블의 어떤 통계적 매개변수의 평균도, 위상 평균 대신 시간 평균을 사용하여, 성분 시계열 중 임의로 뽑은 하나의 기록으로부터 연역할 수 있다. 실은 우리는 이 앙상블의 이러한 매개변수의 어떠한 셀 수 있는 집합에 대한 평균도

동시에 구할 수 있다. 더군다나 거의 임의로 뽑은 한 시계열에서 과거 기록만 알면 되는 것이다. 바꾸어 말하면 다음과 같다. 통계적 평형에 있는 앙상블에 속했던 어떤 하나의 시계열이 있고, 현재까지 그 시계열의 역사 전부가 주어졌다고 하자. 그러면 그 시계열이 속한 통계적 평형에 있는 어떤 앙상블의 어느 통계적 매개변수든 오차 확률 0으로 계산할 수 있는 것이다. 지금까지 우리는 단일한 시계열에 대해서 논했지만, 하나의 변량이 아니라 동시에 변화하는 여러 변량을 취급하는 다중 시계열에 대해서도 마찬가지로 말할 수 있다.

여기까지의 사실을 사용하여 시계열에 관한 여러 가지 문제를 논의할 수 있다. 한 시계열의 전체 과거가 셀 수 있는 개수의 양으로 표현되었을 경우로 문제의 초점을 맞추어 보자. 예컨대, 어떤 상당히 넓은 부류의 함수 $f(t)$ $(-\infty < t < \infty)$에 대해서

$$a_n = \int_{-\infty}^{0} e^t t^n f(t) dt \qquad (n = 0, 1, 2, \cdots) \qquad (3.17)$$

이라는 양들을 알면 f를 완전하게 정할 수 있다. 그러면 A를 t의 미래 값, 즉 0보다 큰 값에 대한 함수라고 하자. 그때 f의 집합을 되도록 좁게 잡으면, 그 집합에서 취한 거의 모든 시계열의 한 과거로부터도 $(a_0, a_1, \cdots, a_n, A)$의 동시분포를 결정할 수 있다. 특히 $a_0, \cdots, a_n$이 모두 주어졌다면, A의 분포를 결정할 수 있다. 여기에서 유명한 조건부확률에 관한 니코딤Otto Marcin Nikodym의 정리를 사용한다. 이 정리에 의하면, 지극히 일반적인 조건에서 이 분포가 $n \to \infty$을 취하면 어떤 극한으로 수렴하는데 이 극한 분포는 임의의 미래 양의 분포에 관한 사전 지식을 준다. 동시에 과거를 알 수 있으면, 아무 미래 양들의 동시분포, 또는 과거와 미래의 양면에 의존하는 양들의 동시분포를 결정할 수 있다.

이때 이들 통계적 매개변수의 "가장 좋은 값"에 적당한 해석—평균값, 중앙값, 또는 최빈값 등의 의미에서—을 내린다면, 그것을 위에서 알게 된

분포에서 계산할 수 있으며, 예측이 좋다는 데 대한 (평균값이라든지, 중 앙값이라든지 최빈값이라든지 하는) 임의로 희망하는 기준에 부합하는 (가장 좋은) 예측을 얻을 수 있다. 이 예측의 "옳음"에 관한 평가는 임의의 통계적 평가 방법—평균제곱오차, 최대 오차, 평균 절대오차 등—으로 계 산할 수 있다. 어떤 통계적 매개변수(들)에 관한 정보량도 그 과거를 고정 하면 계산할 수 있다. 과거 지식으로부터 어떤 특정 순간 뒤의 미래 전체에 대해서 우리에게 주어진 정보량 전체조차도 계산할 수 있다. 더욱이 특정 순간이 현재를 가리킬 때는 우리는 일반적으로 과거에서 미래를 알 수 있 을 터이니, 현재에 관한 우리들의 지식은 무한의 정보량을 포함할 것이다.

더욱 재미있는 것은 다중 시계열의 경우다. 다중 시계열 성분 중 일부 의 과거만을 정확히 알 수 있다고 해도, 알고 있는 과거 이외의 것도 포함 한 양의 분포를 앞서 말한 것과 매우 유사한 방법으로 연구할 수 있다. 특 히 우리는 과거를 알지 못하는 한 가지 또는 여러 성분의 값이 따르는 분 포를 과거, 현재, 미래의 어떤 순간에 알고자 할 경우도 있을 것이다. 파동 여과기의 일반 문제가 이 종류에 속한다. 즉 메시지가 잡음과 혼합하여 손 상되었으며, 우리는 손상된 메시지의 과거를 알고 있다. 우리는 또 메시지 와 잡음의 결합분포를 시계열로 알고 있다. 이때 과거, 현재, 또는 미래 어 떤 순간의 메시지 분포를 구하고자 한다. 이 손상된 메시지의 과거를 근거 로 해서 어떤 주어진 통계적 의미에서 참 메시지를 가장 잘 전해줄 연산자 를 구하고자 한다. 또 이렇게 하여 얻은 메시지의 오차 정도에 대한 통계적 추정값도 알고 싶다. 마지막으로 우리가 이 메시지에 관해서 갖는 정보량 도 구하고 싶다.

브라운 운동에 관한 시계열은 특히 간단하고 중요하다. 브라운 운동 이란, 기체 입자가 열교란 상태의 다른 많은 입자로부터 불규칙적 충격을 받았을 때 하는 운동이다. 브라운 운동의 이론은 아인슈타인Albert Einstein, 스몰루호프스키Marian Smoluchowski, 페랭Jean Baptiste Perrin과 본 저자[94] 등 많 은 연구자가 전개했다. 입자 간 충돌을 하나하나 식별할 수 있을 정도로 시간 간극을 작게 취하지 않으면, 이 운동의 경로는 기묘한 미분 불가능한 모양이 된다. 이 운동에서 어떤 시간 내에 임의로 정한 일정 방향의 운동 성분의 평균제곱은 그 시간의 길이에 비례하고, 또한 서로 중첩되지 않은 시간 간격 내에서 행해지는 운동은 확률적으로 독립이다. 이것은 물리적 관측 결과와 잘 맞는다. 브라운 운동의 척도에 맞도록 하여 운동의 좌표 성분 x만을 생각하기로 하자. $t = 0$에 대하여 $x(t)$가 0이라고 하면, $0 \leq t_1 \leq t_2 \leq \cdots \leq t_n$일 때 입자가 시간 t_1에서 x_1과 $x_1 + dx_1$ 사이에 있고, 반복하여, 시간 t_n에서 x_n과 $x_n + dx_n$의 사이에 있을 확률은

$$\frac{\exp\left[-\frac{x_1^2}{2t_1} - \frac{(x_2-x_1)^2}{2(t_2-t_1)} - \cdots - \frac{(x_n-x_{n-1})^2}{2(t_n-t_{n-1})}\right]}{\sqrt{|(2\pi)^n t_1(t_2-t_1)\cdots(t_n-t_{n-1})|}} dx_1 \cdots dx_n \quad (3.18)$$

로 주어진다.

이에 대응하는 잘 정의된 확률 시스템을 사용하여, 가능한 여러 가지 브라운 운동에 상당하는 경로의 집합이 0과 1의 사이에 있는 어떤 매개변수 α로 표현되도록 할 수 있다. 각 경로는 함수 $x(t, \alpha)$로 주어진다. 여기에서 x는 시간 t와 분포의 매개변수 α에 따라 달라지며, 하나의 경로가 어떤 집합 S에 속할 확률은 S의 경로들에 대응하는 α의 값들의 집합의 측도와 같다. 이렇게 두면, 거의 모든 경로는 연속이기는 하지만 미분가능이 아니다.

곱 $x(t_1, \alpha) \cdots x(t_n, \alpha)$의 α에 대한 평균을 결정하는 문제는 아주 흥미롭다. 이것은 $0 \leq t_1 \leq t_2 \leq \cdots \leq t_n$이라는 가정 아래,

$$\int_0^1 d\alpha\, x(t_1, \alpha) x(t_2, \alpha) \cdots x(t_n, \alpha)$$
$$= (2\pi)^{-n/2} [t_1(t_2-t_1)\cdots(t_n-t_{n-1})]^{-1/2}$$
$$\times \int_{-\infty}^{\infty} d\xi_1 \cdots \int_{-\infty}^{\infty} d\xi_n \xi_1 \xi_2 \cdots \xi_n \exp\left[-\frac{\xi_1^2}{2t_1} - \frac{(\xi_2-\xi_1)^2}{2(t_2-t_1)} - \cdots\right. \quad (3.19)$$
$$\left. -\frac{(\xi_n-\xi_{n-1})^2}{2(t_n-t_{n-1})}\right]$$

사이버네틱스: 동물과 기계의 제어와 커뮤니케이션

가 된다. 여기에서

$$\xi_1 \cdots \xi_n = \sum A_k \xi_1^{\lambda_{k,1}} (\xi_2 - \xi_1)^{\lambda_{k,2}} \cdots (\xi_n - \xi_{n-1})^{\lambda_{k,n}} \quad (3.20)$$

라 하자. 이때 $\lambda_{k,1} + \lambda_{k,2} + \cdots + \lambda_{k,n} = n$이다. 그렇게 하면 식 (3.19)에 있는 표현의 값은 다음과 같이 된다.

$$\sum A_k (2\pi)^{-n/2} [t_1^{\lambda_{k,1}} (t_2 - t_1)^{\lambda_{k,2}} \cdots (t_n - t_{n-1})^{\lambda_{k,n}}]^{-1/2}$$
$$\times \prod_j \int_{-\infty}^{\infty} d\xi \; \xi^{\lambda_{k,j}} \exp\left[-\frac{\xi^2}{2(t_j - t_{j-1})}\right] \quad (3.21)$$
$$= \sum A_k \prod_j \frac{1}{\sqrt{2\pi}} \int_{-\infty}^{\infty} \xi^{\lambda_{k,j}} \exp\left(-\frac{\xi^2}{2}\right) d\xi (t_j - t_{j-1})^{-1/2}$$

(3.21)의 우변은 어떤 $\lambda_{k,j}$가 홀수라면 0이고, 그렇지 않으면

$$\sum_k A_k \prod_j (\lambda_{k,j} - 1)(\lambda_{k,j} - 3) \cdots 5 \cdot 3 \cdot (t_j - t_{j-1})^{-1/2}$$

이다. 따라서 이것은 다음과 같다.

$$\sum_k A_k \prod_j (\lambda_{k,j} \text{ 항들을 쌍으로 나누는 방법의 수}) \times (t_j - t_{j-1})^{1/2}$$

$$= \sum_k A_k (n\text{개의 항들을 쌍으로 나누는 방법의 수로서, 그 쌍의 요소들은}$$

모두 $\lambda_{k,j}$ 항의 같은 부류에 속하며 λ 만큼 떨어져 있음) $\times (t_j - t_{j-1})^{1/2}$

$$= \sum_j A_j \sum \prod \int_0^1 d\alpha [(x(t_k, \alpha) - x(t_{k-1}, \alpha)][x(t_q, \alpha) - x(t_{q-1}, \alpha)]$$

여기에서 첫 번째 Σ는 j에 대한 합이며, 두 번째 Σ는 블록 안의 n개 항을 다음과 같은 쌍으로 나누는 모든 방법에 대한 합이다. 즉 n개의 항들을 우선 각각 $\lambda_{k,1}, \cdots, \lambda_{k,n}$개를 포함한 블록으로 나누고, 이를 쌍으로 나눌 때, 어느 쌍에 관해서든 그 쌍의 상대방과 같은 블록에 속하도록 한다. 또 Π는 다음과 같은 k와 q의 값의 쌍에 대한 곱이다. 여기에서 t_k와 t_q에서 선택한 요소들 중 $\lambda_{k,1}$개는 t_1이고, $\lambda_{k,2}$개는 t_2이며, 이하 같은 식으로 한다. 이들로부터 바로 다음과 같은 결과를 얻는다.

$$\int_0^1 d\alpha \; x(t_1, \alpha) x(t_2, \alpha) \cdots x(t_n, \alpha) = \sum \prod \int_0^1 d\alpha \; x(t_j, \alpha) x(t_k, \alpha) \quad (3.22)$$

여기에서 Σ는 $t_1, \cdots, t_n$을 다른 쌍으로 분할하는 모든 방법에 대한 합이고, Π는 한 개의 분할 중 모든 쌍에 대한 곱이다. 다르게 말하면 우리가 $x(t_j, \alpha)$ 두 개의 곱의 평균을 쌍마다 알았을 때, 이들 $x(t_j, \alpha)$의 다항식 전부의 평균을, 따라서 그들의 통계적 분포 전체를 알 수 있다.

이제까지는 t가 양일 때의 브라운 운동 $x(t, \alpha)$를 살펴보았다. 만일 α, β가 $(0, 1)$ 위의 서로 독립인 고른 분포라고 하고

$$\left. \begin{array}{ll} \xi(t, \alpha, \beta) = x(t, \alpha) & (t \geq 0) \\ \xi(t, \alpha, \beta) = x(-t, \beta) & (t > 0) \end{array} \right\} \quad (3.23)$$

라 하면, 우리는 t가 실수축 전체에서 변할 때 $\xi(t, \alpha, \beta)$의 분포를 얻게 된다. 여기서 잘 알려진 수학적 장치로, 넓이를 길이에 대응시킴으로써 정사각형을 선분에 대응시키는 사상map을 사용한다. 정사각형의 두 좌표를

$$\left. \begin{array}{l} \alpha = .\alpha_1 \alpha_2 \cdots \alpha_n \cdots \\ \beta = .\beta_1 \beta_2 \cdots \beta_n \cdots \end{array} \right\} \quad (3.24)$$

과 같이 십진법으로 쓰고

$$\gamma = .\alpha_1\beta_1\alpha_2\beta_2 \cdots \alpha_n\beta_n \cdots$$

로 두면 된다. 이로써 선분상의 거의 모든 점과 정사각형 내 거의 모든 점이 일대일로 대응하는 사상을 얻을 수 있다. 이 변환을 사용하여

$$\xi(t,\gamma) = \xi(t,\alpha,\beta) \qquad (3.25)$$

로 정의하자.

여기서 우리는

$$\int_{-\infty}^{\infty} K(t)\ d\xi(t,\gamma) \qquad (3.26)$$

을 정의하고자 하는데, 이것은 스틸체스 적분[95]으로 정의할 수 있다면 간단할 것이다. ξ는 t의 매우 불규칙한 함수이므로 일반적으로는 가능하지 않다. 그러나 K가 $\pm\infty$에서 충분히 빨리 0에 근접하고 또 충분히 매끄러운 함수라고 하면,

$$\int_{-\infty}^{\infty} K(t)\ d\xi(t,\gamma) = \int_{-\infty}^{\infty} K'(t)\xi(t,\gamma)\ dt \qquad (3.27)$$

로 두는 것이 합리적이다.[96] 이런 조건 아래 우리는 형식적으로

$$\int_0^1 d\gamma \int_{-\infty}^{\infty} K_1(t)\ d\xi(t,\gamma) \int_{-\infty}^{\infty} K_2(t)\ d\xi(t,\gamma)$$

$$= \int_0^1 d\gamma \int_{-\infty}^{\infty} K_1(t)\xi(t,\gamma) \, dt \int_{-\infty}^{\infty} K_2(t)\xi(t,\gamma) \, dt$$

$$= \int_{-\infty}^{\infty} K_1'(s) \, ds \int_{-\infty}^{\infty} K_2'(t) \, dt \int_0^1 \xi(s,\gamma)\xi(t,\gamma) d\gamma \tag{3.28}$$

을 구할 수 있다. 이제 s와 t의 부호가 다르다면

$$\int_0^1 \xi(s,\gamma)\xi(t,\gamma) \, d\gamma = 0 \tag{3.29}$$

가 되지만, 만일 s와 t의 부호가 같고 $|s| < |t|$라면

$$\int_0^1 \xi(s,\gamma)\xi(t,\gamma) \, d\gamma = \int_0^1 x(|s|,\alpha)x(|t|,\alpha) \, d\alpha$$

$$= \frac{1}{2\pi\sqrt{|s|(|t|-|s|)}} \int_{-\infty}^{\infty} du \int_{-\infty}^{\infty} dv \ uv \ \exp\left[-\frac{u^2}{2|s|} - \frac{(v-u)^2}{2(|t|-|s|)}\right] \tag{3.30}$$

$$= \frac{1}{2\pi|s|} \int_{-\infty}^{\infty} u^2 \exp\left(-\frac{u^2}{2|s|}\right) \, du$$

$$= |s| \frac{1}{2\pi} \int_{-\infty}^{\infty} u^2 \exp\left(-\frac{u^2}{2}\right) \, du = |s|$$

을 얻는다. 따라서

$$\int_0^1 d\gamma \int_{-\infty}^{\infty} K_1(t) \, d\xi(t,\gamma) \int_{-\infty}^{\infty} K_2(t) \, d\xi(t,\gamma)$$

$$= -\int_0^{\infty} K_1'(s) \, ds \int_0^s t \, K_2'(t) \, dt - \int_0^{\infty} K_2'(s) \, ds \int_0^s t \, K_1'(t) \, dt$$

$$+ \int_{-\infty}^0 K_1'(s) \, ds \int_0^s \int_s^0 t \, K_2'(t) \, dt + \int_{-\infty}^0 K_2'(s) \, ds \int_0^s \int_s^0 t \, K_1'(t) \, dt$$

$$= -\int_0^{\infty} K_1'(s) \, ds \left[sK_2(s) - \int_0^s K_2(t) \, dt\right]$$

$$- \int_0^{\infty} K_2'(s) \, ds \left[sK_1(s) - \int_0^s K_1(t) \, dt\right]$$

$$+ \int_{-\infty}^0 K_1'(s) \, ds \left[-sK_2(s) - \int_s^0 K_2(t) \, dt\right]$$

사이버네틱스: 동물과 기계의 제어와 커뮤니케이션

$$+ \int_{-\infty}^{0} K_2'(s) \ ds \left[-sK_1(s) - \int_{s}^{0} K_1(t) \ dt \right]$$

$$= - \int_{-\infty}^{\infty} sd[K_1(s)K_2(s)] = \int_{-\infty}^{\infty} K_1(s)K_2(s)ds \tag{3.31}$$

특히

$$\int_{0}^{1} d\gamma \int_{-\infty}^{\infty} K(t + \tau_1) \ d\xi(t, \gamma) \int_{-\infty}^{\infty} K(t + \tau_2) \ d\xi(t, \gamma)$$

$$= \int_{-\infty}^{\infty} K(s)K(s + \tau_2 - \tau_1)ds \tag{3.32}$$

이다. 또한

$$\int_{0}^{1} d\gamma \prod_{k=1}^{n} \int_{-\infty}^{\infty} K(t + \tau_k)d\xi(t, \gamma)$$

$$= \sum \prod \int_{-\infty}^{\infty} K(s)K(s + \tau_j - \tau_k) \ ds \tag{3.33}$$

이 된다. 단, 합은 $\tau_1, \cdots, \tau_n$을 쌍으로 분할하는 모든 방법에 대한 합이며, 곱은 각각의 분할 안에 있는 모든 쌍에 대한 곱이다.

$$\int_{-\infty}^{\infty} K(t + \tau) \ d\xi(\tau, \gamma) = f(t, \gamma) \tag{3.34}$$

는 분포의 매개변수 γ에 의존하는 t의 시계열의 매우 중요한 앙상블을 나타 낸다. 우리는 이 분포의 모든 적률, 따라서 모든 통계적 매개변수가 함수

$$\Phi(\tau) = \int_{-\infty}^{\infty} K(s)K(s+\tau)\ ds$$
$$= \int_{-\infty}^{\infty} K(s+t)K(s+t+\tau)\ ds \tag{3.35}$$

에 따라 어떻게 달라지는지를 위에 나타낸 것인데, 여기에서 함수 $\Phi(\tau)$는 지연이 τ인 통계학자들의 자기상관 함수이다. 따라서 $f(t,\gamma)$의 분포 통계는 $f(t+t_1,\gamma)$의 그것과 같고, 만일

$$f(t+t_1,\gamma) = f(t,\Gamma) \tag{3.36}$$

이면, γ로부터 Γ로의 변환은 측도를 보존한다는 것을 보일 수 있다. 환언하면 시계열 $f(t,\gamma)$는 통계적 평형에 있다.

또한

$$\left[\int_{-\infty}^{\infty} K(t-\tau)\ d\xi(t,\gamma)\right]^n \left[\int_{-\infty}^{\infty} K(t+\sigma-\tau)\ d\xi(t,\gamma)\right]^n \tag{3.37}$$

의 평균을 생각하면, 이것은

$$\int_0^1 d\gamma \left[\int_{-\infty}^{\infty} K(t-\tau)\ d\xi(t,\gamma)\right]^m \int_0^1 d\gamma \left[\int_{-\infty}^{\infty} K(t+\sigma-\tau)\ d\xi(t,\gamma)\right]^n \tag{3.38}$$

의 항과

$$\int_{-\infty}^{\infty} K(\sigma+\tau)K(\tau)\ d\tau \tag{3.39}$$

의 거듭제곱을 인수로 포함하는 유한 개 항으로 이루어진다. 만일 (3.39)가 $\sigma \to \infty$ 가 될 때, 0에 근접한다면 이때의 (3.37)의 극한값은 (3.38)이 된다. 바꾸어 말하면 $f(t, \gamma)$의 분포와 $f(t + \sigma, \gamma)$의 분포 외에는 $\sigma \to \infty$에 대해 점근적으로 독립이 된다. 더 일반적으로, 그러나 똑같은 방법으로 $f(t_1, \gamma), \cdots, f(t_n, \gamma)$와 $f(\sigma + s_1, \gamma), \cdots, f(\sigma + s_m, \gamma)$의 동시분포는 $\sigma \to \infty$에 대해 첫 번째 분포와 두 번째 분포의 곱의 분포에 가까워지는 것을 보일 수 있다. 환언하면 t의 함수 $f(t, \gamma)$의 값의 분포 전체에 의존하는 임의의 유계이고 잴 수 있는 범함수 또는 양은, 그것을 $F[f(t, \gamma)]$라는 형식으로 쓸 때

$$\lim_{\sigma \to \infty} \int_0^1 \mathcal{F}[f(t, \gamma)] \mathcal{F}[f(t + \sigma, \gamma)] \, d\gamma = \left\{ \int_0^1 \mathcal{F}[f(t, \gamma)] \, d\gamma \right\}^2 \quad (3.40)$$

라는 관계를 충족시켜야 한다. 지금 만일 $F[f(t, \gamma)]$가 t의 평균 이동에 대해 불변이고, 또한 0 아니면 1이라는 값만 취한다고 하면

$$\int_0^1 \mathcal{F}[f(t, \gamma)] \, d\gamma = \int_0^1 \left\{ \mathcal{F}[f(t, \gamma)] \, d\gamma \right\}^2 \quad (3.41)$$

따라서 이때 $f(t, \gamma)$에서 $f(t + \sigma, \gamma)$로의 변환군은 측도추이적(에르고딕)임을 알 수 있다. 따라서 만일 f의 범함수 $F[f(t, \gamma)]$가 t의 함수로서 적분가능하다면, 에르고딕 정리에 의해 어떤 측도 0인 집합에만 속하지 않은 γ의 모든 값에 대해서

$$\begin{aligned} \int_0^1 \mathcal{F}[f(t, \gamma)] \, d\gamma &= \lim_{T \to \infty} \frac{1}{T} \int_0^T \mathcal{F}[f(t, \gamma)] \, dt \\ &= \lim_{T \to \infty} \frac{1}{T} \int_{-T}^0 \mathcal{F}[f(t, \gamma)] \, dt \end{aligned} \quad (3.42)$$

를 얻는다. 즉 우리는 이와 같은 시계열의 아무 통계적 매개변수 하나, 또는 더욱 많은 셀 수 있는 개수의 통계적 매개변수를, 단 한 개 표본 시계열의 과거 역사에서 읽어낼 수 있다는 것이 거의 언제나 확실하다. 실제로 이와 같은 시계열에 대해서, 거의 모든 표본 시계열에 대해서

$$\lim_{T \to \infty} \frac{1}{T} \int_{-T}^{0} f(t, \gamma) f(t - \tau, \gamma) \, dt \tag{3.43}$$

임을 알 때, 거의 모든 경우 $\Phi(t)$를 알게 되며, 따라서 이 시계열이 통계적으로 완전히 알려진다.

이런 종류의 시계열에 의존하는 재미있는 성질을 띠는 양이 몇 가지 있다. 특히

$$\exp \left[i \int_{-\infty}^{\infty} K(t) \, d\xi(t, \gamma) \right] \tag{3.44}$$

의 평균값을 구하는 것이 흥미롭다. 이것은 형식적으로 다음과 같이 쓸 수 있다.

$$\begin{aligned}
\int_{0}^{1} d\gamma \sum_{n=0}^{\infty} \frac{i^n}{n!} & \left[\int_{-\infty}^{\infty} K(t) \, d\xi(t, \gamma) \right]^n \\
&= \sum_{m} \frac{(-1)^m}{(2m)!} \left\{ \int_{-\infty}^{\infty} [K(t)]^2 \, dt \right\}^m (2m-1)(2m-3) \cdots 5 \cdot 3 \cdot 1 \\
&= \sum_{m}^{\infty} \frac{(-1)^m}{2^m m!} \left\{ \int_{-\infty}^{\infty} [K(t)]^2 \, dt \right\}^m \\
&= \exp \left\{ -\frac{1}{2} \int_{-\infty}^{\infty} [K(t)]^2 \, dt \right\}
\end{aligned} \tag{3.45}$$

단순한 브라운 운동의 계열에서 되도록 일반적인 시계열을 만드는 문

제는 아주 흥미롭다. 그와 같은 구성에서 (3.44)와 같은 식이 이 목적에 부합하는 좋은 구성 요소building block임을 푸리에Jean-Baptiste Joseph Fourier 전개의 예가 보여준다. 이를 위해 특히

$$\int_a^b d\lambda \, \exp\left[i \int_{-\infty}^{\infty} K(t+\tau,\lambda) \, d\xi(\tau,\gamma)\right] \tag{3.46}$$

과 같은 특수한 모양을 가진 시계열을 연구하자. 식 (3.46)뿐 아니라 $\xi(t_1,\gamma)$를 알고 있다고 가정하자. 그러면 식(3.45)에서와 같이, 만일 $t_1 > t_2$라고 한다면

$$\begin{aligned}
\int_0^1 & d\gamma \, \exp\{is[(\xi(t_1,\gamma) - \xi(t_2,\gamma)]\} \\
& \times \int_a^b d\lambda \exp\left[i \int_{-\infty}^{\infty} K(t+\tau,\lambda) \, d\xi(\tau,\gamma)\right] \\
= & \int_a^b d\lambda \, \exp\left\{-\frac{1}{2}\int_{-\infty}^{\infty} [K(t+\tau,\lambda)]^2 \, dt \right. \\
& \left. -\frac{s^2}{2}(t_2 - t_1) - s\int_{t_2}^{t_1} K(t,\lambda)dt\right\}
\end{aligned} \tag{3.47}$$

을 얻는다.

지금 여기에 $\exp\left[s^2(t_2 - t_1)/2\right]$를 곱하고, $s(t_2 - t_1) = i\sigma$라 하고, $t_2 \rightarrow t_1$라고 하면

$$\int_a^b d\lambda \exp\left\{-\frac{1}{2}\int_{-\infty}^{\infty} [K(t+\tau,\lambda)]^2 \, dt - i\sigma K(t_1,\lambda)\right\} \tag{3.48}$$

를 얻을 수 있다.

$K(t_1,\lambda)$와 새로운 독립변수 μ를 λ에 대해 풀면

$$\lambda = Q(t_1, \mu) \qquad (3.49)$$

를 얻는데, 그때 (3.48)은

$$\int_{K(t_1,a)}^{K(t_1,b)} e^{i\mu\sigma} \, d\mu \frac{\partial Q(t_1,\mu)}{\partial \mu} \exp\left(-\frac{1}{2} \int_{-\infty}^{\infty} \{K[t+\tau, Q(t_1,\mu)]\}^2 \, dt\right) \quad (3.50)$$

이 된다. 이로부터 푸리에 변환에 의해

$$\frac{\partial Q(t_1,\mu)}{\partial \mu} \exp\left(-\frac{1}{2} \int_{-\infty}^{\infty} \{K[t+\tau, Q(t_1,\mu)]\}^2 \, dt\right) \quad (3.51)$$

을 $K(t_1, a)$와 $K(t_1, b)$ 사이에 있는 μ의 함수로 결정할 수 있다. 이 함수를 μ에 관하여 적분하면

$$\int_a^\lambda d\lambda \exp\left\{-\frac{1}{2} \int_{-\infty}^{\infty} \{K[t+\tau, \lambda]\}^2 \, dt\right\} \quad (3.52)$$

가 $K(t_1, \lambda)$와 t_1의 함수로 결정된다. 즉,

$$\int_a^\lambda d\lambda \exp\left\{-\frac{1}{2} \int_{-\infty}^{\infty} \{K[t+\tau, \lambda]\}^2 \, dt\right\} = F[K(t_1,\lambda), t_1] \quad (3.53)$$

이 되는 것처럼 이미 알고 있는 함수 $F(u,v)$가 존재한다. 이 식의 왼편은 t_1에 의존하지 않으므로 그것을 $G(\lambda)$라 쓰고

$$F[K(t_1,\lambda), t_1] = G(\lambda) \qquad (3.54)$$

로 둔다. 여기에서 F는 알려진 함수이고 그것을 $K(t_1, \lambda)$에 대해서 뒤집어 풀 수 있으므로

$$K(t_1, \lambda) = H[G(\lambda), t_1] \tag{3.55}$$

라고 놓을 수 있으며, 이것도 이미 알고 있는 함수이다. 따라서

$$G(\lambda) = \int_a^\lambda d\lambda \exp\left(-\frac{1}{2}\int_{-\infty}^\infty \{H[G(\lambda), t+\tau]\}^2 \, dt\right) \tag{3.56}$$

가 된다. 따라서 함수

$$\exp\left\{-\frac{1}{2}\int_{-\infty}^\infty [H(u,t)]^2 \, dt\right\} = R(u) \tag{3.57}$$

은 알고 있는 함수가 될 것이며, 또

$$\frac{dG}{d\lambda} = R(G) \tag{3.58}$$

즉,

$$\frac{dG}{R(G)} = d\lambda \tag{3.59}$$

또는,

$$\lambda = \int \frac{dG}{R(G)} + 상수 = S(G) + 상수 \qquad (3.60)$$

이 된다. 이 상수는

$$G(a) = 0 \qquad (3.61)$$

또는

$$a = S(0) + 상수 \qquad (3.62)$$

로 주어진다. 쉽게 알 수 있듯이 만일 a가 유한하다면, 거기에 어떤 값을 할당해도 상관없다. λ의 모든 값에 일정한 상수를 더해도 이상의 계산에 변함이 없기 때문이다. 따라서 (3.62)에 있는 상수를 0으로 놓을 수 있다. 따라서 λ를 G의 함수로서 결정한 것이 되고, 그리고 또 G를 의 함수로서 결정한 것이 된다. 여기서 (3.46)을 결정하는 데는 b를 알기만 하면 된다. 그러나 이것은

$$\int_a^b d\lambda \exp\left\{-\frac{1}{2}\int_{-\infty}^{\infty} [K(t,\lambda)]^2 \, dt\right\} \qquad (3.63)$$

와

$$\int_0^1 d\gamma \int_a^b d\lambda \exp\left[i\int_{-\infty}^{\infty} K(t,\lambda) \, d\xi(t,\gamma)\right] \qquad (3.64)$$

를 비교해야 결정된다. 이들이 같기 때문이다. 따라서 만일 시계열이 (3.46)의 형식으로 서술되고 $\xi(t,\gamma)$도 이미 알고 있다면, 여기서는 정확하

게 말하지 않을 어떤 조건하에서 (3.46)의 함수 $K(t, \lambda)$와 수 a와 b를 결정할 수 있다. 다만, a, λ, b에 더하는 상수는 정할 수 없다. $b = +\infty$라 하더라도 특별한 어려움은 생기지 않는다. 또 $a = -\infty$의 경우에 대해서 이상의 논의를 확장하는 데도 어려움은 없다. 물론 이상에서 함수의 반전in-version 문제를 다룰 때 반전의 결과가 하나의 값으로 정해지지 않는 경우나, 사용된 전개식이 성립되기 위한 일반 조건을 논의하려면 상당한 추가 연구가 필요할 것이다. 그럼에도 우리는 시계열의 어떤 커다란 부류를 표준형으로 귀착시키는 문제의 해결에 적어도 최초의 일보를 내디뎠으며, 이것은 이 장의 도입부에서 개설한 예측의 이론과 정보 측정의 이론을 구체적으로 응용하는 데 가장 중요하다.

그러나 아직 시계열 이론에 대한 이 같은 접근법에는 반드시 제거해야 하는 한계가 있다. 알고 있는 $\xi(t, \gamma)$에 의해서 (3.46)의 꼴로 전개되는 시계열을 생각하는 것에서 생기는 한계다. 따라서 문제는 다음과 같다. 즉 여하한 조건에서 알고 있는 통계적 매개변수를 가진 시계열을 브라운 운동에 의해 결정할 수 있는가? 또는 적어도 브라운 운동에 의해 결정되는 시계열이 어떤 의미에서 극한으로 나타날 수 있는 것은 여하한 조건에서인가? 측도추이성 및 더욱 강한 다음 성질을 가진 시계열에 한정해서 생각해 보자. 그 성질이란 각각 일정한 길이를 가지고 서로 시간적으로 멀리 떨어져 있는 여러 구간을 취한다면, 그 시계열의 임의 범함수의 이들 구간에 대한 분포가 이들의 구간이 서로 떨어짐에 따라 독립된 분포에 근접한다는 것이다.[97] 여기에서 전개되는 이론에 대해서 필자는 이미 그 개략을 말한 적이 있다.

만일 $K(t)$가 충분히 연속적인 함수라고 한다면 카츠Mark Kac의 정리에 의해

$$\int_{-\infty}^{\infty} K(t + \tau) \, d\xi(\tau, \gamma) \tag{3.65}$$

의 영점들은 거의 항상 확정된 밀도를 가지며, 이 밀도는 K를 적당히 선

택하여 얼마든지 크게 할 수 있다. 이 밀도가 D가 되도록 KD를 선택했다고 하자. 이때, $-\infty$에서 ∞까지의 $\int_{-\infty}^{\infty} K_D(t+\tau)d\xi(\tau,y)$의 영점의 열을 $Z_n(D,\gamma)$ $(-\infty < n < \infty)$로 표시하자. 물론 이들 영점에 번호를 매길 때 번호 n은 더해지는 일정한 정수를 제외하고 결정된다.

$T(t,\mu)$를 연속변수 t의 시계열이라 하고, μ는 이 시계열의 분포의 매개변수이며 $(0,1)$의 범위에서 고르게 분포한다고 하자. 이때 t를 넘지 않는 최대의 Z_n를 취하여

$$T_D(t,\mu,\gamma) = T[t - Z_n(D,\gamma),\mu] \tag{3.66}$$

로 해두자. 그러면 t의 값, $t_1, t_2, \cdots, t_n$의 임의의 유한집합에 대해서, $T_D(t_\kappa, \mu, \gamma)$ $(\kappa = 1, 2, \cdots, \mu)$의 동시분포는 거의 모든 μ의 값에 대해서, $D \to \infty$가 됨에 따라 같은 t_κ에 대하여 $T(t_\kappa, \mu)$ $(\kappa = 1, 2, \cdots, \mu)$의 동시분포에 접근함이 증명된다. 그런데 $T_D(t_\kappa, \mu, \gamma)$는 t, μ, D 및 $\xi(t, \gamma)$에 의해서 완전히 결정된다. 따라서 주어진 D, μ에 대한 $T_D(t, \mu, \gamma)$를 직접 (3.46)의 꼴로 나타내든가, 또는 무슨 방법으로든 이 꼴의 분포의 극한(위에서 말한 느슨한 의미에서)의 분포를 가진 시계열로 나타내 보려고 시도하는 것이 부적당하지는 않을 것이다.

이런 것들은 우리가 이미 다 연구한 것이 아니며, 오히려 장차 완성해야 할 기획이다. 그러나 필자의 생각으로 이것은 비선형 예측, 비선형 파동 여과, 비선형 상황에서 정보 전송의 평가, 고밀도 기체나 난류 이론 등에 관련된 많은 문제를 합리적으로 모순 없이 취급하는 데 가장 유망하리라고 생각되는 연구 기획이다. 이 문제들 속에 아마도 커뮤니케이션공학의 가장 절박한 문제도 포함되어 있을 것이다.

그럼 (3.34) 꼴 시계열의 예측 문제를 논해보자. 이 시계열의 통계적 매개변수로서 유일하게 독립된 것은 (3.35)에 의해 주어진 것과 같은 $\Phi(t)$이다. 즉 $K(t)$에 관해 중요한 양은

$$\int_{-\infty}^{\infty} K(s)K(s+t) \ ds \qquad (3.67)$$

뿐이다. 여기서 물론 K는 실수다. 이제 푸리에 변환을 이용해

$$K(s) = \int_{-\infty}^{\infty} k(\omega)e^{i\omega s} \ d\omega \qquad (3.68)$$

라고 놓자. $K(s)$를 알면 $k(\omega)$를 알고, 역으로 $k(\omega)$를 알면 $K(s)$를 안다. 이때

$$\frac{1}{2\pi}\int_{-\infty}^{\infty} K(s)K(s+\tau) \ ds = \int_{-\infty}^{\infty} k(\omega)k(-\omega)e^{i\omega\tau} \ d\omega \qquad (3.69)$$

라는 관계가 있다.

따라서 $\Phi(\tau)$를 아는 것은, $k(\omega)k(-\omega)$를 아는 것과 같은 이치다. 그러나 $K(s)$는 실수이므로

$$K(s) = \int_{-\infty}^{\infty} \overline{k(\omega)}e^{-i\omega s} \ d\omega \qquad (3.70)$$

을 얻는데, 이로부터 $k(\omega) = k(-\omega)$를 얻는다. 따라서 $|k(\omega)|^2$이 알고 있는 함수가 되는데, 이것은 $\log|k(\omega)|$의 실수부분이 알고 있는 함수라는 것을 의미한다.

만일 R이 실수부분을 나타내는 것이라 하고

$$F(\omega) = \mathcal{R}\{\log[k(\omega)]\} \qquad (3.71)$$

라고 쓰면, $K(s)$를 결정하는 것은 $\log k(\omega)$의 허수부분을 결정하는 것과 동등하다. 이 문제는 $k(\omega)$에 어떤 제한을 가하지 않으면 풀리지 않는다. 우리는 $\log k(s)$가 복소수 s의 해석함수이고, 상반평면에서 ω의 증가율이 충분히 작다는 조건을 붙여 생각하자. 이 조건을 덧붙이기 위해서 $k(\omega)$와 $[k(\omega)]^{-1}$은 실수축상에서 대수적으로 증가한다고 가정할 것이다. 즉 ω의 어떤 거듭제곱과 같은 정도의 비율로 증대한다고 가정한다. 그러면 $[F(\omega)]^2$은 짝함수로 기껏해야 로그함수처럼 무한대가 될 것이며,

$$ G(\omega) = \frac{1}{\pi} \int_{-\infty}^{\infty} \frac{F(u)}{u - \omega} \, du \tag{3.72} $$

의 코시Augustin-Louis Cauchy 주요값이 존재할 것이다. 식 (3.72)에서 표시한 변환은 힐베르트 변환으로 알려져 있으며, $\cos \lambda \omega$를 $\sin \lambda \omega$로, $\sin \lambda \omega$를 $-\cos \lambda \omega$로 대응시킨다. 따라서 $F(\omega) + iG(\omega)$는

$$ \int_{0}^{\infty} e^{i\lambda \omega} \, d[M(\lambda)] \tag{3.73} $$

와 같은 꼴의 함수이고, 이에 대응하는 $\log |k(\omega)|$는 하반평면에서 필요로 하는 조건을 만족시킨다. 여기서

$$ k(\omega) = \exp[F(\omega) + iG(\omega)] \tag{3.74} $$

라고 두면, 이 $k(\omega)$는 매우 일반적인 조건하에서 식(3.68)에서 정의한 것 같은 $K(s)$가 모든 음의 변숫값에 대해서 0이 된다는 점을 보일 수 있다. 따라서

$$f(t, \gamma) = \int_{-t}^{\infty} K(t + \tau) \, d\xi(\tau, \gamma) \tag{3.75}$$

가 된다. 한편, N_n을 적당히 선택하면 $1/k(\omega)$는,

$$\lim_{n \to \infty} \int_0^{\infty} e^{i\lambda\omega} \, dN_n(\lambda) \tag{3.76}$$

라는 꼴로 쓸 수 있다. 이는 다시

$$\xi(\tau, \gamma) = \lim_{n \to \infty} \int_0^{\tau} dt \int_{-t}^{\infty} Q_n(t + \sigma) f(\sigma, \gamma) d\sigma \tag{3.77}$$

의 꼴로 쓸 수 있다. 여기에서 Q_n은

$$f(t, \gamma) = \lim_{n \to \infty} \int_{-t}^{\infty} K(t + \tau) \, d\tau \int_{-\tau}^{\infty} Q_n(t + \sigma) f(\sigma, \gamma) d\sigma \tag{3.78}$$

이라는 형식적 성질을 가져야 한다. 일반적으로

$$\psi(t) = \lim_{n \to \infty} \int_{-t}^{\infty} K(t + \tau) \, d\tau \int_{-\tau}^{\infty} Q_n(t + \sigma) \psi(\sigma) d\sigma \tag{3.79}$$

를 얻을 수 있다. 즉 만일 (3.63)과 같이

$$K(s) = \int_{-\infty}^{\infty} k(\omega) s^{i\omega s} d\omega$$

$$Q_n(s) = \int_{-\infty}^{\infty} q_n(\omega)s^{i\omega s}d\omega \qquad (3.80)$$

$$\psi(s) = \int_{-\infty}^{\infty} \Psi(\omega)s^{i\omega s}d\omega$$

라 쓴다면 (3.79)의 푸리에 변환을 써서

$$\Psi(\omega) = \lim_{n\to\infty} (2\pi)^{3/2}\Psi(\omega)q_n(-\omega)k(\omega) \qquad (3.81)$$

를 얻는다. 따라서

$$\lim_{n\to\infty} q_n(-\omega) = \frac{1}{(2\pi)^{3/2}k(\omega)} \qquad (3.82)$$

를 얻는다. 이 결과는 예측의 연산자를 시간이 아니라 진동수에 관한 꼴로 구하려고 할 때 쓸모 있다는 것을 알 수 있다.

따라서 $\xi(t, \gamma)$ 또는 더 정확하게 말하면 '미분' $d\xi(t, \gamma)$의 과거와 현재가 $f(t, \gamma)$의 과거와 현재를 결정하며, 그 역도 성립한다.

이제 $A > 0$라고 하면

$$\begin{aligned}
f(t+A, \gamma) &= \int_{-t-A}^{\infty} K(t+A+\tau)d\xi(\tau, \gamma) \\
&= \int_{-t-A}^{-t} K(t+A+\tau)d\xi(\tau, \gamma) \qquad (3.83) \\
&\quad + \int_{-t}^{\infty} K(t+A+\tau)d\xi(\tau, \gamma)
\end{aligned}$$

이 된다. 여기에 마지막 표현의 첫째 항은 $d\xi(t, \gamma)$가 갖는 값의 집합에 따라 달라진다. $\sigma \le t$에 대한 $f(\sigma, \gamma)$를 알더라도 이 값의 집합에 대해서는

사이버네틱스: 동물과 기계의 제어와 커뮤니케이션

알 수 없다. 이 첫째 항은 둘째 항과는 독립이다. 그 평균제곱값은

$$\int_{-t-A}^{t} [K(t + A + \tau)]^2 d\tau = \int_{0}^{A} [K(\tau)]^2 d\tau \qquad (3.84)$$

가 되는데 이것은 통계적으로 알 수 있는 모든 것을 가르쳐준다. 즉 (3.83)의 우변 제1항은 (3.84)를 그 평균제곱값으로 하는 가우스 분포를 갖는다. (3.84)가 $f(t + A, \gamma)$의 가능한 가장 좋은 예측의 오차다.

가장 좋은 예측 그 자체는 (3.83)의 우변 마지막 항

$$\int_{-t}^{\infty} K(t + A + \tau) d\xi(\tau, \gamma)$$
$$= \lim_{n \to \infty} \int_{-t}^{\infty} K(t + A + \tau) d\tau \int_{-\tau}^{\infty} Q_n(\tau + \sigma) f(\sigma, \gamma) d\sigma \qquad (3.85)$$

이다. 여기서

$$k_A(\omega) = \frac{1}{2\pi} \int_{0}^{\infty} K((t + A) e^{-i\omega t} \ dt \qquad (3.86)$$

로 두고 식(3.85)의 연산자를 $e^{i\omega t}$에 작용시키면

$$\lim_{n \to \infty} \int_{-t}^{\infty} K(t + A + \tau) d\tau \int_{-\tau}^{\infty} Q_n(\tau + \sigma) e^{-i\omega\sigma} d\sigma = A(\omega) e^{i\omega t} \quad (3.87)$$

를 얻는다. 식(3.81)에서 마찬가지로 하면

$$
\begin{aligned}
A(\omega) &= \lim_{n \to \infty} (2\pi)^{3/2} q_n(-\omega) k_A(\omega) \\
&= k_A(\omega)/k(\omega) \qquad\qquad\qquad (3.88) \\
&= \frac{1}{2\pi k(\omega)} \int_A^\infty e^{-i\omega(t-A)} dt \int_{-\infty}^\infty k(u) e^{iut} du
\end{aligned}
$$

을 얻는다. 이것은 가장 좋은 예측의 연산자를 진동수의 꼴로 나타낸 것이다.

(3.34)과 같은 시계열의 경우 파동 여과의 문제는 예측의 문제와 밀접한 관계가 있다. 메시지와 잡음의 합을

$$
m(t) + n(t) = \int_0^\infty K(\tau) d\xi(t-\tau, \gamma) \qquad (3.89)
$$

의 꼴로 만들고, 메시지를

$$
m(t) = \int_{-\infty}^\infty Q(\tau)\, d\xi(t-\tau, \gamma) + \int_{-\infty}^\infty R(\tau)\, d\xi(t-\tau, \delta) (3.90)
$$

의 꼴로 나타내자. 단 γ와 δ는 $(0, 1)$ 위에 독립하여 분포하고 있다. 그러면 $m(t+a)$의 예측 가능한 부분은 분명히

$$
\int_0^\infty Q(\tau+a)\, d\xi(t-\tau, \gamma) \qquad (3.901)
$$

이며, 예측의 평균제곱오차는

$$
\int_{-\infty}^a [Q(\tau)]^2 d\tau + \int_{-\infty}^\infty [R(\tau)]^2 d\tau \qquad (3.902)
$$

이다. 또한 다음과 같은 양들을 알고 있다고 하자.

$$
\begin{aligned}
\phi_{22}(t) &= \int_0^1 d\gamma \int_0^1 d\delta \; n(t+\tau)n(\tau) \\
&= \int_{-\infty}^{\infty} [K(|t|+\tau) - Q(|t|+\tau)][K(\tau) - Q(\tau)] \, d\tau \\
&= \int_0^{\infty} [K(|t|+\tau) - Q(|t|+\tau)][K(\tau) - Q(\tau)] \, d\tau \\
&\quad + \int_{-|t|}^0 [K(|t|+\tau) - Q(|t|+\tau)][-Q(\tau)] \, d\tau \\
&\quad + \int_{-\infty}^{-|t|} Q(|t|+\tau)Q(\tau) \, d\tau + \int_{-\infty}^{\infty} R(|t|+\tau)R(\tau) \, d\tau \\
&= \int_0^{\infty} K(|t|+\tau)K(\tau)d\tau - \int_{-|t|}^{\infty} K(|t|+\tau)Q(\tau) \, d\tau \\
&\quad + \int_{-\infty}^{\infty} Q(|t|+\tau)Q(\tau) \, d\tau + \int_{-\infty}^{\infty} R(|t|+\tau)R(\tau) \, d\tau
\end{aligned}
\tag{3.903}
$$

$$
\begin{aligned}
\phi_{11}(t) &= \int_0^1 d\gamma \int_0^1 d\delta \; m(t+\tau)m(\tau) \\
&= \int_{-\infty}^{\infty} Q(|t|+\tau)Q(\tau) \, d\tau + \int_{-\infty}^{\infty} R(|t|+\tau)R(\tau) \, d\tau
\end{aligned}
\tag{3.904}
$$

$$
\begin{aligned}
&\phi_{12}(t) \\
&= \int_0^1 d\gamma \int_0^1 d\delta \; m(t+\tau)n(\tau) \\
&= \int_0^1 d\gamma \int_0^1 d\delta \; m(t+\tau)[m(\tau)+n(\tau)] - \phi_{11}(\tau) \\
&= \int_0^1 d\gamma \int_{-t}^{\infty} K(\sigma+\tau) \, d\xi(\tau-\sigma,\gamma) \int_{-t}^{\infty} Q(\tau) \, d\xi(\tau-\sigma,\gamma) - \phi_{11}(\tau) \\
&= \int_{-t}^{\infty} K(t+\tau)Q(\tau)d\tau - \phi_{11}(\tau)
\end{aligned}
\tag{3.905}
$$

위 세 양의 푸리에 변환은 각각 다음과 같다.

$$\left.\begin{array}{l}\Phi_{22}(\omega) = |k(\omega)|^2 + |q(\omega)|^2 - q(\omega)\overline{k(\omega)} - k(\omega)\overline{q(\omega)} + |r(\omega)|^2 \\ \Phi_{11}(\omega) = |q(\omega)|^2 + |r(\omega)|^2 \\ \Phi_{12}(\omega) = k(\omega)\overline{q(\omega)} - |q(\omega)|^2 - |r(\omega)|^2\end{array}\right\} \quad (3.906)$$

여기에서

$$\left.\begin{array}{l}k(\omega) = \frac{1}{2\pi}\int_0^\infty K(s)e^{-i\omega s}\,ds \\ q(\omega) = \frac{1}{2\pi}\int_{-\infty}^\infty \overline{Q(s)}e^{-i\omega s}\,ds \\ r(\omega) = \frac{1}{2\pi}\int_{-\infty}^\infty R(s)e^{-i\omega s}\,ds\end{array}\right\} \quad (3.907)$$

이다. 즉,

$$\Phi_{11}(\omega) + \Phi_{12}(\omega) + \overline{\Phi_{12}(\omega)} + \overline{\Phi_{22}(\omega)} = |k(\omega)|^2 \quad (3.908)$$

및

$$q(\omega)\overline{k(\omega)} = \Phi_{11}(\omega) + \Phi_{21}(\omega) \quad (3.909)$$

를 얻는다. 대칭성에 따라 $\Phi_{21}(\omega) = \overline{\Phi_{12}(\omega)}$이다. 우리가 앞서 식(3.74)에 바탕을 두고 $k(\omega)$를 정의한 것처럼 이번에도 식 (3.908)에서 $k(\omega)$를 결정할 수 있다. 여기에서 $\Phi_{11}(t) + \Phi_{12}(t) + 2\mathcal{R}[\Phi_{12}(t)]$를 $\Phi(t)$라고 놓는다. 그러면

$$q(\omega) = \frac{\Phi_{11}(\omega) + \Phi_{21}(\omega)}{\overline{k(\omega)}} \quad (3.910)$$

을 얻을 수 있고, 따라서

사이버네틱스: 동물과 기계의 제어와 커뮤니케이션

$$Q(t) = \int_{-\infty}^{\infty} \frac{\Phi_{11}(\omega) + \Phi_{21}(\omega)}{k(\omega)} e^{i\omega t} \, d\omega \qquad (3.911)$$

이 된다. 따라서 $m(t)$의 평균제곱오차가 최소로 되는 가장 좋은 예측은

$$\int_{0}^{\infty} d\xi(t - \tau, \gamma) \int_{-\infty}^{\infty} \frac{\Phi_{11}(\omega) + \Phi_{21}(\omega)}{k(\omega)} e^{i\omega(t+a)} \, d\omega \quad (3.912)$$

로 주어진다. 이것과 식 (3.89)를 결합하고, 또 식 (3.88)을 구할 때와 마찬가지로 하면 $m(t) + n(t)$의 "가장 좋은" 예측의 표현을 얻을 수 있는 $m(t) + n(t)$에 대한 연산자는 진동수의 척도로 표현할 때

$$\frac{1}{2\pi k(\omega)} \int_{a}^{\infty} e^{-i\omega(t-a)} \, dt \int_{-\infty}^{\infty} \frac{\Phi_{11}(u) + \Phi_{21}(u)}{k(u)} e^{iut} \, du \quad (3.913)$$

가 된다는 것을 알 수 있다.

이 연산자는 전기공학자에게는 파동 여과기로 알려져 있는 특성을 가진 연산자다. a라는 양은 파동 여과기의 지연lag인데, 양수이든 음수이든 상관없다. 이것이 음일 때는 $-a$는 진전lead이라는 것을 알 수 있다. (3.913)에 대응하는 장치는 항상 원하는 정확도로 구성할 수 있다. 그 상세한 구성법은 전기공학 전문가를 위한 것으로서, 이 책의 독자에게는 필요 없을 것이다. 상세히 알고자 하는 사람은 다른 문헌을 보면 된다.[98]

파동 여과기의 평균제곱오차 식 (3.902)는 무한 지연에 대한 파동 여과의 평균제곱오차

$$\int_{-\infty}^{\infty} [R(\tau)]^2 \, d\tau = \Phi_{11}(0) - \int_{-\infty}^{\infty} [Q(\tau)]^2 \, d\tau$$

$$= \frac{1}{2\pi} \int_{-\infty}^{\infty} \Phi_{11}(\omega) d\omega - \frac{1}{2\pi} \int_{-\infty}^{\infty} \left| \frac{\Phi_{11}(\omega) + \Phi_{21}(\omega)}{k(\omega)} \right|^2 \, d\omega$$

$$= \frac{1}{2\pi} \int_{-\infty}^{\infty} \left[\Phi_{11}(\omega) - \frac{|\Phi_{11}(\omega) + \Phi_{21}(\omega)|^2}{\Phi_{11}(\omega) + \Phi_{12}(\omega) + \Phi_{21}(\omega) + \Phi_{22}(\omega)} \right] d\omega$$

$$= \frac{1}{2\pi} \int_{-\infty}^{\infty} \frac{\begin{vmatrix} \Phi_{11}(\omega) & \Phi_{12}(\omega) \\ \Phi_{21}(\omega) & \Phi_{22}(\omega) \end{vmatrix}}{\Phi_{11}(\omega) + \Phi_{12}(\omega) + \Phi_{21}(\omega) + \Phi_{22}(\omega)} d\omega \qquad (3.914)$$

와 지연에만 의존하는 부분

$$\int_{-\infty}^{a} [Q(t)]^2 dt = \int_{-\infty}^{a} dt \left| \int_{-\infty}^{\infty} \frac{\Phi_{11}(\omega) + \Phi_{21}(\omega)}{\overline{k(\omega)}} e^{i\omega t} d\omega \right|^2 \qquad (3.915)$$

의 합으로 나타난다. 파동 여과기의 평균제곱오차는 지연 a 의 단조감소함수라는 것을 알 수 있다.

브라운 운동에서 이끌어낸 메시지와 잡음에 관련하여 흥미 있는 또하나의 문제는 정보의 전송 속도에 관한 것이다. 단순화를 위해 메시지와 잡음이 상관없을 경우,

즉

$$\Phi_{12}(\omega) \equiv \Phi_{21}(\omega) \equiv 0 \qquad (3.916)$$

일 때를 생각하자. 이 경우

$$\left. \begin{aligned} m(t) &= \int_{-\infty}^{\infty} M(\tau) \, d\xi(t - \tau, \gamma) \\ n(t) &= \int_{-\infty}^{\infty} N(\tau) \, d\xi(t - \tau, \delta) \end{aligned} \right\} \qquad (3.917)$$

을 고찰하자. 단, γ 와 δ 는 독립 분포라 하자. 구간 $(-A, A)$ 상에서 $m(t) + n(t)$ 를 알고 있다고 가정했을 때, 우리는 $m(t)$ 에 관해 얼마만큼의 정보를

가지고 있는 것일까? 이것은 γ와 δ가 독립된 분포를 하고 있을 때는

$$\int_{-A}^{A} M(\tau) \, d\xi(t - \tau, \gamma) \qquad (3.918)$$

의 모든 t에 대한 값을 알고 있다고 할 때

$$\int_{-A}^{A} M(\tau) \, d\xi(t - \tau, \gamma) + \int_{-A}^{A} N(\tau) \, d\xi(t - \tau, \delta) \quad (3.919)$$

에 관한 정보량과 별로 다르지 않으리라고 발견적으로 예상된다는 점에 주목하자. 그러나 (3.919)의 n번째 푸리에 계수는 다른 어느 푸리에 계수와도 독립된 가우스 분포가 되고, 또 그 제곱의 평균값은

$$\left| \int_{-A}^{A} M(\tau) \exp\left(i\frac{\pi n \tau}{A} \right) \, d\tau \right|^2 \qquad (3.920)$$

에 비례함을 보일 수 있다. 따라서 (3.09)에 의해서 M에 관해 얻을 수 있는 정보량의 전체는

$$\sum_{n=-\infty}^{\infty} \frac{1}{2} \log_2 \frac{\left| \int_{-A}^{A} M(\tau) \exp\left(i\frac{\pi n \tau}{A} \right) \, d\tau \right|^2 + \left| \int_{-A}^{A} N(\tau) \exp\left(i\frac{\pi n \tau}{A} \right) \, d\tau \right|^2}{\left| \int_{-A}^{A} N(\tau) \exp\left(i\frac{\pi n \tau}{A} \right) \, d\tau \right|^2} \qquad (3.921)$$

이고, 에너지 커뮤니케이션의 시간 밀도는 이 양을 $2A$로 나눈 것이다.

이제 $A \to \infty$라면 (3.921)은

$$\frac{1}{2\pi} \int_{-\infty}^{\infty} du \log_2 \frac{\left| \int_{-\infty}^{\infty} M(\tau) \exp iu\tau \ d\tau \right|^2 + \left| \int_{-\infty}^{\infty} N(\tau) \exp iu\tau \ d\tau \right|^2}{\left| \int_{-\infty}^{\infty} N(\tau) \exp iu\tau \ d\tau \right|^2} \tag{3.922}$$

에 가까워진다. 이것은 이 경우의 정보 전송량으로서 필자와 섀넌이 일찍이 얻었던 바로 그 결과이다. 앞으로 보게 될 것처럼, 이것은 정보 전송에 사용되는 진동수 대역폭뿐 아니라 잡음 수준에도 의존한다. 개개인의 청력량과 청력 손실량을 측정하는 데 사용하는 청력도audiogram와도 밀접한 관계가 있다. 청력도에서는 가로축이 진동수를 의미하며 세로좌표의 하방 한계 곡선은 최소 가청값의 로그―이를 수신 계 내부 잡음의 세기 로그라고 부를 수 있다―를 나타내고, 또 상방 한계 곡선은 계가 취급할 수 있는 최대 정보 세기의 로그를 나타낸다. 이들 두 곡선 사이에 있는 면적은 (3.922)의 차원을 가진 양으로 귀가 취급할 수 있는 정보 전송량의 측도라고 생각할 수 있다.

　브라운 운동에 선형적으로 의존하는 메시지의 이론은 여러 중요한 방식으로 변형할 수 있다. 중요한 식은 (3.88), (3.914), (3.922)이지만, 식과 함께 물론 식을 해석하는 데 필요한 정의도 필요하다. 몇 가지 변형 이론을 살펴보자. 첫째, 메시지와 잡음이 브라운 운동에 대한 선형 공진기의 응답을 나타내는 경우 앞의 이론으로 예측기 및 파동 여과기의 가장 좋은 설계를 할 수 있다. 훨씬 일반적인 경우 이는 예측기와 파동 여과기가 취할 수 있는 하나의 설계다. 절대적으로 최적이라고 할 수 있는 설계는 아니지만, 선형 조작을 하는 장치를 사용하도록 설계하는 한, 예측과 파동 여과의 평균제곱오차를 최소화하는 설계다. 그렇다 하더라도 일반적으로는 선형 장치보다 훨씬 좋은 동작을 하는 비선형 장치를 생각할 수 있을 것이다.

　다음으로 앞서 언급한 시계열은 하나의 변량이 시간에 관계하는 단순 시계열이었다. 이와 같은 여러 변량이 동시에 관계하는 것이 다중 시계열인데 이것이야말로 경제학, 기상학 등에 매우 중요하다. 날마다 만들어지는 미합중국의 완전한 기상도는 이와 같은 시계열을 이루고 있다. 이 경우,

다수의 함수를 동시에 진동수를 포함한 항으로 전개해야 한다. 또 (3.35)나 (3.70)에 이어 논의한 $|k(\omega)|^2$ 등의 제곱으로 된 양은 짝이 되는 수량을 늘어놓은 **행렬**로 대치해야 한다. 복소평면 내에서 몇몇 부속 조건을 만족하도록 $k(\omega)$를 $|k(\omega)|^2$로 나타내는 문제는 훨씬 더 어려워진다. 행렬의 곱셈에서는 교환법칙이 성립하지 않기 때문이다. 그러나 이 다차원 이론에 포함되는 문제는 적어도 부분적으로는 크레인Mark Krein과 필자가 풀었다.

다차원 이론은 위에서 말한 일차원 이론을 복잡화한 것이다. 그러나 이 일차원 이론과 밀접한 관련이 있으면서 이것을 단순화한 이론이 있는데, 바로 이산 시계열에 대한 예측, 파동 여과, 정보량 등의 이론이다. 이산 시계열은 매개변수 α의 함수 $f_n(\alpha)$의 계열로 n은 $-\infty$에서 ∞까지의 모든 정숫값을 취한다. 양 α는 앞에서와 똑같은 분포의 매개변수이고, $(0, 1)$ 위를 일정하게 움직인다고 생각해도 된다. n 대신 $n + v$ (v는 정수)로 바꾸어도 통계가 불변일 때 이 시계열은 **통계적 평형**에 있다고 한다.

이산 시계열의 이론은 여러 가지 점에서 연속 시계열의 이론보다도 간단하다. 예컨대 이산 시계열은 훨씬 쉽게 서로 독립인 선택의 열에 의존하도록 할 수 있다. 각 항은, 혼합성의 경우, 그것 이전의 항들을 결합한 것과, 이전의 항 전부와 독립적으로 구간 $(0, 1)$에 고르게 분포한 한 양의 결합으로 나타난다. 이 독립 인자의 열은 연속적인 경우에 중요했던 브라운 운동을 대신하는 역할을 한다. $f_n(\alpha)$가 통계적 평형에 있는 시계열이고, 또한 측도추이적이라고 하면, 그 자기상관 계수는 에르고딕 이론에 따라서

$$\phi_m = \int_0^1 f_m(\alpha) f_0(\alpha) \, d\alpha \qquad (3.923)$$

이 되고, 또 거의 모든 α에 대해서.이

$$\lim_{N \to \infty} \frac{1}{N+1} \sum_0^N f_{k+m}(\alpha) f_k(\alpha)$$

$$\lim_{N \to \infty} \frac{1}{N+1} \sum_{0}^{N} f_{-k+m}(\alpha) f_{-k}(\alpha) \qquad (3.924)$$

을 얻는다. 거기서

$$\phi_n = \frac{1}{2\pi} \int_{-\pi}^{\pi} \Phi(\omega) e^{in\omega} \, d\omega \qquad (3.925)$$

또는

$$\Phi(\omega) = \sum_{-\infty}^{\infty} \phi_n e^{-in\omega} \qquad (3.926)$$

로 두고, 또

$$\frac{1}{2} \log \Phi(\omega) = \sum_{-\infty}^{\infty} p_n \cos n\omega \qquad (3.927)$$

및

$$G(\omega) = \frac{p_0}{2} + \sum_{1}^{\infty} p_n e^{in\omega} \qquad (3.928)$$

로 두자. 거기서

$$e^{G(\omega)} = k(\omega) \qquad (3.929)$$

로 두면, 꽤 일반적인 조건하에 $k(\omega)$는 단위원 내부의 영점이나 특이점을 갖지 않는 함수의 단위 원주상의 경곗값이 된다. 여기에서 ω는 단위 원주상의 점을 나타내는 편각이다.

또한,

$$|k(\omega)|^2 = \Phi(\omega) \tag{3.930}$$

을 얻을 수 있다. 나아가 v를 가진 $f_n(\alpha)$의 가장 좋은 선형 예측을

$$\sum_0^\infty f_{n-v}(\alpha)W_v \tag{3.931}$$

로 두면,

$$\sum_0^\infty W_v e^{i\mu\omega} = \frac{1}{2\pi k(\omega)} \sum_{\mu=v}^\infty e^{i\omega(\mu-v)} \int_{-\pi}^\pi k(u)e^{-i\mu u} du \tag{3.932}$$

을 얻는다. 이것은 (3.88)에 대응하는 것이다.

$$k_\mu = \frac{1}{2\pi} \int_{-\pi}^\pi k(u)e^{-i\mu u} \, du \tag{3.933}$$

로 두면,

$$\sum_0^\infty W_\mu e^{i\mu\omega} = e^{-iv\omega} \frac{\sum_v^\infty k_\mu e^{i\mu\omega}}{\sum_0^\infty k_\mu e^{i\mu\omega}}$$

$$= e^{-iv\omega}\left(1 - \frac{\sum\limits_{0}^{v-1} k_\mu e^{i\mu\omega}}{\sum\limits_{0}^{\infty} k_\mu e^{i\mu\omega}}\right) \tag{3.934}$$

를 얻을 수 있음에 주목하자. 위의 $k(\omega)$를 만드는 방법에서 밝혀진 바와 같이 매우 일반적인 경우에

$$\frac{1}{k(\omega)} = \sum\limits_{0}^{\infty} q_\mu e^{i\mu\omega} \tag{3.935}$$

로 둘 수 있다.

그러면 (3.934)는

$$\sum\limits_{0}^{\infty} W_\mu e^{i\mu\omega} = e^{-iv\omega}\left(1 - \sum\limits_{0}^{v-1} k_\mu e^{i\mu\omega} \sum\limits_{0}^{\infty} q_\lambda e^{i\lambda\omega}\right) \tag{3.936}$$

이 되고, 특히 만일 $v = 1$이라면

$$\sum\limits_{0}^{\infty} W_\mu e^{i\mu\omega} = e^{-i\omega}\left(1 - k_0 \sum\limits_{0}^{\infty} q_\lambda e^{i\lambda\omega}\right) \tag{3.937}$$

또는

$$W_\mu = -q_{\lambda+1} k_0 \tag{3.938}$$

로 된다. 따라서 일단 앞의 예측에 대한 $f_{n+1}(\alpha)$의 가장 좋은 값은

사이버네틱스: 동물과 기계의 제어와 커뮤니케이션

$$-k_0 \sum_0^\infty q_{\lambda+1} f_{n-\lambda}(\alpha) \qquad (3.939)$$

가 된다. 그리하여 한 단계씩 따라가며 예측을 반복한다면 이산 시계열에 대한 선형 예측 문제 전체를 풀 수 있다. 연속적인 경우와 같이 만일

$$f_n(\alpha) = \int_{-\infty}^\infty K(n-\tau) \, d\xi(\tau, \alpha) \qquad (3.940)$$

이라면 이것은 모든 방법 중 가장 좋은 예측일 것이다.

파동 여과 문제를 연속적인 경우에서 이산적인 경우로 가져가려면 앞과 똑같은 논의를 전개하면 된다. 가장 좋은 파동 여과기의 진동수 특성을 나타내는 식 (3.913)은

$$\frac{1}{2\pi k(\omega)} \sum_{v=a}^\infty e^{-i\omega(v-a)} \int_{-\pi}^\pi \frac{[\Phi_{11}(u) + \Phi_{21}(u)]e^{iuv} \, du}{k(u)} \qquad (3.941)$$

의 모양이 된다. 이 식은 ω 또는 u에 관한 적분이 되며, $-\infty$에서 ∞까지가 아니라 $-\pi$에서 π까지가 되고, v에 관한 합이 어느 것이나 t에 관한 적분으로 바뀌어 이산적 총합이 되었다는 것을 제외하면, 모든 항이 연속의 경우와 마찬가지로 정의된다. 이산 시계열에 대한 파동 여과기는 통상 전기 회로를 가지고 사용하는 것과 같이 물리적으로 구성된 장치라기보다는 오히려 통계학자가 그것으로 통계적으로는 순수하지 않은 자료에서 가장 좋은 결과를 얻는 수학적 수단이다.

끝으로

$$\int_{-\infty}^\infty M(n-\tau) \, d\xi(t, \gamma) \qquad (3.942)$$

인 꼴의 이산 시계열을

$$\int_{-\infty}^{\infty} N(n - \tau) \, d\xi(t, \delta) \tag{3.943}$$

라는 잡음의 방해하에 보내는 경우 정보 전송량은 바로 (3.922)에 상당하는 것이다. 여기에 γ와 δ는 독립이라고 한다. 즉 이 전송량은

$$\frac{1}{2\pi} \int_{-\pi}^{\pi} du \log_2 \frac{\left|\int_{-\infty}^{\infty} M(\tau)e^{iu\tau} \, d\tau\right|^2 + \left|\int_{-\infty}^{\infty} N(\tau)e^{iu\tau} \, d\tau\right|^2}{\left|\int_{-\infty}^{\infty} N(\tau)e^{iu\tau} \, d\tau\right|^2} \tag{3.944}$$

가 되는데, 여기에 $(-\pi, \pi)$의 구간상에서

$$\left|\int_{-\infty}^{\infty} M(\tau)e^{iu\tau} \, d\tau\right|^2 \tag{3.945}$$

는 메시지의 전력 분포를 진동수에 대해 나타내고,

$$\left|\int_{-\infty}^{\infty} N(\tau)e^{iu\tau} \, d\tau\right|^2 \tag{3.946}$$

은 잡음 분포를 진동수에 대해 나타낸다.

여기에 전개된 통계 이론은 우리가 관측하는 시계열의 과거를 완전히 아는 것을 필요로 한다. 우리 관측이 무한의 과거로 거슬러 올라갈 수는 없으니 우리는 언제나 과거를 불완전하게 아는 것으로 만족해야 한다. 이 점을 넘어서 우리의 이론을 전개하고, 실제적인 통계 이론으로 삼으려면 기존의 표본 추출법을 확장해야 한다. 필자를 포함해 이 방면으로 연구를 시

작한 사람들이 있다. 한편으로 베이즈Thomas Bayes의 법칙을 사용하고, 다른 한편으로는 우도 이론theory of likelihood[99]에서 술어를 기교적으로 사용하는 등 복잡한 연구이다. 우도 이론으로 베이즈의 법칙 사용을 피할 수 있을 것처럼 보이지만, 실은 그 사용 책임을 그 문제에 종사하는 통계학자 또는 통계학적 결론을 실제 문제에 적용하는 연구자에게 전가하고 있을 뿐이다. 한편 통계 이론가는 완전히 엄밀하지 않아 비난의 여지가 있는 아무것도 말하지 않았다고 할 수 있다.

마지막으로 현대 양자역학을 검토하고 이 장을 마감하려 한다. 양자역학은 현대 물리학에서 시계열 이론이 침입해 들어온 가장 흥미로운 영역이다. 뉴턴 물리학에서 물리 현상의 계열은 그 과거, 특히 어떤 순간에 모든 위치와 운동량을 결정함으로써 완전히 결정된다. 완성된 기브스의 이론에서도 역시 전 우주의 다중 시계열을 완전히 결정하면, 즉 임의의 어떤 순간에 위치와 운동량 전부를 안다면, 그 장래 전체를 결정하는 것이 된다. 우리가 실제로 취급하는 시계열이 브라운 운동에서 얻어진 시계열일 경우, 본 장에서 본 바와 같은 일종의 혼합성을 띠는데, 바로 시계열이 관측되지 않는 좌표나 운동량으로 이루어지기 때문이다. 물리학에 대한 하이젠베르크의 위대한 공헌은 아직은 준뉴턴적이었던 기브스의 세계를, 시계열이 시간 전개에 대해 결정론적으로 환원 가능하지 않은 세계로 대치했다는 것이다. 양자역학에서는 계의 과거 역사 전체로도 계의 장래를 절대적으로 결정할 수 없다. 단적으로 계가 가질 수 있는 장래의 분포를 결정할 뿐이다. 고전 물리학이 계의 진로 전체를 알기 위해서 필요로 하는 모든 양은 대략적 근사치 이상으로는 동시 관측이 불가능하지만, 고전 물리학이 요구하는 정도의 범위—실험적으로 응용 가능성이 드러난 범위—에서는 충분히 정확하게 관측되는 것이다. 운동량과 켤레인 위치의 관측 조건은 서로 양립하지 않는다. 계의 위치를 되도록 정확하게 관측하려면 빛 또는 전자의 파동, 아니면 높은 분해능 즉 짧은 파장을 가진 수단으로 관찰해야 한다. 그러나 빛은 그 진동수에만 의존하는 입자 작용이 있고, 진동수가 큰 빛으로 물질을 비춘다는 것은 진동수와 더불어 증대한 운동량 변화를 그 물질에 준다는 것을 의미한다. 한편 입자의 운동량에 되도록 적은 변화를 주는 것은 낮은 진동수의 빛이지만, 이것은 위치를 선명하게 비추는 데 충분한 분해능이 없다. 중간 진동수의 빛은 위치와 운동량 양쪽을 흐릿하게 한다. 일반적으로 한 계의 장래에 대해서 완전한 정보를 주기에 충분할 만큼 그 계의 과거 정보를 주는 것과 같은 관측은 생각할 수 없다.

그렇지만 시계열 집합 전체의 경우처럼 우리는 여기에 전개한 정보량 이론과 엔트로피 이론을 적용할 수 있다. 자료를 되도록 완전하게 취했을 때조차도 우리는 혼합성을 가진 시계열을 다루고 있으므로, 우리 계는 절대적인 퍼텐셜 장벽을 갖지 않는다. 따라서 시간이 경과함에 따라 계의 어떠한 상태든 다른 임의의 상태로 변환할 수 있고, 또 실제로 변환하리라는 것을 안다. 그러나 이 변환의 확률은 장시간의 평균에서는 두 가지 상태의 확률, 즉 측도의 상대적 비에 의존한다. 이 확률은 대단히 많은 수의 변환에 의해서 그 자신으로 변환하는 상태, 즉 양자 이론가의 표현으로 말하자면, 높은 내부 공명 또는 고도의 양자 겹침degeneracy을 가진 것과 같은 상태에 대해서 특히 높다는 것을 알 수 있다.

벤젠 고리는 이 두 상태

가 등가이므로 이런 예에 해당한다. 이로부터 상상한다면 아미노산 혼합물이 결합해서 단백질 사슬이 되는 것처럼 여러 구성 요소가 다양한 방식으로 긴밀하게 결합할 수 있는 계에서는, 이 사슬들 대부분이 닮아서 상호 밀접하게 결합하는 단계를 거치는 상태가 사슬들이 닮지 않은 상태보다 안정된 것이리라. 유전자와 바이러스는 이런 식으로 증식하는 것인지도 모른다고 홀데인은 가설적으로 제안했다. 홀데인은 이를 결정적인 것으로 주장하지는 않지만, 나는 이 제안이 잠정적 가설에 머물러야 할 이유가 없다고 생각한다. 홀데인 자신이 지적한 바처럼 양자론에서 입자는 어느 것이든 분명한 개체성을 갖지 않은 것이므로, 증식하는 유전자가 둘 있을 때 어느 것이 원형master pattern이고 어느 것이 복제인지 정확하게 맞출 수 없다.

이와 같은 공명 현상이 생물체 속에서도 지극히 빈번하게 나타난다는 것이 알려져 있다. 센트죄르지는 근육 구조에서 공명 현상의 중요성을 보여주었다. 고도의 공명을 가진 물질은 일반적으로 에너지와 정보를 축적하는 데 비상한 수용 능력이 있으며, 또 이러한 축적은 근수축의 경우 틀림없이 일어난다.

또 생식에 관한 이 같은 현상은 종種에서 종으로의 경우뿐 아니라, 하나의 종의 개체 내에서도 찾아볼 수 있는 생명체 내 화학 물질의 놀라운 특수성과 아마 어떤 관계가 있는 것이리라. 면역학에서 이러한 사료가 아주 요긴할 수 있다.

제4장
되먹임과 진동

한 환자가 신경생리학 클리닉에 들어온다. 이 사람은 마비 증세가 없으며 지시를 들으면 다리를 움직일 수 있다. 그러나 심각한 장애를 겪고 있다. 환자는 눈으로 땅바닥과 자신의 다리를 내려다보면서 기묘하게 불확실한 걸음걸이로 걷는다. 걸음마다 발로 차듯이 내딛는데, 다리를 자기 앞에 내던지는 것처럼 걷는다. 눈을 가리면 일어나지도 못하고 비틀거리며 땅바닥에 주저앉는다. 이 사람은 뭐가 잘못된 것일까?

다른 환자가 들어온다. 이 사람이 의자에 앉아 있을 때는 잘못된 것이 전혀 없는 듯하다. 그러나 담배를 건네자 이 사람은 담배를 집으려고 하면서 담배를 지나 손을 휘젓는다. 거기에 뒤이어 다시 다른 방향으로 똑같이 헛된 휘저음을 되풀이한다. 이 움직임은 쓸모없는 억지 진동이 된다. 이 사람에게 물 한 잔을 건네면 물을 입에 갖다 대기도 전에 손을 휘젓다가 물을 모두 엎지른다. 이 사람은 뭐가 잘못된 것일까?

두 환자 모두 일종의 실조ataxia를 앓고 있다. 이 사람들의 근육은 강하며 충분히 건강하지만, 그 행동을 조절하지 못한다. 첫 번째 환자는 척수매독이라는 병을 앓고 있다. 매독 말기의 후유증으로 감각을 받아들이는 척수 일부분이 상해를 입거나 파괴되었다. 들어오는 메시지가 완전히 사라지지 않았다고 하더라도 둔감해져 있다. 다리의 관절과 힘줄과 근육과 발바닥에 있는 수용기는 정상적으로는 두 다리의 위치와 상태를 알려주지만, 이 사람의 경우 다리의 수용기가 중추신경계가 받아들이고 전송하는 메시지를 전달하지 못한다. 따라서 자세에 관한 정보를 얻으려면 자신의 눈과 내이內耳의 전정기관을 믿어야만 한다. 생리학자들의 전문 용어로 말하면 고유감각 또는 운동감각의 중요한 부분을 잃어버린 것이다.

두 번째 환자는 고유감각을 전혀 잃지 않았다. 이 환자는 다른 곳, 소뇌에 손상을 입었다. 그는 소뇌성떨림cerebellar tremor 또는 목적 떨림purpose tremor을 앓고 있다. 소뇌는 고유감각 입력에 근육의 반응을 맞추는 기능을 하는 것으로 보이며, 이 기능이 방해받으면 떨림 증세가 나타날 수 있다.

이와 같이 우리는 외부 세계에 대응하는 정상적인 동작을 위해서는 좋은 작동체effector가 있어야 할 뿐 아니라 이 작동체의 동작을 중추신경계가 적절하게 감독해야 하며 이러한 감독의 결과를 감각기에서 들어오는 다른 정보들과 적절하게 조합해야만 작동체로 출력을 적절하게 맞출 수 있음을 알 수 있다. 기계 시스템도 아주 비슷하다. 가령 철도 신호탑을 생각해 보자. 신호수는 여러 개 손잡이를 조작하여 까치발 신호기를 켜고 끄거나 스위치 설정을 조정한다. 그러나 신호나 스위치가 신호수의 명령을 그대로 따른다고 맹목적으로 가정해서는 안 된다. 스위치가 단단히 얼어 있을 수도 있고 덮인 눈의 무게 때문에 신호기를 지탱하는 대가 휘었을 수도 있다. 그러면 신호수가 스위치와 신호기(즉 작동체)의 실제 상태라고 상정하는 것이 신호수가 내린 명령에 상응하지 않을 것이다. 이런 만일의 위험을 피하기 위해서 모든 작동체(즉 스위치와 신호기)를 신호탑 자동 표시기 배면에 붙여 두고 신호수에게 그 실제의 상태와 작동을 전달하게끔 해야 한다. 해군에서 명령을 복명복창하는 것과 기계적으로 동등한 일이다. 모든 하급 병사는 정해진 강령에 따라 명령을 받으면 명령을 들었고 이해했음을 보이기 위해 받은 명령을 상급 병사에게 그대로 반복해야 한다. 신호수의 행동도 그렇게 반복되는 명령에 따라 이루어져야 한다.

이 계에는 정보의 전달과 반송의 연쇄(이제부터 이런 것을 '되먹임 연쇄'라 부를 것이다)에 인간의 연결이 있음에 주목할 만하다. 신호수가 완전히 자유로운 행위자가 아님은 틀림없는 사실이다. 신호수의 스위치와 신호기는 서로 기계적으로 또는 전기적으로 맞물려 있으며, 신호수는 큰 재난을 불러일으킬 수 있는 스위치와 신호기의 몇 가지 조합을 자유롭게 고를 수 없다. 그러나 인간적 요소가 개입할 수 없는 되먹임 연쇄가 있다. 가령 주택의 난방을 조절하는 보통의 온도 조절 장치가 있다. 장치는 희망하는 실내 온도로 맞추어져 있다. 주택의 실제 온도가 그 온도보다 낮으면 장치가 작동하여 난방기의 조절판을 열거나 연료 기름의 유입을 증가시킨다. 그래서 주택 온도를 희망하는 수준으로 끌어올린다. 한편 주택의 온도가 희망하는 수준을 넘어서면 난방기의 조절판이 꺼지거나 연료 기름의 유입이 줄어들거나 차단된다. 이런 식으로 주택 온도는 거의 일정한 수준으로 유지된다. 이 수준의 일정함은 온도 조절 장치를 얼마나 잘 고안했는가에 따라 달라진다. 온도 조절 장치가 잘못 고안되면 주택 온도가 심하게 진동할 수 있으며, 이는 소뇌성떨림을 앓는 사람의 움직임과 다름없다.

순수하게 기계적인 되먹임 계의 다른 예는 증기 기관의 속도 조절기 governor로 제임스 클러크 맥스웰이 다룬 것이다. 속도 조절기는 하중이 여러 가지 조건으로 변할 때 증기 기관의 속도를 조절하는 역할을 한다. 와트 James Watt가 고안한 원래의 형태로 보면, 속도 조절기는 흔들이 막대에 공 두 개가 붙어 있고, 이 두 공이 회전 굴대의 반대쪽에서 그네처럼 진동한다. 이것은 자체 무게나 용수철에 의해 아래로 향하며 굴대의 각속도에 따라 달라지는 원심 작용 때문에 위쪽으로 진동한다. 따라서 각속도에 따라 위치가 서로 보정되게끔 되어 있다. 그 위치는 다른 막대를 통해 굴대 주위 이음 고리collar로 전달된다. 이음 고리는 엔진이 느려지고 두 공이 아래로 떨어질 때는 실린더의 흡입 밸브를 열어주는 역할을 하며, 엔진이 빨라지고 두 공이 위로 올라갈 때는 실린더의 흡입 밸브를 닫아주는 역할을 하는 부속품을 활성화한다. 되먹임은 계가 작용하는 반대 방향으로 향하므로 줄임 되먹임negative feedback임에 주목하라.

이렇게 해서 온도를 안정화하는 줄임 되먹임과 속도를 안정화하는 줄임 되먹임의 예를 보았다. 선박 조타 엔진의 경우처럼 위치를 안정화하는 줄임 되먹임도 있다. 이는 바퀴의 위치와 방향타(키)의 위치 사이의 각 차이로 작동한다. 그래서 언제나 방향타의 위치가 바퀴의 위치에 맞추도록 작동한다. 수의 운동의 되먹임은 이것과 성격이 같다. 우리는 특정 근육의 운동을 일으키지 않으며 대개 주어진 과제를 이루는 데 어떤 근육을 움직여야 하는지 모른다. 가령 담배 한 개비를 집으려 한다고 하자. 우리의 움직임을 조절하려면 아직 이루어지지 않은 정도의 양을 측정해야 한다.

제어의 중심으로 되먹임되는 정보는 대개 제어하는 양으로부터 제어되는 양이 일탈한 정도를 거스르기 마련이다. 그러나 이 일탈에 의존하는 방식은 매우 다양하다. 가장 간단한 제어계는 선형적이다. 이때 작동체의 출력은 입력의 선형 표현이다. 입력이 더해지면 출력도 더해진다. 출력은 마찬가지로 선형인 장치로 읽는다. 이렇게 읽어낸 값을 단순하게 출력에서 뺀다. 우리는 그런 장치의 정밀한 작동 이론을 제시하고자 하며, 특히 장치의 결함이 있는 작동과 장치를 잘못 다루거나 장치에 과부하가 걸렸을 때 장치가 진동하는 현상에 대한 이론을 제시하고자 한다.

이 책에서 우리는 수학적 기호법과 수학적 기법을 될수록 피했지만, 3장을 비롯한 여러 곳에서는 타협해야 했다. 여기서도 우리는 정확히 수학적 기호법이 적합한 언어가 되는 문제를 다루고 있다. 이를 피하려면 비전문가는 거의 이해하지 못할 장황한 문장을 써야만 할 것이며, 수학적 기호에 익숙한 독자들도 이러한 문구를 수학적 기호로 번역하는 능력을 사용해야만 이해할 수 있을 것이다. 우리가 할 수 있는 최선의 타협은 수학적 기호를 풍부하게 말로 설명하여 보충하는 것이다.

이제 $f(t)$를 시간 t의 함수라 하고, t는 $-\infty$에서 ∞까지 변한다고 하자. 즉 $f(t)$는 각 시간 t마다 숫자로 값을 갖는 양이다. 임의 시간 t에서 양 $f(s)$에 우리가 접근할 수 있으려면 s가 t보다 작거나 같아야 하며, s가 t보다 크면 $f(s)$에 접근할 수 없다. 전기 장치나 기계 장치가 여러 개 있고, 모두가 고정된 시간만큼 입력을 지연시킨다면 입력 $f(t)$에 대하여 얻을 수 있는 출력은 $f(t-\tau)$가 된다. 여기에서 τ는 고정된 시간 지연이다.

이런 종류의 장치를 여러 개 결합할 수 있으며, 그렇게 얻은 출력들은 $f(t-\tau_1), f(t-\tau_2), \cdots, f(t-\tau_n)$이 된다. 이 출력들에 고정된 양을 곱할 수 있으며, 이는 양 또는 음의 값이다. 가령 전위차계를 써서 전압을 배가하면 전압에 1보다 큰 고정된 양수를 곱한 것이 된다. 전압에 1보다 크거나 음수인 값을 곱하도록 자동으로 균형을 맞추는 장치와 증폭기를 고안하는 일은 그리 어렵지 않다. 또한 회로의 단순 연결 도표wiring diagram를 구성하여 전압들을 연속적으로 더할 수 있게 만드는 것도 어렵지 않다. 이런 것들의 도움을 받아 다음의 출력을 얻는다.

$$\sum_{1}^{n} a_k f(t - \tau_k) \tag{4.01}$$

시간 지연의 수 τ_k를 증가시키고 계수 a_k를 적절하게 조절하면, 출력을 다음의 형태에 원하는 만큼 가깝게 근사시킬 수 있다.

$$\int_0^\infty a(\tau)f(t-\tau)d\tau \tag{4.02}$$

이 표현에서는 적분을 0부터 ∞까지 계산하는 것이며 $-\infty$에서 ∞까지 계산하지 않는다는 사실이 본질적으로 중요함을 인식해야 한다. 그렇지 않다면 결과에 작용하는 다양한 실제적인 장치들을 사용하여 $f(t+\sigma)$를 얻을 수 있었을 것이다. 여기에서 σ는 양수이다. 그러나 이것은 $f(t)$의 미래에 대한 지식과 연관된다. $f(t)$는 한쪽 방향이나 다른 쪽 방향에서 스위치를 끌 수 있는 노면 전차의 위치 좌표처럼 과거에 의해 결정되지 않는다. 물리적 과정이 $f(t)$를

$$\int_{-\infty}^\infty a(\tau)f(t-\tau)d\tau \tag{4.03}$$

로 변환시키는 연산자를 산출하는 것처럼 보인다면(여기에서 $\alpha(\tau)$는 τ의 값이 음수일 때 결과적으로 0이 되지 않는다고 하자), 이것은 우리에게 $f(t)$에 작용하는 참된 연산자가 없으며, $f(t)$는 그 과거로부터 하나의 값으로 결정되지 않음을 의미한다. 이 상황이 일어날 수 있는 물리적 사례가 있다. 가령 입력이 없는 동역학계는 영구 진동에 빠질 수 있으며, 심지어 진폭이 결정되지 않고 진동이 무한히 커질 수도 있다. 그런 경우 계의 미래는 과거로부터 결정되지 않으며, 우리는 겉보기에 미래에 의존하는 연산자를 암시하는 형식 체계를 얻을 수 있다.

$f(t)$에서 (4.02) 식을 얻는 연산자는 두 가지 중요한 성질이 더 있다. (1) 연산자는 시간의 원점을 평행이동하는 것과 무관하며, (2) 연산자는 선형이다. 앞의 성질은 다음과 같은 문장으로 표현된다. 만일

$$g(t) = \int_0^\infty \alpha(\tau)f(t-\tau)d\tau \qquad (4.04)$$

이면

$$g(t+\sigma) = \int_0^\infty \alpha(\tau)f(t+\sigma-\tau)d\tau \qquad (4.05)$$

이다.

둘째 성질은 다음과 같은 문장으로 표현된다. 만일

$$g(t) = Af_1(t) + Bf_2(t) \qquad (4.06)$$

이면

$$\int_0^\infty a(\tau)f(t-\tau)d\tau$$
$$= A\int_0^\infty a(\tau)f_1(t-\tau)d\tau + B\int_0^\infty a(\tau)f_2(t-\tau)d\tau \qquad (4.07)$$

이다.

적절한 의미에서, 선형이고 시간의 원점을 평행이동할 때 불변인 $f(t)$ 의 과거에 작용하는 모든 연산자는 (4.02) 식 형태이거나 아니면 그런 형태의 연산자들의 열의 극한으로 주어짐을 보일 수 있다. 가령 $f'(t)$가 이런 성질을 띠는 연산자를 $f(t)$에 적용했을 때의 결과라 하면

$$f'(t) = \lim_{\epsilon \to 0} \int_0^\infty \frac{1}{\epsilon^2} a\left(\frac{\tau}{\epsilon}\right) f(t-\tau)d\tau \qquad (4.08)$$

이다. 여기에서

$$a(x) = \begin{cases} 1 & 0 \leq x < 1 \\ -1 & 1 \leq x < 2 \\ 0 & 2 \leq x \end{cases} \qquad (4.09)$$

이다.

앞에서 본 것처럼, 함수 e^{zt} 는 연산자 (4.02)의 관점에서 볼 때 특히 중요한 함수들 $f(t)$ 의 집합이다. 왜냐하면

$$e^{z(t-\tau)} = e^{zt} \cdot e^{-z\tau} \qquad (4.10)$$

이기 때문이다. 지연 연산자는 z 에만 의존하는 승수에 지나지 않는다. 따라서 연산자 (4.02)는

$$e^{zt} \int_0^\infty a(\tau) e^{-z\tau} d\tau \qquad (4.11)$$

가 되며, 역시 z 에만 의존하는 곱셈 연산자이다.

$$\int_0^\infty a(\tau) e^{-z\tau} d\tau = A(z) \qquad (4.12)$$

와 같은 표현을 진동수의 함수로 나타낸 연산자 (4.02)의 표현이라고 한다. 만일 z 를 복소수 양 $x + iy$ 로 잡으면(여기에서 x 와 y 는 실수), 이 표현은

$$\int_0^\infty a(\tau) e^{-x\tau} e^{-iy\tau} d\tau \qquad (4.13)$$

가 되며, $y > 0$이고

$$\int_0^\infty |a(\tau)|^2 d\tau < \infty \qquad (4.14)$$

라면, 잘 알려진 적분에 관한 슈바르츠Karl Hermann Amandus Schwarz 부등식에 의하여 다음을 얻는다.

$$
\begin{aligned}
|A(x + iy)| &\leq \left[\int_0^\infty |a(\tau)|^2 d\tau \int_0^\infty e^{-2x\tau} d\tau \right]^{1/2} \\
&= \left[\frac{1}{2x} \int_0^\infty |a(\tau)|^2 d\tau \right]^{1/2}
\end{aligned}
\qquad (4.15)
$$

이것은 $A(x + iy)$가 모든 반평면 $x \geq \epsilon > 0$에서 복소변수에 대한 유계 정칙함수임을 의미하며, 함수 $A(iy)$는 매우 분명한 의미에서 그러한 함수의 경곗값을 나타낸다.

이제

$$u + iv = A(x + iy) \qquad (4.16)$$

이라 하자. 여기에서 u와 v는 실수이다. $x + iy$는 $u + iv$의 (다가함수일 수도 있는) 함수로 정해질 것이다. 이 함수는 유리형함수이며, $u + iv$가 $\partial A(z)/\partial z = 0$인 $z = x + iy$의 점들에 대응하는 경우를 제외하고는 해석적이다.[100] $x = 0$인 경계는 다음과 같은 매개변수 방정식으로 기술되는 곡선으로 사상될 것이다.

$$u + iv = A(iy) \qquad (y\ \text{real}) \qquad (4.17)$$

이 새로운 곡선은 자기 자신과 여러 번 교차할 수 있다. 그러나 일반적으로 이 곡선은 평면을 두 영역으로 분할할 것이다. (4.17) 식으로 기술되는 이 곡선을 y가 $-\infty$에서 ∞까지 변하는 방향으로 따라가 보자. 만일 (4.17) 식에서 출발하여 오른쪽으로 가면서 (4.17) 식으로 기술되는 곡선과 다시 만나지 않는 연속 경로를 따른다면 특정 점들에 다다를 수 있다. 이 집합에도 속하지 않고, (4.17) 식으로 기술되는 곡선 위에도 있지 않은 점들을 외점이라 부르기로 한다. 곡선[즉 (4.17) 식]에서 외점들의 극한점을 포함하는 부분을 유효 경계effective boundary라 부르겠다. 다른 점들은 모두 내점이라고 부를 것이다. 따라서 그림 1의 도표에서 경계는 화살표 방향으로 그렸고 내점은 빗금을 쳤으며, 유효 경계는 두껍게 그렸다.

A가 오른쪽 반평면에서 유계라는 조건 때문에 무한원점이 내점이 될 수 없음을 알 수 있다. 그것은 경계점일지 모르지만 경계점이라면 분명한 어떤 종류의 제한이 가해진 성질을 띠어야 한다. 제한은 무한까지 펼쳐져 있는 내점의 '두께thickness'에 관한 것이다.

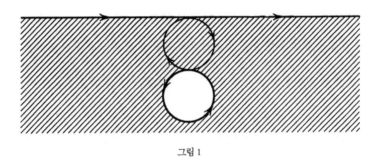

그림 1

이제 선형 되먹임 문제를 수학적으로 표현하는 문제를 생각해 보자. 이러한 계의 (연결 도표가 아닌) 제어 흐름도를 그림 2에서처럼 나타내기로 하자. 여기에서 전동기의 입력은 Y인데, Y는 원래의 입력 X에서 승산기multiplier의 출력을 뺀 값이다. 승산기는 전동기의 전력 출력 AY를 λ배로 한다. 따라서

$$Y = X - \lambda AY \qquad (4.18)$$

이고

$$Y = \frac{X}{1 + \lambda A} \qquad (4.19)$$

이며, 따라서 전동기의 출력은

$$AY = X \frac{A}{1 + \lambda A} \qquad (4.20)$$

가 된다.

이렇게 하여 되먹임 메커니즘 전체에서 만들어지는 연산자는 $A/(1 + \lambda A)$가 된다. 이것은 $A = -1/\lambda$일 때, 그리고 그때에만 무한대가 된다. 이 새로운 연산자에 대한 도표[식 (4.17)]는

$$u + iv = \frac{A(iy)}{1 + \lambda A(iy)} \qquad (4.21)$$

가 될 것이며, ∞가 이것의 내점이 되는 것은 $-1/\lambda$가 (4.17)의 내점일 때에 한해서이다.

이 경우, 승수가 λ인 되먹임은 분명히 파국적인 상황을 생기게 한다. 즉, 계가 제한 없이 증대하는 진동을 일으키는 것이다. 한편 만일 점 $-1/\lambda$가 외점이라면, 아무런 어려움도 생기지 않고 되먹임은 안정함을 알 수 있다. 만일 $-1/\lambda$가 유효한 경계 위에 있다면, 더 정교한 검토가 필요하다. 대개 계는 진동을 일으켜도 그 진폭은 커지지 않는다.

몇몇 연산자 A와 그것들에 대해 허용되는 되먹임의 범위에 대해서는

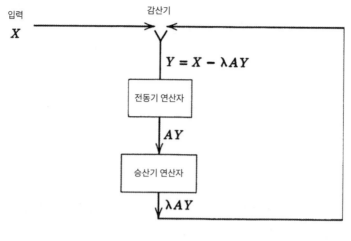

입력　　　　　　　　감산기

X

$Y = X - \lambda AY$

전동기 연산자

AY

승산기 연산자

λAY

그림 2

조사할 만한 가치가 있다. 위와 같은 논의가 이것들에 대해서도 들어맞는
다고 하고, (4.02)만이 아니라 그 한계도 아울러 생각해 보자.

연산자 A가 미분연산자 $A(z) = z$에 대응한다면, y가 $-\infty$에서 ∞로
감에 따라 $A(z)$도 그러할 것이며, 오른쪽 평면의 내부에 있는 점이 내점이
된다. 점 $-1/\lambda$는 항상 외점이 되고, 어떤 양의 되먹임도 가능하다. 다음으
로 만일

$$A(z) = \frac{1}{1 + kz} \tag{4.22}$$

인 연산자를 취하면, 곡선[식 (4.17)]은

$$u + iv = \frac{1}{1 + kiy} \tag{4.23}$$

이나

$$u = \frac{1}{1 + k^2 y^2}, \qquad v = \frac{-ky}{1 + k^2 y^2} \tag{4.24}$$

가 되는데, 이것은

$$u^2 + v^2 = u \tag{4.25}$$

라 쓸 수도 있다. 반지름이 1/2이고
중심이 $(1/2, 0)$에 있는 원이다. 이 원은 시계방향으로 그려지고, 보통 우리가 원의 내부라고 생각하는 부분이 바로 내점이 된다. 또한 $-1/\lambda$는 항상 원 밖에 있으므로 이 경우도 되먹임에는 제한이 없다. 이 연산자에 상당하는 $a(t)$는

$$a(t) = e^{-\frac{t/k}{k}} \tag{4.26}$$

이다. 또한

$$A(z) = \left(\frac{1}{1 + kz} \right)^2 \tag{4.27}$$

이라고 하면 (4.17)은

$$u + iv = \left(\frac{1}{1 + kiy} \right)^2 = \frac{(1 - kiy)^2}{(1 + k^2 y^2)^2} \tag{4.28}$$

이 되고,

사이버네틱스: 동물과 기계의 제어와 커뮤니케이션

$$u = \frac{1 - k^2 y^2}{(1 + k^2 y^2)^2}, \qquad v = \frac{-2ky}{(1 + k^2 y^2)^2} \qquad (4.29)$$

이다. 이것을 고쳐 쓰면

$$u^2 + v^2 = \frac{1}{(1 + k^2 y^2)^2} \qquad (4.30)$$

또는

$$y = \frac{-v}{(u^2 + v^2)2k} \qquad (4.31)$$

즉

$$u = (u^2 + v^2)\left[1 - \frac{k^2 v^2}{4k^2(u^2 + v^2)^2}\right] = (u^2 + v^2) - \frac{v^2}{4(u^2 + v^2)} \quad (4.32)$$

이 된다. 극좌표를 사용하여 $u = \rho \cos \phi$, $v = \rho \sin \phi$ 라 하면, 이 식은

$$\rho \cos \phi = \rho^2 - \frac{\sin^2 \phi}{4} = \rho^2 - \frac{1}{4} + \frac{\cos^2 \phi}{4} \qquad (4.33)$$

또는

$$\rho - \frac{\cos \phi}{2} = \pm\frac{1}{2} \qquad (4.34)$$

이 된다. 즉

$$\rho^{1/2} = -\sin\frac{\phi}{2}, \quad \rho^{1/2} = \cos\frac{\phi}{2} \tag{4.35}$$

이 두 방정식은 양쪽 다 같은 곡선, 즉 꼭짓점이 원점에 있고, 첨점cusp이 오른쪽에 있는 심장형 곡선cardioid을 나타냄을 알 수 있다. 이 곡선의 내부는 실수축상 음의 점을 포함하지 않으므로, 앞의 경우와 마찬가지로 진폭은 제한 없이 허용할 수 있다. 이 경우, 연산자 $a(t)$는

$$a(t) = \frac{t}{k^2}e^{-t/k} \tag{4.36}$$

이 된다. 다음에

$$A(z) = \left(\frac{1}{1+kz}\right)^3 \tag{4.37}$$

라고 하자. ρ와 ϕ를 앞에서처럼 정의하면

$$\rho^{1/3}\cos\frac{\phi}{3} + i\rho^{1/3}\sin\frac{\phi}{3} = \frac{1}{1+kiy} \tag{4.38}$$

를 얻는다. 앞의 경우처럼 이 식에서

$$\rho^{2/3}\cos^2\frac{\phi}{3} + i\rho^{2/3}\sin^2\frac{\phi}{3} = \rho^{1/3}\cos\frac{\phi}{3} \tag{4.39}$$

사이버네틱스: 동물과 기계의 제어와 커뮤니케이션

즉

$$\rho^{1/3} = \cos\frac{\phi}{3} \tag{4.40}$$

을 얻는데, 이것은 그림 3과 같은 모양의 곡선이다. 사선을 친 영역이 내점이다. 8 이상의 계수를 가진 되먹임은 모두 불가능하다. 여기에 상당하는 $a(t)$는 다음과 같다.

$$a(t) = \frac{t^2}{2k^3}e^{-t/k} \tag{4.41}$$

끝으로 A에 상당하는 연산자를 단순히 단위 시간 T의 지연이라고 하자. 그러면

$$A(z) = e^{Tz} \tag{4.42}$$

가 되고

$$u + iv = e^{-Tiy} = \cos Ty - i\sin Ty \tag{4.43}$$

를 얻는다.

이 경우의 곡선[식 (4.17)]은 원점 주위의 단위원으로서 원점 주위를 단위 속도로 시계방향으로 도는 것이 된다. 이 곡선의 내부는 보통의 의미에서의 내부가 되고, 되먹임 세기의 한계는 1이 된다.

이로부터 재미있는 결론을 하나 끌어낼 수 있다. 연산자 $1/(1 + kz)$를 임의 세기를 가진 되먹임으로 보상함으로써 얼마든지 넓은 진동수 영역에서 $A/(1 + \lambda A)$를 1에 가깝게 할 수가 있다. 따라서 이 종류의 연산자를 세

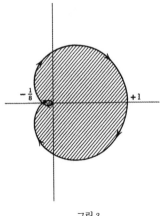

그림 3

단 겹친 것을 삼중 또는 이중 되먹임으로 보상할 수 있다. 그러나 연산자 $1/(1 + kz)$을 세 단 겹쳐 생기는 합성 연산자 $1/(1 + kz)^3$을 단일한 되먹임으로 보상하는 일은 불가능하다. 연산자 $1/(1 + kz)^3$은

$$\frac{1}{2k^2} \frac{d^2}{dz^2} \frac{1}{1 + kz}$$

(4.44)

로도 쓸 수 있으므로, 1차식을 분모로 하는 연산자 세 개를 가법적으로 합성한 것의 극한이라고도 생각할 수 있다. 따라서 여러 개의 연산자가 있을 때, 그 각각이 단일 되먹임으로서 얼마든지 잘 보상할 수 있는 경우에도 그것들의 총화는 단일 되먹임으로는 보상할 수 없다는 것을 알 수 있다.

매콜의 중요한 책에서 두 가지 되먹임으로는 안정될 수 있지만 한 가지 되먹임만으로는 안정되지 않는 복잡한 계의 예를 얻을 수 있다. 회전 나침반gyrocompass을 써서 배의 방향을 조정하는 경우이다. 조타수가 미리 설정해 놓은 경로와 나침반에 보이는 경로 사이의 각은 방향타의 회전각에 그대로 나타난다. 이는 회전 모멘트를 만들어 설정 경로와 실제 경로 사이의 차이를 줄이는 식으로 배의 진행 방향에서 볼 때 배의 경로를 바꾸는 역할을 한다. 이 작업이 이 조타 엔진의 밸브를 직접 열고 다른 조타 엔진의 밸

사이버네틱스: 동물과 기계의 제어와 커뮤니케이션

브를 닫는 것으로 이루어져 방향타의 회전 속도가 이 경로에서 배가 벗어난 정도에 비례한다면, 방향타의 각위치는 대략 배의 회전 모멘트에 비례하며, 따라서 각가속도에 비례함을 알 수 있다. 따라서 배의 회전하는 양은 경로에서 벗어난 정도의 3계 도함수에 음의 인수를 곱한 것에 비례한다. 우리가 회전 나침반에서 되먹임으로 안정화해야 하는 연산자는 kz^3이다. 여기에서 k 는 양수이다. 그러므로 우리의 곡선 (4.17) 식에 대하여

$$u + iv = -kiy^3 \tag{4.45}$$

를 얻으며, 왼쪽 반평면은 내부 영역이 되기 때문에 계를 안정화할 수 있는 서보메커니즘이 전혀 있을 수 없다.

이 설명에서 조타 문제를 다소 너무 단순화시켰다. 실제로 어느 정도 마찰이 있으며 배를 회전시키는 힘이 가속도를 결정하지 않는다. 그 대신 배의 각위치를 θ 라 하고 배에 대하여 방향타가 이루는 각을 ϕ 라 하면

$$\frac{d^2\theta}{dt^2} = c_1\phi - c_2\frac{d\theta}{dt} \tag{4.46}$$

이며

$$u + iv = -k_1 iy^3 - k_2 y^2 \tag{4.47}$$

이다.

이 곡선은 다음과 같이 쓸 수 있다.

$$v^2 = -k_3 u^3 \tag{4.48}$$

이것도 여전히 어떤 되먹임으로도 안정화할 수 없다. y가 $-\infty$ 에서 ∞까지

변할 때, u는 ∞에서 $-∞$까지 변하며, 곡선의 내부는 왼쪽이 된다.

한편 만일 방향타의 위치가 경로를 벗어난 정도에 비례한다면 되먹임을 통해 안정화될 연산자는 $k_1z^2 + k_2z$이며, (4.17) 식은 다음과 같이 된다.

$$u + iv = -k_1y^2 - k_2iy \qquad (4.49)$$

이 곡선을 고쳐 쓰면

$$v^2 = -k_3u \qquad (4.50)$$

이 되지만, 이 경우에는 y가 $-∞$에서 ∞로 감에 따라, v도 $-∞$에서 ∞로 가고, 곡선은 $y = -∞$에서 $y = ∞$로 향해서 그려진다. 이때 곡선의 외부는 왼쪽에 있고, 증폭은 무제한으로 가능하다.

이것을 실현하기 위해서는 다른 단계의 되먹임을 사용할 수도 있다. 조타 기관의 판#위치를 조정하는 데 있어 실제의 진로와 소망하는 진로와의 사이의 벌어짐에 따른 대신에 이 양과 키 각위치와의 차difference를 사용하면, 충분히 큰 되먹임을 허용할 때, 즉 판을 충분히 넓게 열어서 키 각위치가 배의 참 진로에서의 편차에 원하는 정도로 비례하게 할 수 있다. 이 제어 이중 되먹임 계는 회전 나침반으로 배를 자동 조타할 때 실제로 흔히 사용하는 방법이다.

인체에서 손과 손가락의 운동이 행해지는 다수의 관절을 계로 볼 수 있다. 출력은 이들 모든 관절의 출력 벡터의 가법적 결합이다. 앞서 서술한 바와 같이, 일반적으로 이같이 복잡한 가법 계는 단일 되먹임으로는 안정화할 수 없다. 따라서 목적에 도달하기 위해서는 얼마만큼 더 움직여야 하는지 관측하고서 일의 진행을 조정하는 수의적 되먹임뿐 아니라 다른 되먹임도 필요하다. 이를 자세성 되먹임postural feedback이라고 부르자. 자세성 되먹임은 근육 계의 탄력을 전체적으로 유지해 준다. 수의적 되먹임은 소뇌가 손상을 입으면 무너지거나 흐트러지는 경향을 보인다. 소뇌 손상 환

사이버네틱스: 동물과 기계의 제어와 커뮤니케이션

자가 수의 활동을 하려고 하지 않는 한 떨림tremor은 뒤따라 생기지 않는다. 환자가 물이 들어 있는 컵을 주우려 할 때 엎어버리는 목적 떨림은 파킨슨증의 떨림, 또는 떨림마비paralysis agitans와는 본질적으로 다른 것이다. 후자는 환자가 쉬고 있을 때 전형적인 증상이 생겨나는 것이므로 무엇인가 다른 일을 하려 하면 증상이 수습되는 것처럼 보이는 경우가 잦다. 파킨슨증에 대해서는 매우 좋은 수법으로 수술을 하는 외과 의사가 있다. 파킨슨증은 소뇌의 질병에서 오는 것이 아니라, 뇌간 어딘가의 병소病巢와 관계가 있다. 이것은 자세성 되먹임의 병 중 하나에 불과하다. 그와 같은 병 대부분은 분명히 신경계의 매우 복잡한 여러 가지 장소에 생긴 결함에서 비롯한다. 생리학의 사이버네틱스가 품은 중요 과제 하나는 수의적 및 자세성 되먹임이 일어나는 복잡한 계 중에서 여러 부분의 위치를 정하고 그것들을 분리하는 일이다. 이런 요소 반사의 예로서 긁음반사scratch reflex와 보행반사walking reflex가 있다.

안정되게 행할 수 있을 때 되먹임의 이점 하나는 앞에서도 말한 바와 같이 동작이 부하에 지나치게 영향을 받지 않게 하는 것이다.

부하가 특성 A를 dA만큼 변화시켰다고 하자. 그때의 변동비는 dA/A가 된다. 되먹임 이후의 연산자가

$$B = \frac{A}{C + A} \tag{4.51}$$

라고 하면

$$\frac{dB}{B} = \frac{-d\left(1 + \frac{C}{A}\right)}{1 + \frac{C}{A}} = \frac{\frac{C}{A^2} dA}{1 + \frac{C}{A}} = \frac{dA}{A} \frac{C}{A + C} \tag{4.52}$$

가 된다. 따라서 되먹임은 계에 대한 전동기 특성의 영향을 줄이는 데 도움을 주며,

$$\left| \frac{A+C}{C} \right| > 1 \qquad (4.53)$$

을 충족시키는 진동수의 범위 전체에 대해 계를 안정하게 하는 데 도움을 준다. 즉 내점과 외점 사이의 경계 전체가, 점 $-C$의 주위에 반지름 C인 원의 내부에 존재해야 한다. 우리가 이미 논의했던 첫 번째 예에서도 이것은 성립하지 않을 것이다. 강력한 줄임 되먹임의 효과는 만일 그것이 안정할 수 있을 것이라고 한다면 낮은 진동수에서는 계의 안정도를 증가시키지만 일반적으로 높은 진동수에서는 그 안정도가 희생된다. 이 정도의 안정화만으로도 유익한 경우는 많이 있다.

과도한 되먹임에 의한 진동에 관해 초기 진동의 진동수에 대한 매우 중요한 문제가 있다. 이 진동수는 (4.17) 식의 안과 밖, 두 영역 간 경계의 점에 대응하는 iy에서 u 축의 음의 범위에서 맨 왼쪽에 있는 y의 값에 따라 정해진다. y라는 양은 물론 진동수의 성질이 있다.

우리는 되먹임 관점에서 탐구한 초보적인 선형 진동 이론의 끝자락에 있다. 선형 진동 계는 그 진동을 특징짓는 어떤 매우 특수한 성질이 있다. 그 하나는 계가 진동할 때 항상

$$A \sin (Bt + C)e^{Dt} \qquad (4.54)$$

인 모양의 진동이 가능하고, 달리 독립된 진동을 동시에 발생시키지 않는다면, 대개 그러한 진동을 한다는 점이다. 사인파가 아닌 주기적 진동이 일어난다는 것은 적어도 관측하는 변수가 선형은 아닌 계의 것임을 시사한다. 어떤 경우에는 독립변수를 새로이 선택함으로써 계를 선형으로 고칠 수 있지만, 그러한 경우는 드물다. 선형 진동과 비선형 진동의 중요한 차이 또 하나는 다음과 같다. 전자에서 진동 진폭은 진동수와 완전히 무관하다. 후자에서 계는 주어진 진동수에서 일반적으로 단 하나의 진폭, 또는 많아도 몇 개의 띄엄띄엄 떨어진 진폭 값을 가지고 진동할 수 있다. 또, 계의 진동수

도 몇 개의 띄엄띄엄 떨어진 값만 갖는 것이다. 여기에는 오르간 파이프의 연구가 좋은 실례가 된다. 오르간 파이프에 대해 두 종류의 이론이 있다. 즉 대략적인 선형 이론과 더 정밀한 비선형 이론이다. 앞의 이론에서는 오르간 파이프는 보존계로 취급된다. 어떻게 하여 파이프가 진동하기 시작하는지는 논하지 않고 진동의 진폭도 전혀 결정되지 않는다. 뒤의 이론에서는 오르간의 파이프 진동은 에너지를 소모한다고 생각하고 그 에너지는 공기의 흐름이 파이프의 위쪽 구멍을 통과하는 데서 생긴다고 생각한다. 실제로 파이프의 어떠한 모드의 진동과도 에너지를 교환하지 않는 것 같은, 파이프의 위쪽 구멍을 통과하는 기류의 정상 상태가 이론적으로 존재한다. 그러나 기류가 특정 속도를 취하면 이 정상 상태는 불안정해지며, 기류 속도가 이 속도에서 조금이라도 어긋나면 파이프 선형 진동의 하나 또는 여러 자유 진동 모드에 에너지를 주게 된다. 또 어떤 점까지는 이 운동이 실제로 파이프 고유 진동 모드와 에너지 입력의 결합을 강화한다. 단위 시간 근처의 에너지 입력은 열소산thermal dissipation이나 기타에 의한 에너지 출력과는 다른 법칙을 따르며 성장하는데, 진동이 정상 상태에 도달하면 두 개의 양은 같아져야 한다. 이리하여 비선형 진동의 진폭은 그 진동수와 더불어 명확하게 결정된다.

우리가 지금 고찰한 것은 풀림 진동relaxation oscillation으로 알려져 있는 것의 한 예다. 즉, 시간에 따라 병진 불변인 방정식에서 시간에 따라 주기적인—또는 어떤 일반화된 의미에서 주기성을 가진— 해가 유도되어, 위상은 아니어도 진폭과 진동수가 결정된 것이다. 위에서 취급한 경우에서 진동 계의 진동수는 계가 느슨하게 결합한 거의 선형으로 보이는 부분의 진동수에 가깝다. 풀림 진동에 관한 지도적 권위인 판 데르 폴Balthasar van der Pol이 지적한 바에 의하면, 이것은 항상 성립하는 것은 아니며, 진동수가 계의 어떤 부분의 선형 진동 진동수 가까이에도 없는 풀림 진동도 실제로 존재한다. 예로 공기 속에 열린 연소실에 기체가 유입하여 그 실내에 점화용 불꽃이 타고 있는 경우가 있다. 공기 중에서 기체의 농도가 어떤 임곗값에 이르면, 그 계는 점화용 불꽃에 의해 점화되고 폭발할 수 있는 상태가 되는데, 그 폭발이 실제 일어나기까지 걸리는 시간은 석탄 기체의 유입 정도와 공기가 새어 들어오는 정도와 연소성 생성물이 새어 나가는 속도, 석탄 기체와 공기의 폭발 혼합비만으로 정해지는 것이다.

일반적으로 비선형계 방정식은 풀기 어렵다. 그러나 계가 선형계로부터 약간만 어긋나 있고 비선형 항의 변화가 아주 느릿하여 사실상 진동 주기에 걸쳐 일정하다고 간주할 수 있는 경우처럼 특히 취급하기 쉬운 경우가 있다. 이때는 그 비선형계를 느릿하게 변화하는 매개변수를 가진 선형계로 취급할 수 있다. 계를 이처럼 취급하는 것을 장기 누적 섭동secular perturbation을 가한다고 한다. 장기 누적 섭동 계 이론은 중력 천문학에서 대단히 중요하다.

생리학적 떨림 중 어떤 것은 거의 선형의 장기 누적 섭동 계로 취급할 수 있다. 이와 같은 계로 취급하면 왜 정상 진동의 진폭과 진동수가 결정되는지 매우 잘 알 수 있다. 증폭기가 이 계의 한 요소로 포함되고 그 증폭기의 이득은 계의 입력의 장기 평균치가 증가함에 따라 저하한다고 하자. 그러면 계의 진동이 성장함에 따라서 이득의 저하를 초래하고, 마침내는 평형 상태에 이른다.

풀림 진동을 하는 비선형계 중 일부는 힐George William Hill과 푸앵카레Jules Henri Poincaré의 방법으로 연구되고 있다.[101] 이처럼 고전적으로 연구된 진동 계는 계의 방정식이 미분방정식 꼴이고, 특히 계수가 낮은 경우에 해당한다. 계의 미래 상태가 과거의 행동 전체로부터 정해지는 경우에는 미분방정식 대신에 적분방정식을 쓰는데, 그것을 미분방정식의 경우에 필적할 만큼 면밀하게 취급한 연구는 내가 아는 한 존재하지 않는다. 그러나 특히 주기적 해만을 문제 삼는 한 이러한 이론이 취하리라 생각되는 모양을 스케치하기는 어렵지 않다.

이 경우 방정식에 들어 있는 상수를 약간 바꾸면 운동 방정식에 약간, 따라서 거의 선형의 변형을 준다. 예를 들면, $Op[f(t)]$를, $f(t)$에 비선형 연산을 해서 얻은 t의 함수라고 하자. 이것은 시간에 대한 병진 조작으로 영향을 받는다. 그러면, $f(t)$의 변분 $\delta f(t)$에 해당하는 $Op[f(t)]$의 변분

$Op[\delta f(t)]$는 $f(t)$에 대해서 선형은 아니더라도 $\delta f(t)$에 대해서는 선형이
지만 동차는 아니다. 그래서

$$Op[f(t)] = 0 \tag{4.55}$$

의 해 $f(t)$를 알고 있고, 계의 동역학을 바꾼다면, $\delta f(t)$에 대한 선형 비동
차방정식을 얻을 수 있다. 만일

$$f(t) = \sum_{-\infty}^{\infty} a_n e^{in\lambda t} \tag{4.56}$$

라고 하고, $f(t) + \delta f(t)$도 역시 주기적이어서,

$$f(t) + \delta f(t) = \sum_{-\infty}^{\infty} (a_n + \delta a_n) e^{in(\lambda + \delta\lambda)t} \tag{4.57}$$

인 모양이 된다면,

$$\delta f(t) = \sum_{-\infty}^{\infty} \delta a_n e^{i\lambda n t} + \sum_{-\infty}^{\infty} a_n e^{i\lambda n t} in\delta\lambda t \tag{4.58}$$

가 된다. $f(t)$는 $e^{i\lambda n t}$의 급수로 전개할 수 있으므로 $\delta f(t)$에 대한 선형방
정식들의 계수도 모두 $e^{i\lambda n t}$의 급수로 전개할 수 있을 것이다. 이와 같이
하여 우리는 $\delta a_n + a_n, \delta\lambda, \lambda$에 대해서 선형 비동차방정식으로 이루어진
무한 연립방정식을 얻게 되는데, 이 연립방정식은 힐의 방법으로 풀 수 있
을 것이다. 이 경우 비동차 선형방정식에서 출발하여 서서히 조건을 바꾸
어 마침내 풀림 진동의 매우 일반적인 형인 비선형 문제를 풀 수 있음을
상상할 수 있다. 그러나 이 연구는 장래 문제다.

이 장에서 논의한 제어 되먹임과 앞 장에서 논의한 보상 계는 어느 정도까지 서로 대립하는 성질의 것이다. 둘 모두 작동체 입출력의 복잡한 관계를 간단한 비례 관계에 가까워지게 한다. 앞서 말한 바와 같이 되먹임 계는 그 이상을 행하는 것으로, 사용되는 작동체의 특성이나 특성의 변화에 관계없는 일을 한다. 따라서 두 개의 제어 방식 중 어느 쪽이 더 유용한가는 작동체의 특성이 일정한가 아닌가에 달려 있다. 두 방법을 혼합하면 유리한 경우가 있을 것이라고 상상하는 것은 매우 당연하다. 이 둘을 결합하는 데는 여러 방법이 있다. 가장 간단한 방법 하나는 다음 그림과 같다.

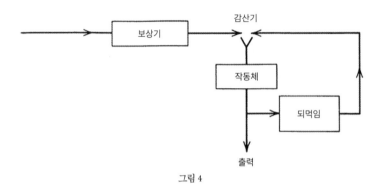

그림 4

이 그림에서는 되먹임 계 전체를 하나의 커다란 작동체라 생각할 수 있어 어떤 의미로는 되먹임의 평균 특성인 것을 보상하도록 보상기compensator를 설치해야 한다. 이 점을 제외하면 새로운 점은 하나도 없다. 또 다음과 같은 모양의 배치도 생각해 볼 수 있다.

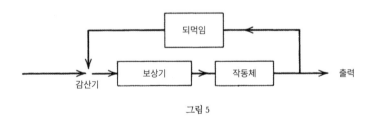

그림 5

사이버네틱스: 동물과 기계의 제어와 커뮤니케이션

이 그림에서는 보상기와 작동체가 더불어 하나의 커다란 작동체가 되고 있다. 일반적으로 이같이 변형하면 되먹임의 최대 허용량을 바꾸는 것이 되는데, 이 허용량을 상당한 정도까지 증가시키는 방법은 보통 쉽게 알 수 없다. 한편 되먹임의 양이 같은 정도라면 분명히 계의 특성은 개선된다. 예를 들면 작동체가 본래 지연적 특성을 띠었다면, 보상기는 입력의 통계적 앙상블에 대해서 작용하도록 설계된 예상기, 또는 예보기가 될 것이다. 이 경우 되먹임은 예상 되먹임anticipatory feedback이라고도 말할 수 있으며 작동체 기구를 빠르게 작동시킬 것이다.

이 일반적인 되먹임 유형은 인체나 동물의 반사에서도 분명히 볼 수 있는 것이다. 오리 사냥을 하러 갈 때 우리는 총이 조준한 위치와 표적물의 현재 위치 간 오차를 최소로 하는 것이 아니라 총이 조준한 위치와 예상 표적 위치 간 오차를 최소로 하는 것이다. 어떤 대공 화기든 이 조건을 충족시켜야 한다. 이 예상 되먹임의 안정도와 유효도의 조건에 관해서는 이제까지보다 훨씬 더 면밀한 검토를 필요로 한다.

우리가 언 도로에서 자동차를 조종할 때도 흥미로운 되먹임 계를 관찰할 수 있다. 우리의 조종이라고 하는 행동 전체는 도로 표면의 미끄러지기 쉬움에 관한 지식, 즉 자동차-도로 계의 동작 특성에 관한 지식의 정도에 좌우된다. 계의 통상 동작에 따라 이를 알아내려고 기다린다면, 알기 전에 우리가 먼저 미끄러질 것이다. 따라서 우리는 자동차가 크게 미끄러지지 않을 정도이지만, 차가 미끄러질 위험이 있는지를 우리의 운동감각에 알리는 데는 충분한 크기로 섬세하고 재빠른 자극을 끊임없이 핸들에 주어서 조종 방법을 조정하는 것이다.

이 제어 방법은 정보의 되먹임에 의한 제어라고 불러야겠지만 기계적인 꼴로 도식화하는 것은 어려운 일이 아니며, 실제로 그럴 만한 값어치가 있을 것이다. 작동체에 대해서도 우리는 보상기를 가지고 있고, 이 보상기는 외계에 의해서도 바꿀 수 있는 특성을 가지고 있다. 우리는 들어오는 메시지에 약한 고주파 입력을 겹쳐 넣어서 작동체의 출력으로부터 같은 고주파 출력의 일부를 적당한 파동 여과기로 분리하여 빼내는 것이다. 작동체의 동작 특성을 구하기 위해서는 입력에 따른 고주파 출력의 진폭-위상 관계를 조사할 필요가 있다. 그것을 바탕으로 우리는 보상기의 특성을 적당한 의미에서 변형하는 것이다.

계는 아래 그림과 같이 된다.

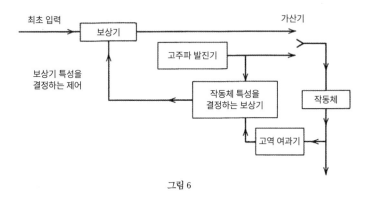

그림 6

이런 되먹임 유형의 이점은 보상기를 조절해서 어떤 유형의 일정한 부하에도 안정하게 할 수 있다는 것, 또 부하 특성의 변화가 본래 입력의 변화에 대해서 충분히 느리고 (즉 앞에서 말한 것처럼 장기 누적적으로 느리고) 또 부하 상태를 정확하게 읽을 수 있다면, 계는 진동 상태로 빠지는 경향을 나타내지 않는 점 등이다. 부하의 변화는 이처럼 장기 누적적인 것일 경우가 지극히 많다. 예컨대 포탑의 마찰 부하는 그리스grease의 뻣뻣함 stiffness과 관계가 있고, 그리스의 뻣뻣함은 온도와 관계가 있다. 그러나 이 뻣뻣함은 포탑이 수차례 회전하여도 그다지 변하지 않는다.

물론 높은 진동수에서 부하의 특성이 낮은 진동수에서의 특성과 동등하든가 또는 낮은 진동수에서의 특성을 상당히 잘 보여주는 것이 아니면, 이 정보의 되먹임은 순조롭게 작용하지 않는다. 부하의, 따라서 작동체의 성질에 포함되는 가변 매개변수의 수가 비교적 적다면 종종 잘될 것이다.

이 정보의 되먹임과 앞서 나온 보상기가 달린 되먹임 사례는 매우 복잡하고 아직 충분히 연구되지 않은 이론의 특별한 경우에 지나지 않는다.

사이버네틱스: 동물과 기계의 제어와 커뮤니케이션

이 분야 전체는 현재 급속하게 발전하고 있고, 가까운 장래에는 훨씬 더 주목을 받을 것이다.

이 장을 마치기에 앞서 되먹임 원리의 생리학에 대한 중요한 응용을 말해야겠다. 항상성homeostasis에 관한 것이다. 항상성 유지 과정에서 생겨나는 다수의 되먹임은 생리 현상일 뿐 아니라 생명의 지속에 필요불가결하다. 고등 동물의 생명, 특히 건전한 생명이 지속될 조건은 매우 한정되어 있다. 체온이 섭씨 0.5도 달라져도 일반적으로 병의 징후로 여기며, 5도의 변화가 장시간 계속되면 생명은 거의 지속하지 못한다. 혈액의 삼투압과 수소 이온 농도는 일정 한계 내에서 엄격하게 유지되어야 한다. 몸의 노폐물은 유독 농도에 이르기 전에 배설해야 한다. 이 밖에도 우리 몸에서는 백혈구와 화학적 감염 방호 작용이 적절한 수준을 유지해야 하고, 또 맥박과 혈압이 너무 높거나 낮아도 좋지 않다. 우리의 성性 주기는 생식 작용의 종족적 요구에 일치해야 하고, 칼슘 대사는 뼈를 연화하거나 조직을 석회화하는 정도에 달해서는 안 된다. 또 그 밖에 여러 가지가 있다. 요컨대 우리의 체내 경제는 거대한 화학 공장에 필적할 만큼의 자동 온도 조절 장치와 수소 이온 농도의 자동 조절기와 속도 조절기 등이 없으면 성립되지 않는다. 우리는 이러한 총체를 항상성 유지 기전으로 알고 있다.

이와 같은 항상성의 되먹임은 수의적 및 자세성 되먹임과는 일반적으로 다른 점이 하나 있다. 점점 느릿해지는 경향이다. 생리적 항상성의 변화에 대해서는, 예컨대 대뇌 빈혈의 예를 보더라도 수분의 1초간에 중대하거나 항구적인 손상이 일어나는 경우는 지극히 드물다. 따라서 항상성을 위하여 신경섬유는—그것이 교감신경계의 것이든 부교감신경계의 것이든—무수신경섬유가 많지만, 그것은 유수신경섬유보다도 상당히 느린 전도 속도를 가진 것으로 알려져 있다. 평활근과 분비선 같은 항상성의 대표적인 작동체도, 수의적 활동과 자세성 활동의 대표적인 작동체인 횡문근에 비하면, 마찬가지로 동작이 느리다. 항상성 계의 메시지 다수는 신경계가 아닌 전송로를 통해서 보내진다. 그와 같은 전송로로서는 예를 들면 심장 근섬유의 직접 문합anastomosis이나 호르몬, 혈중 이산화탄소 등 화학적 매체를 들 수 있다. 심근의 경우를 제외하면, 이들도 일반적으로 유수신경섬유보다는 느린 전도 양식을 가지고 있다.

사이버네틱스에 관한 완전한 교과서는 어느 것이나 항상성을 상세하게 논의해야 마땅하지만 이 작용의 여러 사례를 어느 정도 상세하게 논의한 문헌들이 있다.[102] 그러나 이 책은 포괄적인 요점 제시보다는 이 문제에 대한 입문을 목적으로 하고, 또 항상성에 대해서 논하려면 꽤 상세한 생리학 일반의 지식이 있어야 하므로 이 이상 파고들지 않기로 한다.

사이버네틱스: 동물과 기계의 제어와 커뮤니케이션

제5장

계산기와 신경계

계산기는 본래 수를 기록하고, 수에 대한 연산을 하며, 그 결과를 수치로 보여주는 기계이다. 금액 면에서든 만드는 데 드는 노력 면에서든 계산기에 드는 비용의 상당 부분은 숫자를 명료하고도 정확하게 기록하는 간단한 문제에 쓰인다. 이것을 가장 쉽게 실현하는 방법은 똑같은 눈금 위를 어떤 지침이 움직이게 하는 것이다. 숫자를 n분의 1 정도로 기록하려고 생각하면, 이 눈금 어디에서든 지침이 그 정도로 원하는 위치를 차지하도록 해야 한다. 즉, 정보량이 $\log_2 n$이라면, 지침의 움직임을 어느 부분에서나 이 정도의 밀도를 유지하도록 맞추어야 하며 그 비용은 An 꼴의 식으로 나타날 것이다. 여기에서 A는 거의 상수로 보아도 된다. 더 정확히 말하면, $(n - 1)$개의 범위가 정확하게 잡히면 나머지 범위도 정확해지는 것이므로 정보량 I를 기록하기 위한 비용은 대략

$$(2^I - 1)A \tag{5.01}$$

가 된다. 이제 이 정보를 덜 정밀하게 새겨진 눈금 두 개로 나누어 기록한다고 해보자. 이 정보를 기록하기 위한 비용은 대략

$$2(2^{I/2} - 1)A \tag{5.02}$$

가 된다. 다시 이 정보를 N개의 눈금으로 나눈다면 그 비용은 대략

$$N(2^{I/N} - 1)A \tag{5.03}$$

가 된다. 이 식이 극소가 될 때는

$$2^{I/N} - 1 = \frac{I}{N} 2^{I/N} \log 2 \tag{5.04}$$

일 때이다. 또는

$$\frac{I}{N} \log 2 = x \qquad (5.05)$$

라고 두면

$$x = \frac{e^x - 1}{e^x} = 1 - e^{-x} \qquad (5.06)$$

가 될 때이다. 그런데 이 식은 $x = 0$ 즉 $N = \infty$ 일 때, 그리고 그때에만 성립한다. 즉 정보를 최저 비용으로 저장하기 위해서는, N 을 될수록 크게 잡아야 한다. 여기서 주의해야 하는 것은 $2^{I/N}$ 이 정수라는 점이다. 그렇다고 해도 $2^{I/N}$ 의 값으로 1은 무의미한 값이다. 1로 하면 정보를 전혀 포함하지 않은 눈금을 무수히 많이 갖기 때문이다. 따라서 의미 있는 범위에서 가장 의미 있는 $2^{I/N}$ 의 값은 2가 되는데, 그 경우에는 서로 같은 두 개의 부분으로 이루어진 눈금을 여러 개 사용하여 수를 기록하게 된다. 바꾸어 말하면 수를 이진법으로 여러 개 눈금 위에 표시하는 것이다. 그런 경우 우리가 아는 것은 주어진 양이 각 눈금의 두 개의 똑같은 부분의 어느 한 쪽에 존재하는 것일 뿐이고, 관측의 결과가 눈금의 어느 쪽 절반에 속하는지 잘못 알 확률을 아주 작게 만들 수 있다. 요컨대 우리는 어떤 수 v 를

$$v = v_0 + \frac{1}{2} v_1 + \frac{1}{2^2} v_2 + \cdots + \frac{1}{2^n} v_n + \cdots \qquad (5.07)$$

의 꼴로 나타내게 되는데, 여기서 각 v_n 은 0 또는 1 중 하나가 된다.

오늘날 계산기는 크게 두 종류가 있다. 그 하나는 부시 미분 해석기[103]와 같은 **아날로그 계산기**analogy machine 로 알려진 것으로, 자료는 어떤 연속

적인 눈금 위에 계량적으로 나타나고, 계산기의 정밀도는 눈금 제작의 정밀도에 좌우된다. 다른 하나는 보통의 탁상형 가산기加算器나 승산기乘算器와 같은 수치 계산기numerical machine로 불리는 것으로, 자료는 여러 가능한 숫자의 배치 중에서 하나를 선택하는 것으로 표현되고, 정밀도는 수의 배치가 구별되는 선예도sharpness와 각 선택마다 취할 수 있는 숫자 배치의 개수 및 선택의 수에 의해 정해진다. 어떻든 고정밀도 계산에는 계수형 계산기가 나오며, 그중에서도 매번 두 개 중 하나가 뽑히도록 선택하는 이진법 연산을 채용한 것이 낫다. 우리가 십진법을 따르는 계산 기계를 사용해 온 것은 역사적 우연의 귀결에 지나지 않는다. 인도 사람들이 0의 중요성과 자릿수 표기법의 이점을 발견했을 때, 열 손가락에 근거하여 십진법을 사용했다는 우연에 따른 것이다. 아닌 게 아니라 계산기를 사용하여 하는 일 대부분이 십진법으로 나타낸 수를 계산기에 넣거나, 또 계산기에서 나온 수를 십진법으로 표기하는 일인데 십진법 계산기도 무시할 수는 없다.

이것이 사실 은행이나 사무실이나 많은 통계 연구실에서 사용되는 보통 탁상 계산기의 사용법이다. 그러나 더 대형인 자동 계산기를 사용하기에 이는 최상의 방법이 아니다. 일반적으로 계산기는 기계를 사용하는 편이 손으로 하는 것보다 빠르기 때문에 쓰는 것이다. 계산 수단을 여러 가지 혼합하여 사용할 때에는 화학 반응을 조합할 때와 마찬가지로 계 전체 시간 상수의 크기가 가장 느린 것에 따라 정해진다.[104] 따라서 계산기의 정교한 연속 과정에서 사람 손을 극력 제거하고 계산의 시작과 끝에서 아무래도 사람의 손 없이는 안 될 곳에만 개입시키는 것이 좋다. 이와 같은 사정을 생각하면 수 표시법을 변환하는 장치를 연속 계산 조작의 시작과 끝에만 두고 중간 계산 조작은 전부 이진법으로 하면 알맞다.

이리하여 이상적인 계산기는 모든 필요한 자료를 처음에 계산기 속에 넣고 그 후로는 최후까지 사람 손을 피하도록 해야 한다. 그러려면 처음에는 수치 자료만을 계산기에 넣는 것이 아니라, 그것들의 수치를 어떻게 조합할 것인가 하는 규칙도, 계산 도상에 생길 수 있는 모든 경우를 고려한 지령의 꼴로 계산기에 넣어두어야 한다. 따라서 계산기라는 것은 산술연산을 하는 동시에 논리연산도 하는 기계이어야 하고, 계통이 선 셈법 algorithm을 따라서 수를 결합해 가야 한다. 그 결합법에 이용되는 셈법은 여러 가지 있을지 모르지만 그중 가장 간단하다고 알려진 것이 특히 논리 대수 또는 불 대수Boolean algebra이다. 이 셈법은 이진수의 산술과 같고, 이분법 즉 맞는가 틀리는가의 선택, 말하자면 어떤 집합 내에 있느냐 외에 있느냐 하는 선택에 기초를 두고 있다. 이것이 다른 셈법보다 우수한 이유는 이진수의 산술이 다른 것보다 우수한 이유와 같다.

이리하여 수치 자료도 논리적 자료도 모두 양자택일로 얻을 수 있는 이진법 수로 계산기에 넣을 수 있다. 또 자료에 행하는 연산 조작은 모두 주어진 이진수에서 새로운 이진수를 만드는 식이다. 한 자리 수 두 개 A 와 B를 더하면 두 자리 숫자를 얻을 수 있지만, 그 합의 최초 자릿수의 숫자는 A와 B가 어느 쪽이나 1이었을 경우에는 1, 그렇지 않을 경우는 0이다. 또 합의 다음 자릿수의 숫자는 $A \neq B$일 때는 1, $A = B$일 때는 0이다. 자리가 하나를 넘는 수의 덧셈도 같은 모양이지만, 더 복잡한 규칙에 따른다. 이진법의 곱셈은 십진법의 경우와 같으며 곱셈표와 덧셈으로 환원된다. 이진수의 곱셈 규칙은 다음 표처럼 간단한 모양이 된다.

×	0	1
0	0	0
1	0	1

(5.08)

이같이 곱셈도 원래의 숫자들이 주어질 때 새로운 숫자를 결정하는 방법에 불과하다.

논리연산의 측면에서 0을 부정, 1을 긍정이라고 한다면, 모든 연산자는 부정, 논리합, 논리곱의 세 연산으로부터 얻을 수 있다. 부정은 1을 0으로, 또 0을 1로 변환한다. 논리합은 다음 표와 같다.

$\oplus$	O	I
O	O	I
I	I	I

$$(5.09)$$

논리곱은 표 (5.08)의 $(1, 0)$ 체계로 된 수의 수치 곱셈와 같은 모양의 다음 표로 주어진다.

$\otimes$	O	I
O	O	O
I	O	I

$$(5.10)$$

말하자면 계산기의 연산 가운데서 행하여지는 것은, 모두 미리 정한 일정한 규칙에 따라 1과 0 두 개로 된 짝 중에서 어느 것인가를 선택하는 일이다. 바꾸어 말하면 계산기의 구조는 예컨대 '전도 상태on'와 '비전도 상태off' 두 상태를 취할 수 있는 계전기 조합의 구조와 같다. 각 단계에서 계전기는 그 전 단계에서 계전기군의 일부 또는 전부가 취한 위치에 의해 지정된 위치를 취한다. 이들 동작 단계는 중심이 되는 하나 또는 여러 시계로 분명하게 '기록clock'된다. 즉 그 동작 과정에서 우선 동작해야 할 계전기가 요구되는 모든 단계를 통과하기를 기다려 각 계전기가 작동하는 것이다.

계산기에 사용되는 계전기는 매우 다양하다. 순수하게 기계적인 것이 있는가 하면, 솔레노이드 계전기처럼 전기기계적인 것도 있다. 솔레노이드 계전기는 전기자armature가 두 평형 위치 중 한편에 머물러 있지만, 적당한 충격 전류가 가해지면 반대 위치로 이동한다. 또 두 평형 위치를 가진 순수하게 전기적인 방식도 있다. 이것에는 기체 방전관, 또는 훨씬 더 고속으로 동작하는 진공관 등이 있다. 계전기의 두 가지 가능한 상태는 외부에서 간섭이 없으면 둘 다 안정할 수도 있고, 한쪽만이 안정하고 다른 쪽은 과도적일 때도 있다. 후자의 경우 항상, 전자의 경우 대체로, 얼마간의 시간 후에 동작하게 될 충격 전류를 기억하기 위해서 또 계전기 하나가 끝없이 같은 동작을 반복하는 고장을 방지하기 위해서 특별한 장치를 마련해두는 것이 바람직하다. 그러나 이 기억 문제는 뒤에서 더 논하기로 한다.

계산 시스템으로 작용할 수 있는 계로 알려진 인간 및 동물 신경계에 계전기와 똑같은 동작을 하기에 이상적으로 적합한 요소들이 있다는 점은 주목할 만하다. 이 요소란 소위 뉴런 또는 신경세포라 불리는 것이다. 전류 영향하에서 신경세포는 상당히 복잡한 성질을 보이지만, 보통 생리학적인 활동으로서는 거의 완전하게 실무율에 따른다. 즉 신경세포는 정지 상태에 있거나 '발화fire'하는데, 일단 발화하면 자극의 성질이나 강도에는 거의 무관하게 일련의 신경 흥분을 겪는다. 이때, 먼저 신경이 흥분 상태active phase가 되고, 이 상태가 뉴런의 한쪽 끝에서 다른 쪽 끝으로 일정한 속도로 전달된다. 이어서 무반응기refractory period가 생긴다. 이 동안 뉴런은 자극을 받아들이지 않는다. 적어도 정상적인 생리학적 변화에 의해서는 자극되지 않는다. 무반응기가 지나면 신경은 휴지 상태에 머무르나 자극을 받으면 또다시 활동할 수 있다.

이와 같이 신경은 본래 두 개의 활동 상태, 즉 흥분 상태와 휴지 상태를 가진 계전기라고 생각해도 된다. 신경섬유의 자유단이나 말단 감각기 등에서 메시지를 받는 뉴런을 별도로 하면, 하나의 뉴런은 다른 여러 뉴런에서 시냅스라는 접촉점을 통해 메시지를 받는다. 출력 쪽의 한 뉴런에 수 개에서 수백 개에 이르는 시냅스가 연결된다. 여러 시냅스에 들어오는 자극의 상태와 출력 측 뉴런의 이전 상태와의 조합에 의해 그 뉴런이 발화할 것인지 정해진다. 그리고 그 뉴런이 발화하지 않고 무반응기도 없는 경우 어떤 지극히 짧은 융합 시간 중에 '발화'하는 입력 시냅스의 수가 일정한 역치를 넘을 때, 뉴런은 발화하지만 그때는 대략 일정한 지연 시간, 즉 시냅스에 의한 지연synaptic delay을 볼 수 있다.

아마 이것은 지나치게 단순화된 묘사일 것이다. '역치'는 단지 시냅스의 수뿐 아니라 시냅스의 '세기weight'에도 의존하며, 또한 자극을 보내야 할 뉴런에 대한 시냅스 상호 간의 기하학적 관계에도 의존한다. 또 꽤 신빙성 높은 증거에 따르면 일반적인 시냅스와는 성질이 다른 시냅스가 존재한다. 이를 억제성 시냅스inhibitory synapse라 하는데, 거기에 이어지는 뉴런의 활동을 완전히 저지하든가, 또는 일반적인 시냅스의 자극에 대해 역치를 높이는 것이다. 상당히 확실한 사실은 하나의 뉴런에, 그것과 시냅스로 결합한 여러 뉴런에서 자극이 들어왔을 때, 그들 자극이 어떤 일정한 조합으로 이루어져야 뉴런의 발화가 일어나고, 그 이외의 조합으로는 뉴런이 발화하지 않는다는 것이다. 그렇다 해도 뉴런 외부의 영향, 아마도 체액성 영향 등이 뉴런을 발화시키기에 적합한 입력 자극의 패턴에 완만한 장기 누적적 변화를 일으키는 일도 없다고는 할 수 없다.

신경계의 매우 중요한 기능은, 또 앞서 말한 것처럼 계산기에도 마찬가지로 필요한 기능은 기억 기능, 즉 과거의 연산 조작에서 얻은 결과를 장래의 용도에 대비하여 보존하는 능력이다. 기억의 사용법이 지극히 다양하다는 것은 분명하고, 단일 기제가 그것들 모두의 요구를 채워줄 수 있으리라고는 생각할 수 없다. 우선 기억은 곱셈과 같은 보통의 조작을 행할 때에도 필요하지만, 그 경우에는 조작이 완료되면 중간 결과는 소용이 없어지고 그것에 쓰였던 장치는 곧 다른 일에 전용되어야 한다. 이와 같은 기억은 고속으로 기록되고, 고속으로 읽혀지고 또 고속으로 말소되어야 한다. 또 한편으로 기억이 기계 또는 두뇌의 일부에 저장되어서 영속적으로 기록되고, 적어도 기계를 1회 사용하는 동안 그 장래의 모든 행동의 기초가 되는 일이 있다. 여기서 어떤 기계의 사용법과 두뇌의 사용법 사이에는 다음과 같은 중요한 차이가 있다는 점에 주의해 두자. 즉 기계는 각 회 동작이 전혀 상호 관련 없이, 또는 적게 제한적으로만 연관되는 조건에서 여러 회 사용할 수 있도록 만들어지고, 1회 동작할 때마다 기록은 말소된다. 그런데 두뇌는 보통 상태에서는 근사적으로조차 과거의 기록을 말살해 버리지 않는다. 따라서 정상 상태에서 두뇌는 계산기와 완전히 닮은 성질을 갖지 않고, 오히려 계산기를 1회만 운전하는 경우와 닮았다. 뒤에 알게 되겠지만, 이는 정신병리학과 심리학에서 중요한 의미가 있다.

다시 기억의 문제로 돌아가자. 단기 기억을 실현하는 데 좋은 방법은 자극의 계열을 닫힌 회로를 따라 빙빙 순환시키는 일을 외부 개입이 사라질 때까지 계속하는 것이다. 우리 두뇌 속에서도 이 현상이 외견상의 현재 specious present 로 알려진 현상으로 자극이 남아 있는 동안 생기고 있다고 믿을 이유가 많다. 이 방법을 모방하여 계산기에 사용되는 여러 장치가 실현되고 있거나, 적어도 실현 가능성이 보인다. 이와 같은 기억 보존 장치에는 바람직한 두 가지 조건이 있다. 즉, 자극이 매질 속에 전달되는 동안 상당한 시간의 지연이 그다지 곤란 없이 실현되도록 한다는 것, 또 그러한 장치에 의한 오차가 내용을 별로 훼손하지 않은 사이에 본래의 자극이 되도록 예리한 모양으로 복원되도록 한다는 것이다. 전자의 조건에서라면 빛의 전파에 의한 지연은 물론, 여러 경우 전기 회로에 의한 지연도 제외되어야 한다. 반면, 어떤 형의 탄성 진동을 이용하는 것도 적절하다. 사실 탄성 진동이 이 목적으로 계산기에 사용되고 있다. 전기 회로를 지연의 목적으로 사용하면, 각 단계에 생기는 지연은 비교적 짧아진다. 또 선형성을 띠는 장치는 모두 그러한 것처럼 메시지의 변형은 누적하고, 그것이 곧 허용할 수 없을 정도가 된다. 이것을 피하기 위해서는 후자의 조건을 고려해야 한다. 그러려면 들어오는 메시지의 파형을 반복하지 말고 어떤 파형을 가진 새로운 메시지를 만들어내는 계전기를 사이클 어딘가에 삽입해야 한다. 모든 전도가 많든 적든 방아쇠 당김 현상 trigger phenomena 인 신경계 내에서 이것은 극히 행해지기 쉽다. 전기 방면에서는 이 목적을 위한 장치가 전부터 알려져 있고, 전신 회선에 관련하여 사용되어 왔다. 이것이 전신형 중계기 telegraph-type repeater 이다. 이것을 장시간의 기억에 사용하기 어려운 것은 기계를 방대한 횟수로 연속적으로 되풀이해서 사용해도 고장 없이 작동해야 하기 때문이다. 그런 만큼 성공은 놀랄 만한 일이다. 맨체스터 대학교의 윌리엄스 씨 Mr. Williams 가 설계한 장치에는 1/100초 정도의 지연 시간 단위를 가진 이 종류의 장치가 수 시간이나 무사히 움직였다. 이 장치에서 다시금 주목해야 할 점은, 그것이 단지 예인가 아니요인가의 결정을 하나 기억할 뿐 아니라, 수천 개의 결정을 기억했다는 데 있다.

사이버네틱스: 동물과 기계의 제어와 커뮤니케이션

지극히 많은 수의 결정을 기억하기 위한 장치는 어느 것이나 그렇겠지만 이것도 주사법scanning principle을 사용하고 있다. 비교적 단시간만 정보를 축적하기 위한 간단한 방법 하나는 축전기에 전하를 저장하는 것이다. 이것을 전신형 중계기로 재생하면 기억을 위한 충분한 방법이 된다. 이와 같은 축적 장치를 가장 유효하게 활용하려면 축전기를 차례로 매우 고속으로 바꿀 수 있어야 한다. 이것을 보통 방법으로 하려고 하면, 기계적인 관성이 들어와서 초고속성과 양립하지 않는다. 보다 좋은 방법은 유전체에 증착시킨 금속 입자에서 유전체의 불량 절연 면 자체가 하나의 전극이 된 것 같은 축전기를 아주 많이 사용하는 일이다. 이들 축전기 접속선의 한 끝은 쓸기 회로sweep circuit의 축전기나 전자석에 의해 움직이는 음극선 다발로 되어 있어 마치 밭을 갈 때 쓰는 호미처럼 움직여 다니는 것이다. 이 방법에는 갖가지 정교한 구현체가 있다. 윌리엄스 씨가 이 방법을 사용하기 전에 RCARadio Corporation of America에서는 다소 다른 방식으로 채용했다.

마지막에 서술한 정보를 축적하는 여러 방법을 사용하면 인간의 일생 정도까지는 아니어도 상당히 오랫동안 메시지를 유지할 수 있다. 기록을 보다 영속적으로 유지하는 여러 방법도 있다. 펀치 카드나 펀치 테이프와 같이 커져서 느리고, 또 말소가 안 되는 방법을 제외하면 우선 자기 테이프를 들 수 있다. 최근의 개량으로 메시지가 희미해지는 일은 상당히 막을 수 있게 되었다. 또 인광 물질이나, 무엇보다 사진을 들 수 있다. 사진은 실제로 기록의 영속성이나 상세함에서는 이상적이고, 또 관측을 기록하는데 필요한 노출 기간이 짧다는 점에서도 이상적이다. 그러나 사진에는 두 가지 중대한 결함이 있다. 하나는 현상에 드는 시간으로서 수 초 정도까지 단축되었다고 해도, 아직 사진이 단시간용 기억에 적합할 정도로 짧아지지는 않았다. 둘째로 (1947년 현재 상황에) 사진 기록은 급속히 말소하고 새로운 기록으로 바꾸는 것이 불가능하다. 이스트만Eastman 사람들은 바로 이 문제와 씨름하고 있으며, 해결할 수 없어 보이지는 않으므로 지금쯤 해답을 얻었을지도 모른다.

이상의 정보 축적법 거의 대부분에 공통인 중요한 물리적 요소가 있다. 이런 방법에는 고도의 양자 겹침degeneracy이 있는 계, 다시 말해서 동일한 진동수에 다수의 진동 모드를 가진 계가 이용되는 듯하다. 강자성체의 경우 확실히 그러하고, 또 정보 축적용 축전기에 특히 적합한 비상하게 높은 유전율을 띠는 물질도 그러하다. 인광도 또한 고도의 전자 겹침과 관련 있는 현상이고, 또 같은 종류의 효과가 사진 현상 과정에도 나타난다. 현상제로 사용하는 다수의 물질에는 상당한 내부 공명이 있는 것 같다. 양자 겹침은 작은 원인이 감지할 수 있고 안정된 효과를 낳게 하는 것으로 보인다. 제2장에서 말한 바와 같이 고차 양자 겹침이 있는 물질은 신진대사나 생식 작용 등 많은 문제와 관련된 것 같다. 무생물적 환경에서도 이들 물질이 생물체의 세 번째 기본적 성질, 즉 자극을 받아 조직화하고 그것으로 외부 세계에 효과적으로 반응하는 능력과 관련 있음을 발견했다는 사실은 아마도 우연이 아닐 것이다.

사진이나 그 밖의 유사 현상에서 우리는 특정 축적 요소의 영구적인 변화 형태로 메시지를 축적할 수 있음을 보았다. 이 정보를 계에 재차 삽입할 때에는 계를 흐르고 있는 메시지에 그 변화가 영향을 미치도록 할 필요가 있다. 이것을 가장 간단하게 행하는 방법은 평상시 메시지의 전달을 돕고, 그리하여 축적에 의한 상태 변화가 훨씬 장래에 걸쳐서 메시지 전달 방법에 영향을 주는 것을 축적 요소로 하는 것이다. 신경계에서는 뉴런과 시냅스가 이런 종류의 축적 요소이며, 정보가 뉴런 역치가 장기간 변화함에 따라, 또는 결국 같은 말일지 모르지만 메시지의 시냅스에 대한 투자율permeability이 장기간 변화함에 따라 축적된다는 것은 그럴 법한 일이다. 이 현상을 더 잘 설명할 방법이 없으므로 우리 연구자 다수는 두뇌에서 정보의 축적이 실제로 이와 같이 일어난다고 생각한다. 이 같은 축적은 새로운 경로의 개통이나 옛 경로의 폐쇄로 이루어진다고 생각할 수 있다. 출생후 두뇌 속에서 뉴런이 새로이 형성되는 일이 없음은 잘 입증된 사실이다. 새로운 시냅스가 형성되지 않는다는 것도, 확실하지 않더라도 가능한 일이다. 기억 과정에서 역치의 중요한 변화가 증가한다는 것도 신뢰할 수 있는 추측이다. 만일 그렇다면 우리의 생명은 발자크가 쓴 《나귀 가죽 *La Peau de chagrin* 》이 그리는 모습에 따르며, 생명 자체가 우리 생명력을 낭비하기 전에 학습과 기억의 과정 그 자체가 우리들의 학습 능력과 기억력을 모두 소모할 것이다. 이런 현상도 일어날 수 있을지 모른다. 이는 노쇠senescence에 대한 하나의 설명이다. 그러나 노쇠의 실제 현상은 매우 복잡하여 이런 설명만으로는 충분하지 않다.

우리는 이미 계산기와, 논리 기계로서의 두뇌에 대해서 논했다. 이런 자연 기계나 인공 기계가 논리학에 비춘 광명을 고찰하는 것은 결코 부질없는 일이 아니다. 이 방면의 주된 연구는 튜링에 의한 것이다.[105] 우리는 앞에서 **추론 기계**가 다름 아닌 라이프니츠의 **추론 계산법**을 동력으로 행하는 계라고 했다. 현대 수리논리학이 이 계산법에서 출발하는 것처럼, 현재의 기술 진도가 논리학에 새로운 빛을 비추는 것은 당연한 일일 것이다. 오늘날의 과학은 조작적이다. 즉 모든 명제를 가능한 실험이나 관측 가능한 과정과 본질적으로 연결하여 생각한다. 이에 따라 논리학 연구는 제거할 수 없는 제한과 불완전함이 있다 하더라도 신경계에 의한 또는 기계적인 논리 기계의 연구로 환원되어야 한다.

이는 논리학을 심리학으로 환원하는 것인데 이 두 개의 학문은 보기에는 전혀 다르고, 실제로도 다르다는 것을 증명할 수 있다고 하는 독자들도 있을지 모른다. 사고의 심리학적 상태나 과정이 논리학의 규범에 따르지 않는다는 의미에서는 옳은 말이다. 우리에게 어떤 의미를 갖는 논리는 인간의 마음—따라서 인간의 신경계—에 거두어들이지 못하는 것은 어느 것도 포함할 수 없다. 인간이 논리적 사고라고 하는 활동을 하는 한 모든 논리는 인간 마음의 한계에 따라 제한된다.

예컨대 수학에서는 무한과 관련된 논의가 중요하지만, 이런 논의와 거기에 수반하는 증명은 실제로 무한하지 않다. 유한 단계 이상을 포함하는 증명은 허용되지 않는다. 수학적 귀납법을 사용한 증명은 무한 단계를 포함한 것처럼 보인다. 그렇지만 그렇게 보일 뿐이다. 실제는 다음 단계밖에 포함하지 않는다.

(1) P_n은 수 n을 포함한 명제다.

(2) $n = 1$에 대해서 P_n은 증명되어 있다.

(3) P_n이 참이라면, P_{n+1}도 참이다.

(4) 따라서 P_n은 모든 양의 정수 n에 대해서도 참이다.

우리 논리적 가정 어딘가에는 이 논변을 유효하게 하는 요소가 틀림없이 있다. 그러나 이 수학적 귀납법은 무한집합에 대한 완전한 귀납법과는 아주 다르다. 어떤 종류의 수학 이론에 나타나는 초한귀납법처럼 더 세련된 형태의 수학적 귀납법에 대해서도 같은 말을 할 수 있다.

이상으로부터 아주 흥미로운 일이 생긴다. 시간과 계산 수단을 충분히 사용하면 정리 P_n의 하나하나의 경우에 대해서는 증명할 수 있지만, 수학적 귀납법에서처럼 이들 증명을 n과는 무관한 단일한 논변에 포함시키는 체계적인 방법이 없다면, 모든 n에 대해 P_n을 증명하는 것이 불가능할 수 있다는 것이다. 이러한 상황이 일어날 수 있음은 괴델Kurt Gödel과 그 학파가 훌륭하게 전개한 초수학metamathematics 이론이 보인 바 있다.

증명이란 유한한 개수의 단계를 통해 명확한 결론에 도달하는 논리 과정을 가리킨다. 그러나 논리 기계는 일정한 법칙에 따르기는 하지만 굳이 하나의 결론에 도달할 필요는 없다. 그것은 끊임없이 복잡도를 더해가는 활동을 보이면서 또는 체스 게임의 끝부분에서 영원히 '체크'를 되풀이하는 것 같은 반복 상태를 보이면서 다른 단계들을 순환하며 정지하지 못할지 모른다. 이런 일은 칸토어의 역설이나 러셀의 역설 같은 경우에 생긴다. 가령 자기 자신이 그 구성 요소가 아닌 집합들 전체로 된 집합 A를 생각해 보자. 이 집합 A는 그 자신의 원소일까? 만일 그렇다면 A는 분명히 A의 원소가 아니다. 또한 A가 그 자신의 원소가 아니라면 그것은 확실히 A의 원소이다. 이것이 러셀의 역설이다. 기계에서 이 질문의 해답을 구한다면, 기계는 '예', '아니요', '예', '아니요'로 그때그때의 해답만 계속해서 주며 영원히 평형 상태에 이르지 못할 것이다.

버트런드 러셀은 자신의 역설을 풀기 위해 모든 명제에 계형type이라는 양을 부여했다. 형식적으로는 같은 명제처럼 보이는 것들을 이 계형을 통해 관계된 대상의 성격에 따라, 즉 그것들이 가장 간단한 의미에서 '대상'인가, '대상'들의 집합인가, '대상'들의 집합의 집합인가 등에 따라 식별하는 것이다. 우리는 각각의 명제에 하나의 매개변수를 붙임으로써 역설을 풀 수도 있다. 매개변수로 명제를 합당하게 주장할 수 있을 때를 지정하는 것이다. 어느 경우에든 균일화의 매개변수라고도 부를 수 있는 것을 도입해서 그 매개변수를 무시하는 일이 생기는 애매함을 해소하는 것이다.

이와 같이 우리는 기계의 논리가 인간의 논리와 닮았다는 것을 알았지만 튜링을 따라 인간의 논리를 해명하기 위해 기계를 사용할 수도 있다. 기계도 인간의 가장 뛰어난 성질, 즉 학습 능력이 있는 것일까? 기계가 학습 능력을 실제로 가질 수 있음을 알기 위해서 밀접한 관련이 있는 두 개념, 즉 관념의 연합과 조건반사에 대해서 생각해 보자.

로크John Locke에서 흄에 이르는 영국 경험론자는 인간 마음의 내용이 로크에 의하면 관념으로, 또 훗날의 저자들에 의하면 관념과 인상으로 이루어졌다고 생각했다. 경험론자는 단순한 관념 또는 인상이 순수히 수동적인 마음passive mind 속에 존재한다고 생각했다. 마치 깨끗한 칠판이 그 위에 쓰인 기호에 아무런 영향도 주지 않은 것과 마찬가지로 마음은 관념이나 인상에 아무런 영향도 주지 않는 것으로 보았다. 이들 관념은 힘이라고 부를 만한 것은 아닐지라도 일종의 내적 활동에 의해서 유사성similarity의 원리, 인접성contiguity의 원리, 원인과 결과cause and effect의 원리를 따라 서로 결합되고, 다발이 되는 것으로 생각했다. 원리 중에서 가장 중요한 것은 아마도 인접성의 원리일 것이다. 시간적 또는 공간적으로 잠시 함께 일어나는 관념이나 인상은 서로 환기하는 능력을 얻게 되고, 그들 중 어느 하나가 존재하면 전체의 다발이 생기는 것이라 생각했던 것이다.

이 모든 것에 동역학적 사고가 들어 있다. 그러나 동역학의 관념은 물리학으로부터 생물학이나 심리학까지는 아직 침투하고 있지 않았다. 18세기를 대표하는 생물학자는 린네Carl Linnaeus였다. 린네는 수집가이며 분류가로 그 견해는 오늘날 진화론자, 생리학자, 유전학자, 실험발생학자와는 전적으로 대립하는 것이었다. 사실 이 세계에 탐구할 것이 이처럼 많았던 시대에는 생물학자의 사고법이 린네와 다르기는 어려웠을 것이다. 같은 이치로 심리학에서도 정신의 내용-mental content이라는 관념이 정신의 과정-mental process이라는 생각을 압도하고 있었다. 이것은 명사를 본질이라고 생각하고, 동사를 전혀 중요히 여기지 않았던 세계의 일로서 실체substance를 중시한 스콜라 철학이 취한 태도의 유산이었다고 할 수 있으리라. 그러나 이와 같은 정적인 사고로부터 오늘날 보다 동적인 시각으로의 진보가 있었음은 파블로프Ivan Petrovich Pavlov 등의 예로 완전히 명백하다.

파블로프는 인간보다 동물을 훨씬 많이 다루었으며 마음의 내성적 상태보다도 눈에 보이는 행동에 대한 연구 보고를 했다. 파블로프는 개에게 먹이의 존재가 타액이나 위액 분비의 증가를 촉진하는 것을 발견했다. 파블로프는 언제나 일정한 물건을 식물이 있을 때만 개에게 보였는데, 식물이 없는 경우에도 그 물건을 보이면 타액이나 위액의 분비를 자극했다. 로크가 관념의 경우에 내성적으로 관찰했던 인접성에 따른 결합이 이 경우 행동 패턴들의 결합으로 발전했던 것이다.

그러나 파블로프와 로크의 견해 사이에는 중요한 차이가 하나 있다. 로크는 관념에 대해 생각하고 파블로프는 행동의 패턴에 대해서 생각하는 것이다. 파블로프가 관찰한 동물의 반응은 과정을 성공으로 이끌어가도록, 또는 파국 상태를 피하도록 작용한다. 타액을 내는 것은 삼킴과 소화에 중요하며, 또 고통이라 느껴질 자극을 피하는 것은 동물의 신체를 상해로부터 보호하는 일이 된다. 이와 같이 조건반사에는 **감정의 활기**affective tone라고 부를 만한 무엇인가가 들어온다. 우리는 이것을 우리 자신의 육체적 쾌락이나 고통의 감각과 연결할 필요가 없고, 추상적으로 동물의 이익과 연결할 필요도 없다. 본질적인 것은 다음의 일이다. 즉, 감정의 활기는 어떤 잣대 위에 음陰의 '고통'에서 양陽의 '육체적 쾌락'까지 줄 서 있고 감정의 활기가 증가하는 일은 그때 신경계에 일어나고 있는 모든 과정에 상당 기간 또는 항구적으로 호조건을 부여하고, 이들 신경 과정에 한층 더 감정의 활기를 증가시키는 이차적 능력을 부여한다. 또 감정의 활기가 감소할 때는 그때 일어나야 할 모든 과정이 억압되는 경향이 있고, 그 과정에 더욱더 감정의 활기를 감소시키는 이차적 능력도 주어지는 것이다.

생물학적으로 말하면 개체에 관해서는 어떻든 종족의 번영에 걸맞은 상태에서는 감정의 활기가 커지고, 또 파멸적일 정도는 아닐지라도 형편이 악화된 상태에서는 감정의 활기가 작아진다. 이 필요조건에 합치하지 않은 종족은 루이스 캐럴이 묘사한 버터 바른 빵 벌레Bread-and-Butter Fly 같은 운명으로 보통 멸망에 이른다. 그러나 멸망의 운명을 더듬고 있는 종족이라 할지라도 그 종족이 존속하는 한 유효한 어떤 기제를 수립할 수 있다. 즉, 지극히 자살적으로 배치된 감정의 활기조차도 어떤 일정한 행동 패턴을 낳는 것이다.

감정의 활기 기제는 그것 자체가 되먹임 기제라는 것에 주의하길 바란다. 다음과 같은 그림으로 나타낼 수 있다.

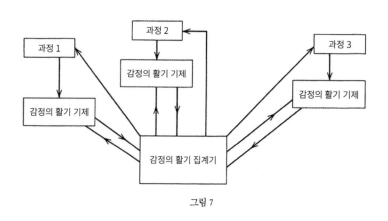

그림 7

이 도형에서 감정의 활기 집계기totalizer는 과거의 짧은 시간 사이에 별개의 기제에 의해서 주어진 감정의 활기를 어떤 법칙에 따라 결합하는데, 이 법칙을 지금 논할 필요는 없을 것이다. 각 감정의 활기 기제로 되돌아가는 선은 각 과정의 고유한 감정의 활기가 집계기의 출력 방향으로 수정되는 것을 가리킨다. 이 수정은 그것이 집계기로부터 오는 메시지에 의해 재차 수정되기까지 계속된다. 집계기에서 과정 기제로 돌아가는 선은 감정의 활기 총계가 증가할 때는 역치가 내려가고 감소할 때는 올라감을 보여준다. 이들은 또 장시간에 걸치는 효과가 있으며, 집계기에서 또다시 자극이 생겨 수정되기까지 지속한다. 그런데 이 지속 효과는 메시지가 돌아왔을 때 실제로 존재하는 과정에 대해서만 작용한다. 개개의 감정의 활기 기제에 대한 효과에도 같은 유형의 제한이 있다.

여기서 나는 다음을 강조하고 싶다. 나는 조건반사의 과정이 위에서 말한 기제에 따라서 작동한다고 주장하는 것은 아니다. 다만 그와 같이 생각하는 것이 가능하다고 말하는 데 지나지 않는다. 그러나 만약 우리가 이 기제, 또는 이것과 유사한 기제를 가정한다면 그것에 대해서 여러 흥미 있는 것을 말할 수 있다. 가령 이 기제는 학습 능력이 있다. 조건반사가 학습의 기제임은 이미 인정되었고, 또 이 생각은 미로 속 쥐의 학습을 행동주의 심리학자가 연구할 때에도 채용한 바 있다. 그때 사용한 유도나 징벌이 각각 양과 음의 감정의 활기를 띠는 것이 필요한 전부다. 이것은 분명하며, 실험자는 선험적 고려뿐 아니라 경험으로 이 감정의 활기가 띠는 성질을 배운다.

또한 이런 기제는 신경계 일반의 메시지를 받아들이는 상태에 있는 모든 곳으로 들어가는 유형의 메시지와 관련이 있다. 감정의 활기 집계기로부터 돌아오는 것은 그와 같은 메시지이고 또 감정의 활기 기제로부터 집계 기제로의 메시지에도 어느 정도까지는 그와 같은 것이 있다. 사실 집계 기제는 따로 분리된 특별한 요소가 아니라도 단순히 개별 감정의 활기 기제에서 오는 메시지를 적당히 자연스럽게 조합하는 것이면 된다. 이 '관계자에게to whom it may concern'라는 메시지는 신경 이외의 메시지 경로로 최소의 시설비로 아주 효과적으로 전달된다. 이와 마찬가지로 광산에서 사용하는 커뮤니케이션 체계는 보통 전선과 갖가지 장치로 중앙 전화국을 설치한다. 그러나 광산을 급히 비우고 싶을 때는 중앙에 의존하지 않고 공기 취입구의 머캅탄mercaptan[106] 관을 부숴버린다. 머캅탄이나 호르몬 같은 화학적 메시지는 특별한 수취인에게 보내는 것이 아닌 메시지의 전달에는 가장 간단하고 효과적이다. 여기서 잠깐, 온전한 나의 공상으로 잠시 새겠다. 호르몬의 작용이 고도로 정서적이고 따라서 감정적 내용을 가지고 있다는 생각은 매우 풍부한 것을 시사한다. 순수한 신경 기제가 감정의 활기를 가질 수 없다거나 학습할 수 없다는 것을 의미하지는 않지만, 우리의 정신 활동을 이 측면에서 연구할 때에는 호르몬에 의한 전달 가능성을 무시할 수 없음을 보여준다. 프로이트Sigmund Freud의 학설에는 기억 즉 신경계의 저장 작용과 성 활동이 모두 포함되는데 이 사실에 위의 생각을 연결하는 것은 지나친 공상일지 모른다. 성 및 모든 감정적 내용은 매우 강한 호르몬 요소를 가지고 있다. 성과 호르몬의 중요성을 이처럼 나에게 시사한 사람은 렛빈 박사와 셀프리지 씨이다. 현재로서는 그 정당함을 증명할 충분한 증거가 없지만, 원리적으로 명백히 불합리하다고 말할 수도 없다.

계산기의 성질 속에는 그것이 조건반사를 할 수 없음을 보여주는 것은 하나도 없다. 동작 중인 계산기는 설계자가 짜 넣은 계전기나 축적 기제의 연쇄 이상의 것임을 잊어서는 안 된다. 그것은 또 축적 기제의 내용을 포함하고 그 내용은 1회 운전 중에 완전히 말소되지 않는다. 우리가 이미 본 바와 같이 개체의 생명에 해당하는 것은 계산기의 기계적 구조 그 자체가 아니라 오히려 그 움직임이다. 또 이미 말한 바처럼 신경의 계산 기계에서는 정보가 주로 시냅스의 투과율 변화로서 축적될 가능성이 높고, 정보를 그와 같이 저장하는 기계를 인공적으로 제작하는 것이 완전히 가능하다. 예컨대 한 개나 여러 개 진공관에서 그리드의 편향 전압을 영구적 또는 반영구적으로 바꾸어, 진공관에 유효한 활동을 시키는 자극 수의 총합을 바꿈으로써 메시지를 축적하는 것도 완전히 가능하다.

계산기나 제어 기계에 의한 학습 장치와 그 사용법에 대한 보다 상세한 설명은 이 책과 같은 예비 서적에서 할 일이 아니며, 기술자에게 맡겨야 할 것이다. 이 장의 나머지 부분에서는 현대 계산기의 보다 발달한 정상적 용법에 대해 논하는 편이 나을 것이다. 계산기의 주요 사용처 중 하나는 미분방정식 풀이다. 선형 편미분방정식을 계산기에 넣으려고 해도 두 개 이상의 변수의 함수를 정확하게 나타내지 않으면 안 되므로 기억해야 할 자료가 방대하다. 파동 방정식과 같은 쌍곡형방정식에서는 초깃값을 주고 방정식을 푸는 것이 대표적인 문제이고 이것은 초깃값에서 차례차례 어떤 시간 뒤의 값을 계산해서 풀 수 있다. 포물형방정식이 주어진 경우에도 대체로 같다. 본래의 자료가 초깃값이 아닌 경곗값으로 주어진 타원형방정식이 되면 자연스러운 해법은 축차근사법을 되풀이하는 것이 된다. 이 조작을 매우 방대한 횟수로 반복해야 하므로 현대의 계산기 같은 대단한 고속의 방법이 불가결하다.

비선형 편미분방정식이 되면 우리는 선형방정식 이론 같은 통일적이고 유효한 순수 수학 이론을 가지고 있지 않다. 이 경우 수치 해법은 개별 예를 다룰 때 쓰는 도구에 그치지 않는다. 폰 노이만이 지적한 것처럼 일반 이론을 끌어내기 위해서도 수치 예를 많이 알아야 하는 것이다. 이는 어느 정도까지는 예를 들면 풍동처럼 매우 고가의 실험 장비를 사용하여 실현되어 왔다. 충격파, 표면 마찰, 난류 등의 복잡한 성질을 다루는 적절한 수학 이론은 아직 없지만, 이들에 대해 알 수 있게 된 것도 이들 실험 장비 덕이다. 이와 같은 성질의 현상이 얼마만큼이나 아직 발견되지 않은 채 있는지, 우리는 알지 못한다. 아날로그 계산기는 계수형 계산기보다 훨씬 정밀도가 나쁘며 아직 많은 경우 속도가 느리므로 계수형 계산기 쪽이 훨씬 장래성을 가지고 있다.

새로운 계산기를 사용하려면 필산을 할 때나 작은 계산기를 사용하는 경우와는 전혀 다른 독특한 순수 수학적 기교가 필요하다는 점이 분명해지고 있다. 예컨대 상당히 고차인 행렬식 또는 20차 내지 30차의 일차 연립방정식을 푸는 데 계산기를 사용할 경우에도 낮은 차수의 문제를 풀 때는 생기지 않았던 곤란이 일어난다. 문제를 기계에 걸 때 주의하지 않으면 이 풀이의 유효숫자가 거의 사라지고 만다. 초고속 계산기 같은 정교하고도 효과적인 기계가 그것을 충분히 활용하기에 부족함이 없는 숙련된 기술이 없는 사람의 손에 맞지 않는다는 것은 더 말할 나위도 없다. 물론 초고속 계산기가 생겼다고 해서 고도의 이해력을 갖추고 기술적 훈련을 거친 수학자가 덜 필요해지지는 않을 것이다. 계산기의 기계적 또는 전기적인 구조에 대해 고려할 가치가 있는 금언이 몇 가지 있다. 가산기나 승산기 등 비교적 빈번히 사용하는 기구는 하나의 한정된 특수 용도에만 적합하도록 비교적 표준화된 것으로 조립해 둘 것, 반면 별로 사용하지 않는 기구는 다른 목적으로 전용될 수 있는 것으로 그 경우에 맞도록 조립하면 된다는 것이다. 이와 밀접하게 관련된 것이지만 이들 일반적인 기구에서 부품은 일반적인 성질을 고려하여 활용해야 하며, 장치의 다른 부품과의 특별한 조합으로 만들어서 항구적으로 쓰려 해서는 안 된다는 것도 고려해야 한다. 장치의 어떤 부분은 자동 전화 교환기처럼 각종 빈 부품과 연결기를 찾아내 필요에 따라 그것들을 선택하여 사용하도록 해야 한다. 이렇게 하면 커다란 장치 전체가 사용되지 않는 한 다수의 부품이 멈추어서 생기는 막대한 비용 가운데 상당 부분을 절약할 수 있다. 신경계에서 자극 전도의 폭주나 과부하의 문제를 생각할 때 이 원리가 얼마나 중요한지 알 수 있을 것이다.

마지막으로 다음을 지적하고자 한다. 기계적 또는 전기적 장치에 의한 것일지라도 또는 뇌 그 자체라 할지라도 대형 계산기는 상당한 전력을 요하고 그 모두가 소비되며 열로서 흩어진다. 뇌에서 나가는 혈액의 온도는 들어가는 것보다 수 분의 1도 높아진다. 뇌 이외의 보통 계산기는 에너지의 경제라는 점에서 뇌와 비교할 수조차 없다. 에니악ENIAC이나 에드박 EDVAC 같은 대형 장치에서는 진공관의 필라멘트는 킬로와트 단위의 에너지를 소비하고, 충분한 통풍 냉각 장치를 달지 않으면 장치는 일종의 기계 열병에 걸려 기계의 상수가 열 때문에 완전히 변하여 잘 작동할 수 없게 된다. 그러나 개개 조작에 필요로 하는 에너지는 매우 적어 에너지 소비량에 따라서 장치의 활동을 유효하게 잴 수 없다. 기계적 두뇌는 초기 유물론자가 주장한 것처럼, "간이 담즙을 분비하는 것"처럼 사고를 분비하지 않으며, 근육이 활동하는 것처럼 에너지의 꼴로 사고를 방출하는 일도 없다. 정보는 정보일 뿐 물질도 아니고 에너지도 아니다. 이것을 인정하지 않는 유물론은 오늘날 존속할 수 없다.

제6장

게슈탈트와 보편적 개념

앞 장에서 언급한 여러 가지 중 로크의 관념 연합설을 신경계의 기제로 설명할 수 있는가 하는 것이 있었다. 로크에 의하면 연상은 인접성, 유사성 및 인과의 세 원리에 따라 일어나는 것이다. 이들 중 셋째인 인과의 원리는 로크가, 확정적으로는 흄이 항상 동반하여 일어나는 일에 불과하다 하여 첫째인 인접성의 원리에 포함시켰다. 둘째인 유사성의 원리에 대해서는 더 상세히 논의할 만한 가치가 있다.

어떻게 우리는 사람을 옆으로 보나 비스듬히 보나 앞으로 보나 용모가 같은 동일 인물임을 분간하는 것일까? 원이 크든 작든, 멀리 있든 가까이 있든, 눈과 원의 중심을 연결하는 선이 면에 수직이어서 원으로 보이든 그렇지 않고 타원으로 보이든, 어떻게 원은 원으로 인식되는가? 어찌하여 우리는 구름이나, 로르샤흐Hermann Rorschach 검사에 쓰인 잉크의 오점을 얼굴이나 동물이나 지도로 보는 것일까? 이들 모든 예는 눈에 관한 것이지만, 다른 감각에 대해서도 같은 문제가 존재하고 어떤 것은 여러 감각 간 관계와 관련이 있다. 우리는 새의 지저귐과 벌레의 울음소리를 어떻게 말로 표현하는 것일까? 동전의 둥긂을 손으로 만져서 어떻게 분간하는 것일까?

잠시 이야기를 시각에 한정하기로 하자. 서로 다른 대상의 형태를 비교할 때 한 가지 중요한 요소가 근육과 눈의 상호 작용임은 확실하다. 그 근육은 안구 안의 것일 수도 있고, 안구를 움직이는 근육, 또는 신체 전체를 움직이는 근육일 수도 있으리라. 실제로 감각-근육 되먹임 계의 어떤 유형은 편충과 같은 하등 동물에도 중요하다. 이 동물에는 음성 주광성negative phototropism, 즉 빛을 피하려는 경향이 있는데, 음성 주광성은 두 감각기에서 오는 자극의 평형으로 제어되는 것 같다. 이 평형은 몸통의 근육에 되먹임되어 몸을 빛에서 비켜나 전진하게 하는 일반 자극과 결합해 동물을 근처 가장 어두운 곳으로 파고들게 한다. 흥미롭게도, 적당한 증폭기가 있는 광전지 한 쌍과 이 출력의 평형을 잡기 위한 휘트스톤 브리지 및 쌍추진 기구를 움직이게 하기 위한 두 개의 전동기에 입력을 제어하는 증폭기 등을 조합하면, 작은 배를 적당히 음성 주광성을 띠도록 제어하는 장치를 만들 수 있다. 이런 장치를 편충이 가지고 다닐 수 있을 정도로 작게 만드는 것은 어렵거나 불가능하다. 그러나 이것은 독자가 이미 친숙할 다음 사실의 새로운 예증에 불과하다. 즉 생물의 기구는 생물에 대응하도록 인공적으로 만든 최적의 것보다 훨씬 크기가 작은 경향이 있다. 그러나 전기 기술을 이용하면 속도 면에서는 인공 기구 쪽이 생명체를 훨씬 능가할 수 있다.

세세한 단계는 생략하고 바로 인간 눈과 근육의 되먹임 문제를 살펴보자. 어떤 것은 성질상 순수한 항상성이 있다. 예를 들면 어두운 곳에서 동공이 열리고, 밝은 곳에서는 닫힌다. 눈에 들어오는 빛의 양은 명암에 따라 변하지만 동공의 개폐에 의한 좁은 범위 내로 한정된다. 되먹임의 다른 예도 있다. 인간 눈에서 형태나 색채에 대한 감각이 예민한 부분은 상당히 작은 망막중심오목fovea에 한정되며, 사물의 움직임 지각이 예민한 부분은 망막 주변부인 등, 눈은 경제적이다. 그래서 빛남, 명암 대비, 색채, 무엇보다 운동 등으로 주변시peripheral vision가 눈에 띄는 대상물을 포착하면 그것을 망막중심오목에 보내는 되먹임이 일어난다. 이 되먹임에 따라서 상호 연결된 복잡한 부수적 되먹임이 일어나고, 그것들이 주의를 끄는 물체를 각 안구의 시야에서 같은 부분에 찍히도록 두 안구를 돌리며, 물체 윤곽이 되도록 확실하게 찍히도록 수정체를 조절한다. 이들의 동작은 머리나 신체의 운동이 보완한다. 즉, 만약 안구 운동만으로 대상물을 시야 중심에 넣을 수 없으면 머리나 신체의 운동으로 대상물을 시야 중심에 가져온다. 또, 시야 밖에 있는 대상물을 다른 감각기로 알 수 있었을 때도 머리나 신체의 운동으로 시야 속으로 가져올 때도 있다. 우리가 일정한 방향에서 보는 데 익숙한 대상물—필적, 사람 얼굴, 풍경 등—을 적당한 방향으로 가지고 가는 기제도 있다.

이러한 과정은 전부 다음과 같은 한 문장으로 정리할 수 있다. 즉 우리는 주의를 끄는 대상물을 표준적인 위치와 방향으로 가져와서 그 상을 되도록 작은 변동 범위로 수습하려는 경향이 있다. 이것만으로 물건의 형태나 의미를 인식할 때 관계하는 모든 과정을 망라한 것이라고 할 수는 없지만, 이것이 그 후에 같은 목적으로 일어나는 모든 과정을 쉽게 해주고 있음은 확실하다. 그 후에 일어나는 과정은 눈의 내부와 대뇌피질의 시각피질에 생긴다. 그 과정에서는 상당수 단계에 걸쳐 단계마다 시각 정보 전달에 관여하는 뉴런 경로의 수가 감소하고 이 정보를 특정 형태로, 사용하거나 기억으로 보존하기 위한 형태로 조금씩 가공한다는 많은 증거가 있다.

이 시각 정보 집중의 첫걸음은 정보를 망막에서 시신경으로 보내는 것이다. 여기서 기억해야 할 것은 망막중심오목에서는 막대세포나 원뿔세포와 시신경 섬유가 거의 일대일로 대응하고 있지만, 주변부에서는 시신경 섬유 하나가 종말기관end organ 열 개 이상에 대응한다는 것이다. 이것은 주변부 섬유의 주된 기능이 시각에 직접 기여하는 일이 아니고, 오히려 눈의 중심과 초점을 맞춰 방향을 잡기 위한 픽업 역할을 하는 것이라고 생각하면 납득할 수 있다.

시각이 보이는 주목할 만한 현상 하나는 우리가 윤곽만 있는 그림을 알아볼 수 있다는 것이다. 예컨대 사람 얼굴 윤곽만 그린 초상화는 색채와 섬세한 명암이 있는 얼굴과 거의 닮지 않은 것은 분명하지만, 그렇더라도 그 사람의 초상화임은 알기 쉽다. 이에 대한 그럴듯한 설명은 시각 과정 어디에선가 윤곽이 강조되어서 상의 다른 부분이 주는 영향을 최소한도로 줄인다는 것이리라. 이러한 과정은 안구 자체에서 시작한다. 모든 감각과 같이 망막에도 적응 작용이 있어서 자극이 오래 지속되면 그 자극을 수용하여 전달하는 능력이 줄어든다. 일정한 색채와 밝음을 가진 커다란 상의 내부를 기록하는 수용체에 대해서는 특히 그러하다. 시각에 피할 수 없는 초점 변동, 응시점 변동이 조금 있어도 받아들인 상의 성격이 변하지 않기 때문이다. 대조적인 두 영역의 경계선은 전적으로 사정이 달라진다. 이 경우에는 이러한 변동으로 망막이 다른 두 자극을 바꿔가며 받는데, 이와 같은 교대는 잔상 현상에서도 볼 수 있는 것처럼 적응으로 시각 기구의 피로를 일으키지 않을 뿐 아니라, 그 민감성을 높이는 작용을 한다. 두 인접 영역 간 대조가 빛의 강도에 의한 것이든 색의 차이에 의한 것이든 이와 같은 일이 일어난다. 이와 관련하여 시신경 내 섬유의 3/4는 반짝 빛이 비쳤을 때만 반응한다는 점에 주의하자. 이로 미루어 눈은 경계선에서 가장 강한 인상을 받는다는 것, 또 사실 시각 상은 선 그림과 같은 성질을 얼마간

가지고 있다는 것을 알 수 있다.

　아마도 이러한 작용 모두가 주변부에서 일어나지는 않을 것이다. 사진 기술에서는 사진 건판에 일종의 처리를 더하면 콘트라스트가 증가하는데 이런 비선형 현상은 신경계에서도 볼 수 없지는 않을 것이다. 그것은 위에서 말한 전신형 중계기의 현상과 관련이 있다. 중계기와 마찬가지로 시각 현상의 경우에도 어느 정도 이상으로는 불선명하지 않은 인상을 기틀로 해서 표준적 선명도를 가진 인상을 새로이 생기게 하는 것이다. 이렇게 하여 상이 포함하는 무용한 정보 모두가 제거되는데, 이것은 대뇌 시각피질의 갖가지 단계에서 전도 섬유의 수가 감소하는 것과 유관할 것이다.

　우리는 시각 인상을 도식화하는 —실제로 일어나거나 일어날 가능성이 있는— 단계를 몇 가지 들어보았다. 우리는 주위의 초점 근처에 우리가 보는 물체의 상을 두고 대략 윤곽만으로 단순화한다. 다음으로 그것을 상호 비교하여 적어도 '원'이니 '정방형'이니 하는 것처럼 기억에 축적된 표준 인상과 비교해야 한다. 이 방법은 여럿이 있을 것이다. 우리는 로크의 연상에서 인접성의 원리가 실제로 어떻게 구성되는가 개략적으로 설명했는데, 인접성의 원리는 로크의 다른 원리인 유사성의 원리의 상당 부분을 포함한다는 점에 주의하자. 어떤 물체를 주의의 초점으로 가져가는 과정, 또는 여러 거리와 방향에서 물체를 보려고 하는 운동에 임해서 같은 대상물을 종종 여러 가지 면에서 보게 된다는 것이다. 이것은 특정한 감각에 한정되지 않는 일반적인 원리로서 우리의 복잡한 경험을 비교하는 데 의심할 여지 없이 극히 중요한 것이다. 그러나 이것은 아마도 시각에 근거한 일반 개념—로크 식으로 말하자면 복합 관념complex ideas —의 형성으로 이끄는 유일한 과정은 아닐 것이다. 우리 시각 영역의 구조는 고도로 조직화되었고 극도로 특수하므로 아주 일반적인 기제가 작용한다고 생각하기 어렵다. 우리가 다루는 대상은 서로 교환할 수 있는 부품으로 된 일반적인 용도를 가진 요소들이 일시적으로 이룬 모임이 아니라, 계산기의 가산기나 승산기 장치와 같이 항구적인 부분 장치와 닮은 특수한 기구처럼 보인다. 따라서 이와 같은 부분 장치가 어떻게 작동하는가, 또 그것을 설계하려면 어떻게 해야 좋은가를 생각하는 것은 의의 있는 일이다.

하나의 대상물을 투시법적으로 여러 방법으로 변환할 때 이들 변환은 제2장에서 정의한 의미의 군group을 만든다. 이 변환군에는 다음과 같은 부분군이 있다. 무한원점을 움직이지 않게 하는 변환만으로 이루어진 아핀군affine group이 있다. 또 하나의 점, 축의 방향 및 모든 방향의 척도의 일양성이 보존되는 한 점 주위의 확대변환 군이 있다. 또 길이를 보존하는 변환의 군, 한 점 주위의 2차원 또는 3차원 회전군, 모든 평행이동의 군 등등을 생각할 수 있다. 이들 부분군은 어느 것이나 다 연속군이다. 즉 이들 부분군에 속하는 조작은 적당한 공간 내에서 연속적으로 변화하는 여러 매개변수 값으로 결정된다. 이들 부분군은 따라서 n차원 공간 내 다차원 도형을 이루고, 이와 같은 공간 내 영역을 이루는 변환의 부분집합을 포함하는 것이다.

그렇다면 보통의 2차원 평면 내 영역을 텔레비전 기술자 식으로 말하자면 주사scanning라는 방법으로 덮을 수 있고, 그것으로 이 영역 내에 거의 똑같이 분포한 표본점의 집합으로 전체를 나타낼 수 있도록 하나의 군 공간 내의 모든 영역이 그 군 공간 전체도 포함해서 군 주사group scanning라는 하나의 과정으로 나타나는 것이다. 이와 같은 과정은 3차원 공간에 한정되는 것이 아니라 임의 차원 공간 내 점의 망net이 1차원 점렬로 주사되고, 더욱이 그 점의 망은 어떤 적당하게 정의된 의미에서 이 영역 내 임의의 점 근방에 있도록 분포시킬 수 있다. 따라서 그것은 임의의 점에 얼마든지 가까운 점을 포함한다. 만일 이들 '점'이나 매개변수의 집합이 실제로 적당한 변환을 나타낸다면, 이들 변환을 어떤 주어진 도형에 가해서 얻을 수 있는 결과는 소망하는 영역 내에 존재하는 변환 연산자를 그 도형에 가한 것과 얼마든지 가까운 것이 될 수 있다. 우리의 주사가 충분히 세밀하고, 또 변환을 받은 영역이 그 군이 변환하는 영역에서 최대 차원을 갖는다고 하자. 그러면 실제 주사에 포함되는 변환에서 생기는 영역을 원래 영역의 아무 변환에 따른 것과 그 면적의 넓이에 대한 오차가 바라는 대로 작아지도록 서로 겹치게 할 수 있다.

이번에는 고정된 비교 영역과, 이것과 비교되어야 할 영역에서 출발하기로 하자. 만일 변환군의 어떤 주사 단계에서, 비교되어야 할 영역을 주사를 받는 하나의 변환으로 사상한 것이 주어진 허용 한도 내에서 고정된 영역과 잘 일치된다면, 이 두 영역은 '닮았다alike'고 한다. 만일 이와 같은 일이 주사 과정의 어떤 단계에서도 생기지 않았다면 그것들은 '닮지 않았다'고 한다. 이 과정은 완전히 기계화에 적격이고 어떤 도형의 모양을 그 크기, 방향, 또는 주사되어야 할 군 영역에 포함되는 어떠한 변환에도 관계없이 식별하는 방법으로 유용하다.

만약 이 영역이 군 전체가 아니라면 영역 A는 영역 B처럼 보이고 영역 B는 영역 C처럼 보이지만, 영역 A는 영역 C처럼 보이지 않는 일이 있을지 모른다. 실제로 일어나는 일이다. 적어도 고도의 과정을 포함하지 않은 직접 인상에 관한 한 어떤 도형 하나는 그것을 반전한 것과 특히 닮지 않게 보일지도 모른다. 그러나 이 반전이라고 하는 조작의 각 단계에서 상당한 범위에 걸친 인접 부분이 같은 것으로 보일 것이다. 이와 같이 하여 형성된 여러 보편적인 '관념'은 완전하게는 서로 분리되지 않으며, 피차 녹아들어 있어 보인다.

군의 변환에서는 군 주사를 사용하는 보다 복잡한 방법을 끌어낼 수 있다. 우리가 여기에서 고찰하는 군은 '군 측도'를 갖는 것이다. 군 측도라는 것은 변환군 그 자체와 관계하는데, 군의 어떤 특정한 변환을 앞 또는 뒤에 붙여서 그 군의 변환 전부를 바꾸었을 때에도 변화하지 않는 확률밀도다. 군을 주사할 경우, 상당한 임의성을 띠는 주사 밀도—즉 주사 원소가 그 군을 완전히 주사할 때 그 영역 내에서 소비하는 시간의 길이—를 군 측도에 어김없이 비례하도록 할 수 있다. 이와 같이 고른 주사를 행할 때 이 군에 의해서 변환된 원소의 집합 S에 의존하는 하나의 양이 있다고 하자. 그리고 만일 이 원소의 집합이 군의 변환 전부에 의해서 변환된다면, S에 의존하는 양을 $Q(S)$로 나타내고, 또 군의 변환 T에 의한 집합 S의 변환을 TS로 나타내기로 하자. 그렇게 하면 $Q(TS)$는 S를 TS로 바꾸어 놓았을 때 $Q(S)$가 바뀐 양이 된다. 만일 변환 T의 군의 군 측도에 대해 이

사이버네틱스: 동물과 기계의 제어와 커뮤니케이션

양을 적분(즉 평균)하면

$$\int Q(TS)dT \qquad (6.01)$$

로 쓸 수 있는 양을 얻는다. (6.01)이라는 양은 군의 변환에 의해서 서로 바꾸어 넣을 수 있는 모든 집합 S, 즉 어떤 의미에서 동일한 형태 또는 게슈탈트를 가진 모든 집합에 대해서 불변이다. (6.01)에서의 적분을 전체 군보다 작은 영역에서 행할 경우에도, 만일 제외된 영역상에서 피적분함수 $Q(TS)$가 작으면 형태의 근사적인 비교 가능성을 나타내는 것이라 할 수 있다. 군 측도에 대해서는 이 정도로 해두자.

최근에 상실된 감각을 남아 있는 다른 감각으로 메우는 감각 보철prosthesis 문제가 상당한 관심을 끌었다. 그러한 시도 중에서 가장 뚜렷한 것은 광전지를 사용한 시각 장애인을 위한 독자기讀字機의 설계다. 여기서는 인쇄물과 소수의 활자 면type face에 한정하여 생각해 보자. 또한, 페이지를 똑바로 하는 일, 행의 중심을 맞추는 일, 행에서 행으로 이동하는 일 등은 수동 또는 자동적으로 행해진다고 하자. 자동적으로 하는 것도 충분히 가능해 보인다. 이들 과정은 눈이 중심을 맞추어 방향을 잡고 초점을 맞추어 두 눈을 합치하게 하는 신체 기관 사용과 근육에 의한 되먹임으로 시각적 게슈탈트를 결정하는 기능에 대응한다. 뒤따르는 문제는 주사를 행하는 장치가 문자 위를 차례로 지나갈 때 문자 하나하나의 모양을 어떻게 결정할 것인가다. 수직 방향으로 여러 광전지를 늘어놓고 그 하나하나에 높이가 다른 음을 내게 하는 장치를 접속하여 이 문제를 해결하자는 제안이 있다. 문자의 검은 부분에서 음을 내게 하든가 내지 않게 하든가, 한쪽의 역할을 하도록 하자는 것이다. 여기에서는 후자를 택하여 문자의 검은 부분에서 음이 나오도록 한 3개의 광전지를 이어놓은 수용체를 생각하자. 이들 수용체에 화음이 되는 3개의 음을 주어, 가령 문자의 상부는 고음이고 하부는 저음으로 기록하도록 하자. 그러면, 예컨대 대문자 F는

———————　　(상위 음의 지속)

————　　(중간 음의 지속)

–　　(하위 음의 지속)

으로 기록된다. 대문자 Z는

———————　　(상위 음의 지속)

–　　(하위 음의 지속)

———————　　(상위 음의 지속)

으로 기록될 것이며, 대문자 O는

–　　(하위 음의 지속)

–　　　–　　(하위 음 두 번 반복)

–　　(하위 음의 지속)

으로 기록된다. 다른 문자도 마찬가지로 기록할 수 있다. 보통 수준인 이해력만으로도 이와 같은 청각 부호를 읽는 것이 그다지 곤란하지는 않을 것이다. 예를 들어 점자를 읽는 것과 비교하면 더 어렵지는 않을 것이다.

　　그러나 이 방식의 실현 가능성은 광전지군과 문자의 상하 높이가 적당한 관계에 있는가에 달렸다. 표준화된 활자 면에서도 활자의 크기는 제각각이다. 따라서 주어진 문자를 읽는 작업을 어떤 표준에 따라 수행하려면 주사의 수직 방향 치수를 크게 하거나 작게 할 수 있어야 한다. 적어도 수직 방향 확대변환 군의 변환 일부는 수동으로든 자동으로든 마음대로 사용 가능해야 한다.

　　이를 위한 여러 방법이 있다. 광전지를 기계적으로 수직 방향으로 조절해도 좋다. 하나의 방법으로서 광전지를 수직 방향으로 다수 늘어놓고, 활자의 크기에 따라서 음 높이의 할당을 바꾸어 어떤 경우에는 활자의 상하로 벗어난 부분에서는 음이 나오지 않게 해두면 된다. 이것을 실제로 행하려면 다음 그림과 같은 두 가지 접속선군을 배치하면 된다. 여기에서 입력은 광전지에서 들어가 차츰 넓게 퍼지는 스위치 계열로 이끌리고 출력은 수직선의 계열로 이루어져 있다. (그림 8 참조)

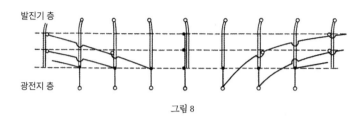

그림 8

여기서 단선은 광전지에서 나온 도선, 이중선은 발진기로 가는 도선, 작은 동그라미는 들어오는 도선과 나가는 도선과의 접속점, 점선은 늘어선 발진기 어느 한 무리를 작동시키기 위한 도선을 나타낸다. 이것이 글머리에서 말한 바처럼 활자 면 높이 조정용으로 매컬럭이 설계한 장치다. 최초 설계에서는 점선의 선택이 수동식이었다.

이 도면을 폰 보닌 박사에게 보였을 때, 시각피질의 제4층과 닮았다고 했었던 것이다. 접속의 동그라미가 제4층의 신경세포체를 생각하게 했다. 이 신경세포체는 수직 방향으로 차츰 밀도가 변하는 층을 이루어 배열되고 신경세포체의 크기는 밀도와는 반대 방향으로 변화하고 있다. 수평 방향의 도선은 아마도 순환적으로 차례차례 자극 상태가 될 것이다. 이 장치 전체는 군 주사의 과정에 적합한 듯하다. 물론 상부의 출력에 맞추어 어떤 재결합 과정이 존재해야 한다.

당시 매컬럭은 시각적 **게슈탈트** 검출 시에 이 장치가 뇌 속에 실제로 생기는 것이라고 제안했다. 이 장치는 어떤 종류의 군 주사에도 쓰일 수 있는 유형의 장치다. 유사한 것이 다른 감각에도 일어나고 있다. 하나의 주요 화음에서 다른 주요 화음으로 변하는 음악의 조옮김은 귓속에서는 진동수의 로그 값을 평행이동하는 것이며, 군 주사 장치로 실행할 수 있다.

이와 같이 군 주사 기구는 해부학적으로도 확실하게 직질히 뒷받침되고 있다. 수평 방향의 독립된 도선이 필요한 바꿔치기 조작을 하여 도선이 전도했을 때, 각각의 수준이 마치 흥분 상태로 되어온 것처럼 그 역치를 움직이는 데 충분한 자극을 준다. 우리가 이 기구 동작의 모든 것을 상세하게 아는 것은 아니지만, 해부학과 모순되지 않는 구조를 추측하는 것은 어려운 일이 아니다. 요컨대 군 주사 기구는 계수형 계산기의 가산기 또는 승산기에 상당하는 뇌 안의 항구적 하위 조직을 구성하는 데 아주 적합하다.

마지막으로, 주사 장치는 뇌의 활동에서 볼 수 있는 것과 같은 고유의 조작 주기를 가져야 할 것이다. 이 주기의 크기 수준은 크기가 다른 대상물의 형태를 직접 비교하는 데 필요한 최소 시간 정도일 것이다. 직접 형태를 비교하는 것은 크기가 그다지 다르지 않은 두 개의 대상물일 때만 가능하다. 다른 경우는 오랜 시간이 걸리는데, 이는 특수하지 않은 기구의 활동을 암시한다. 직접 비교가 가능해 보이는 경우, 1/10초 정도의 시간이 필요한 듯한데 이것은 옆으로 줄을 선 접속선의 층 전부를 순환적으로 자극하여 흥분시키는 데 걸리는 시간의 크기와 거의 일치하는 것 같다.

이 순환 과정은 국부적으로 결정될 수 있지만, 한편 대뇌피질의 여러 부분이 동시에 작동한다는 증거가 있고, 이것은 시계 중추가 구동하는 것으로 보인다. 사실 뇌파 전위 기록 도표에서 볼 수 있듯이 그 주기는 뇌의 알파파 고유 진동수와 같은 정도다. 이 알파파가 형태 지각과 관련 있고, 또 텔레비전 장치의 주사 과정에서 볼 수 있는 것과 같은 소인 주기 활동 sweep rhythm의 성질을 띠는 것 같다. 깊은 잠이 들면 알파파는 사라지고, 또 우리가 무엇인가를 주시하기 시작했을 때에는 바로 예상한 바처럼 알파파가 불명료해지며, 또 다른 주기적 파동이 겹쳐진 듯 보이는데, 소인 주기 활동은 다른 주기적 파동이나 활동에 대해서 반송파와 같은 작용을 하는 듯하다. 깨어 있으면서 눈을 감았을 때라든가 요가 수행자의 무념무상 상태[107]와 같이 무엇을 본다든가 하는 일 없이 공간을 응시하고 있을 때, 알파파는 가장 현저하게 나타나 거의 완전한 주기성을 보인다.

상술한 바와 같이 감각 보철 문제, 즉 상실한 감각이 전했어야 할 정보를 아직 남아 있는 감각만으로 대행하는 문제는 중요한 일이고, 반드시 해결 불가능하지는 않음을 알았다. 낙관적인 사실도 있다. 통상 하나의 감각을 통해서 교섭하는 피질의 기억영역과 연합영역이 열쇠 하나만으로 열

수 있는 자물통이 아니며, 그것이 통상 속해 있는 감각 이외의 감각에서 모인 인상을 축적할 수도 있다는 사실이다. 후천적으로 시각 장애인이 된 사람은 태생이 시각 장애인이었던 사람과는 달라서 눈이 멀기 전의 시각 기억을 보존하고 있을 뿐 아니라 촉각이나 청각에 의한 인상을 시각적 형태로 축적할 수 있다. 이 사람은 방 안을 느끼면서 걸어 다닐 수 있는 한편, 방 안이 어떻게 보일지를 그리는 이미지도 갖고 있다.

이리하여 이 사람은 보통 시각 기구에 얼마간 다가갈 수 있다. 한편 그가 잃은 것은 눈만이 아니다. 그는 시각 인상을 형성하기 위한 고정된 기구인 대뇌피질의 시각피질도 사용할 수 없게 되었다. 이 사람에게는 인공 시각 수용체를 갖춰줘야 할 뿐 아니라, 인공 시각피질까지 주고, 인공 시각피질이 새로운 수용체에 들어온 빛의 인상을 정상이었던 그의 시각피질의 출력에 맞는 꼴로 번역하여 같게 보이는 대상물이 같게 들리도록 해주어야 한다.

이와 같이 하여 시각을 청각으로 대치할 수 있는지 판정하는 일은 적어도 일부분은 대뇌피질 단계에서 시각으로 구별할 수 있는 패턴 수와 청각으로 구별할 수 있는 패턴 수를 비교하는 문제가 된다. 이것은 바로 정보량의 비교다. 감각피질 어느 부분도 거의 같은 조직을 갖추고 있음을 생각하면, 이 정보량의 비는 대뇌피질의 두 영역이 이루는 면적 비와 아마도 별로 차이가 없을 것이다. 시각과 청각의 경우, 이 비례는 약 100대 1이다. 청각 영역 전체를 시각에 쓴다면 눈을 통해서 얻을 수 있는 정보의 약 1%만큼 정보량이 수용되리라 생각된다. 한편, 보통 우리의 시력을 평가하는 측정치는 패턴을 어느 정도로 해상하는지에 따른 상대 거리로 나타내므로 10/100의 시력으로는 정상 상황의 약 1%에 해당하는 정보량밖에 들어오지 않는다. 이것은 매우 빈약한 시력이지만 시력을 잃은 것은 아니므로, 이 정도의 시력을 가진 사람들은 자기 자신을 꼭 시각 장애인이라고 생각하지 않을 것이다.

역의 경우는 보다 유리하다. 눈은 그 능력의 약 1%만을 사용할 뿐이지만 청각의 뉘앙스 전부를 검출한다. 그러고도 또 약 95/100의 시력이 남고, 이것은 실질적으로 완전한 시력이라 말할 수 있다. 이처럼 감각 보철의 문제는 매우 유망한 연구 분야다.

제7장
사이버네틱스와 정신병리학

우선 양해를 구해야겠다. 나는 정신병리학자도 정신과 의사도 아니다. 이 분야에서 신뢰할 만한 지침이 될 수 있는 것은 경험뿐인데 나는 아무런 경험도 없다. 한편으로 이상 상태에 있는 뇌나 신경계의 기능에 대해서는 말할 것도 없고, 정상 상태의 기능에 대해서도 우리의 지식은 선험적 이론을 신뢰할 정도까지는 도저히 도달하지 못하고 있다. 따라서 예컨대 크레펠린Emil Wilhelm Georg Magnus Kraepelin과 그 학파가 기재했던 병적상태morbid condition 같은 정신병리학상의 특수한 사실을 계산 기계로서 뇌 조직의 특별한 고장에서 생기는 것으로 보려는 주장은 동조할 수 없다고 미리 말해두고 싶다. 이 책의 고찰에서 그러한 특수한 결론을 끌어내려는 사람은 자신의 책임하에 그렇게 해주시기 바란다.

그렇지만 뇌와 계산기가 많은 공통점이 있다는 인식은 정신병리학에서는 물론 정신의학에서도 새롭고 유효한 접근법을 암시하는 듯하다. 이러한 학문들은 다음과 같은 가장 단순한 의문에서 출발한다. 어떻게 뇌에서 개별 요소의 기능이 나빠져도 뇌 전체로서는 큰 잘못이나 실패를 피할 수 있는 것일까?

계산기의 경우에는 이런 의문은 사실상 지극히 중요한 의의가 있다. 계산기에서는 개개는 수 분의 1밀리초 정도 걸리는 연산이 수 시간 내지 수일간이나 계속되기도 하기 때문이다. 계산 조작의 연쇄가 10^9개나 되는 단계를 포함하는 일도 확실히 있을 수 있다. 현재 전자 기기의 신뢰도는 가장 낙관적인 기대마저 훨씬 넘었을 만큼 높아졌지만, 이와 같은 상황에서는 어딘가 하나의 연산 조작이 틀릴 위험을 무시할 수가 없다.

연산과 탁상 계산기가 하는 보통 계산의 경우에는 으레 계산 단계마다 검산하고, 오류가 있음을 알면 그것을 알게 된 최초 지점에서 역으로 되돌아가서 잘못된 곳을 찾아낸다. 고속 계산기에서 이런 일을 하려면 검산도 본래의 계산기와 같은 속도로 행해야 한다. 그렇게 하지 않으면 계산기 전체로서의 유효한 속도는 느린 연산의 속도와 같은 정도로 떨어진다. 더욱이 만일 계산기가 그 계산의 중간 결과를 전부 기록하도록 만들어졌다면 계산기의 복잡도와 크기는 현상의 2배나 3배 정도를 훨씬 초과해 증가하여 도저히 용납하기 힘들 정도가 될 것이다.

이보다 훨씬 좋은 연산 방법은 각각의 조작을 동시에 2개 또는 3개의 별개의 기계에 의탁하는 것이다. 이는 실제로도 보통 사용되는 방법이다. 이와 같은 기계를 둘 사용할 경우, 그것으로 얻는 해답이 자동으로 서로 조합되도록 해서 만일 일치하지 않을 때는 일체의 자료를 항구적인 기억 장치에 옮기고 계산기는 정지하고, 조작자에게 무엇인가 고장이 생겼다는 신호를 보낸다. 그러면 조작자는 결과를 비교하여 불량인 부분을 찾아낸다. 아마도 진공관이 끊어져 바꾸어야 한다는 둥일 것이다. 만일 각 단계마다 기구 3개를 쓴다면 실제로는 한 번의 불량 동작조차 거의 없으니, 셋 중 두 기구의 결과는 사실상 언제나 일치하고 그 일치한 것이 필요한 결과를 준다. 이 경우 조합 기구는 일치된 쪽의 보고를 받아들이면 되는 것이고, 계산기는 정지하지 않아도 된다. 그러나 이때에는 일치하지 않았던 보고가 일치한 쪽의 보고와 어디에서 어떻게 달라졌는지 보여주는 신호를 보내기로 되어 있다. 만일 이것이 불일치를 생기게 한 최초의 순간에 일어나면 잘못의 위치 지시는 지극히 정확하게 행해진다. 잘 설계된 기계에서는 일련의 조작으로 특정 단계에 특정 요소를 할당하는 것이 아니고, 각 단계마다 자동 전화 교환기에 사용되는 것과 같은 검색 과정이 있어서 그것이 검색해야 할 요소를 찾아내자마자 그것을 연산 조작의 계열에 접속한다. 이 경우 부족한 요소의 제거와 교환은 그다지 지연의 원인이 되지 않는다.

이 과정 중 적어도 두 요소가 신경계에도 재현되고 있는 것은 생각할 수 있는 일이고, 또 있을 법한 일이기도 하다. 중요한 메시지가 단독 신경 전도체에만 맡겨진다든지, 중요한 조작이 단일의 신경 기구에만 맡겨진다든지 하는 것은 기대하기 어려운 일이다. 계산기와 같이 아마 뇌도, 루이스 캐럴이 《스나크 사냥The Hunting of the Snark》에서 설명한 "내가 당신에게 세 번 되풀이해서 말한 것은 참이다"라는 유명한 원리의 변형에 따라 작동하는 듯하다. 일반적으로 정보의 전달에 사용되는 몇몇 경로가 그 한끝에서 다른 끝까지 문합anastomosing을 하는 일 없이 통하는 일은 있을 수 없다. 메시지가 신경계의 어떤 수준까지 왔을 때 소위 '사이신경 웅덩이internuncial pool'

로 알려진 한 개나 여러 개의 다른 뉴런이 개입하여, 거기에서 다음 지점으로 나아간다고 하는 편이 훨씬 더 그럴듯하다. 신경계의 어떤 부분에서는 이와 같은 교환 가능성이 매우 제한되거나 아예 사라진 곳이 실제로 있을지 모른다. 특수한 감각기의 내부적 연장으로 기능하는, 대뇌피질의 고도의 분화된 부분 등에서는 교환 가능성이 희박할 것이다. 그러나 어떻든 상술한 원리는 성립하며, 특히 연상 작용의 목적, 또는 소위 고등한 정신 기능의 목적에 도움을 주는 비교적 분화하지 않은 대뇌피질에서는 매우 확실하게 성립한다.

현재까지는 일반적인 의미에서는 정상이고 넓은 의미에서만 병이라고 할 수 있는 동작의 잘못에 대해 생각해 왔다. 이번에는 더 확실히 병적인 문제를 취급하겠다. 모든 장애는 그것과 관련된 어떤 특수한 조직의 물질적인 상해와 틀림없이 동반한다는 견해에 입각한 의사들의 본능적 유물론에는 정신병리학은 오히려 기대에 어긋나는 것이었다. 아닌 게 아니라 부상, 종양, 혈액응고와 같은 뇌의 특수한 상해는 정신적인 증후를 동반하고, 또 불완전마비paresis와 같은 어떤 특정한 정신의 병은 일반적인 육체 질환의 후유증에 의한 것으로서 뇌 조직의 병적 상태를 수반하는 것이다. 그러나 엄밀히 크레펠린 유형의 조현병 환자에 대해서도 또는 조울병 환자나 편집병 환자에 대해서도 그 뇌의 변화에서 병명을 알아낼 수 있는 방법은 아무것도 알려져 있지 않다. 우리는 이들 병을 기능적functional 장애라 부르는데, 이 호칭은 모든 기능의 병증이 그것과 관계있는 조직에 어떤 생리학적 또는 해부학적인 기저 원인이 있는 것으로 생각하는 현대 유물론의 독단과 모순되는 듯 보인다.

이 기능적 장애와 유기적 장애의 차이는 계산기를 생각할 때 퍽 확실해진다. 이미 우리가 알고 있는 바와 같이 뇌—적어도 성인의 뇌—에 상당하는 것은 공허한 물질적 구조로서의 계산기가 아니라, 그 구조에 연산 작용을 시작했을 때 주어진 연산 지령과, 연산 조작 중에 저장되고 또 외부에서 들어온 정보가 부가된 것이다. 이 정보는 어떤 물리적 형태로 —기억의 형태로— 저장된다. 그 일부는 순환 기억으로서, 그 물리적 성질 때문에 계산기가 멈추었을 때 또는 뇌가 죽을 때 소실하는 것이다. 그리고 다른 일부는 장기 기억으로 저장된다. 그 구성에 대해서는 단순히 추측할 수 있을 뿐이지만 이 또한 아마도 죽음에 임해서는 소실하는 물리적 성질이 있으리라. 시냅스의 역치가 생존 중에 얼마였는지 시체로부터 알아낼 방법을 우리는 아직 모른다. 또 만일 알았다 해도 그 역치에 따라 전도가 행해지는 뉴런과 시냅스의 연쇄를 추적할 방법은 없으며, 그것이 기록하는 관념화 작용의 내용에 대해 이 연쇄가 가진 의의를 결정할 방법도 없다.

이로 보아 기능적 정신질환이란 근본적으로는 활동하는 뇌에 의해서 순환하는 정보의 이상異常 또는 시냅스의 장기적인 투과율 변화의 이상으로 일어나는 기억의 병이라고 생각하는 것이 자연스러울 것이다. 훨씬 심한 불완전마비 같은 질환에서도 관계하는 조직을 파괴하거나 시냅스의 역치를 변화시키거나 하는 일보다는, 오히려 그와 같은 일차적인 상해에서 필연적으로 뒤따라 생기는 메시지 전달의 혼란, 즉 신경계의 남은 부분에 하중이 과하게 걸린 것, 또는 메시지 전도 경로를 고치는 데서 오는 혼란 등이 이차적으로 미친 영향 쪽이 크다.

아주 많은 뉴런을 포함한 계에서는 순환 과정이 장시간에 걸쳐 안정되어 있기가 매우 어렵다. 외견상의 현재에 있는 기억의 경우처럼 순환 과정이 진행되는 동안 약화하여 소실되든가, 또는 순환 과정이 차츰 많은 뉴런을 포함하게 되어 마침내 사이신경 웅덩이에서 과도하게 큰 부분을 점유하든가 한다. 후자는 불안신경증을 동반하는 악성 번뇌의 경우에 일어날 수 있는 것으로 보인다. 이런 경우 환자는 단지 정상적인 사고 과정을 수행할 여유, 즉 정상적 사고에 필요한 양의 뉴런이 없다고 말할 수 있을지 모른다. 이런 경우 뇌 속에서 생각할 수 있는 것이 적어 아직 사용되지 않은 뉴런에 부담을 주는 일이 적으므로, 그들 뉴런은 더욱 쉽게 확대되는 과정 속으로 말려든다. 게다가 항구성 기억도 차츰 깊이 말려들어서 처음에는 순환성 기억의 수준에서 일어났던 병적 과정이 항구성 기억 수준에서 반복하게 될지 모른다. 이렇게 처음에는 비교적 사소하고 우연적인 안정성의 파탄에서 출발한 것이 차츰 성장하여 마침내 정상적인 정신 생활을 완전히 파괴할 수도 있다.

이와 닮은 병리적 과정이 기계적 또는 전기적 계산기의 경우에도 알려진 바 있다. 톱니바퀴의 이가 미끄러져서 미끄러진 이와 엇물려야 할 이도 함께 정상 관계로 돌릴 수 없게 되는 일도 있고, 고속 전기 계산기가 순환 과정에 빠져서 정지시킬 수 없게 되는 일도 있다. 이러한 사고들은 그 계에서는 좀체 생기지 않을 것 같은 배치가 순간적으로 생겨 일어나며, 문제를 해결하면 다시 발생할 가능성은 매우 낮다. 그러나 사고가 일어나면 일시에 기계의 동작이 어긋난다.

기계를 사용할 경우 우리는 이런 사고에 어떻게 대처해야 하는가? 처음 할 일은 우선 기계에서 모든 정보를 제거하는 것이다. 자료를 바꾸어서 다시 시도해 보면 고장은 재발하지 않을지 모른다. 이 대처가 실패하고, 고장이 정보 말소 기구에 있어 항구적으로도 일시적으로도 접근할 수 없는 지점에서 일어났다면 우리는 기계를 흔들든지, 전기 계산기의 경우라면 커다란 충격 전압을 걸어본다. 그렇게 하면 접근할 수 없는 부분에 닿을 것이고 잘못된 순환 과정이 중단되리라 기대하기 때문이다. 그래도 잘되지 않으면 우리는 기계의 고장 부분을 들어낸다. 남은 부분이 우리 목적에 충분한 일을 해줄 수도 있기 때문이다.

그런데 뇌에서 과거의 인상을 완전히 말살하는 과정은 보통 죽음 말고는 없다. 그리고 사후에 뇌를 또다시 작동시킬 수는 없다. 보통의 모든 과정 가운데 비병리적 말소에 가장 가까운 것이 수면이다. 복잡한 번뇌나 지적인 혼란에 가장 좋은 대처법은 잠들어 잊는 것임은 우리가 자주 경험하는 바다. 그러나 수면도 깊은 곳에 있는 기억을 말소해 주지는 않고, 또 실제로 극히 악성인 번뇌는 충분히 수면을 취해도 소용이 없다. 따라서 우리는 기억의 순환에 보다 거친 간섭을 가하지 않을 수 없게 된다. 그중에는 뇌의 외과 수술도 포함되는데, 뇌수술은 수술 후의 영속적인 상해, 불구, 또는 능력의 저하 등을 남긴다. 포유동물의 중추신경은 아무런 재생 작용을 수행할 능력이 없는 듯한 까닭이다. 이제까지 행해온 외과적 수단의 중요한 형식은 소위 전전두엽절개prefrontal lobotomy로 대뇌피질의 전두엽을 제거 또는 분리하는 일이다. 이것은 최근 어느 정도 유행하고 있지만, 많은 경우 환자의 간호가 쉬워진다는 사실 때문일 것이다. 부언하자면 환자를 아예 죽이면 보다 간호가 편해질 것이 틀림없다. 전전두엽절개가 악성 번뇌에 순수한 효과가 있는 것 같지는 않다. 전전두엽절개는 환자가 문제를 전보다 더 잘 해결할 수 있게 해주는 것이 아니라 다른 방면의 술어로서는 양심이라 불리는 번뇌 유지 능력을 손상시키거나 파괴한다. 더 일반적으로 말하면 이 방법은 순환성 기억―실제로 일어나지 않은 정황을 심중에 보전하는 능력―을 모든 면에서 제한하는 것으로 보인다.

각종 충격 요법―전기, 인슐린, 메트라졸―은 똑같은 일을 조금 순하게 행하는 방법이다. 이들은 뇌 조직을 파괴하지 않으며, 조금도 파괴할 의도가 없지만, 이것 역시 명백하게 기억에 손상을 입히는 효과가 있다. 이 일이 순환성 기억에 관한 것인 한, 또 이 기억이 주로 정신이 혼란한 최근의 시기에 손상된 것이고 그것을 보존할 가치가 없는 한, 충격 요법은 전전두엽절개와는 달리 확실히 긍정할 만한 점이 있다. 그러나 이 방법도 항구성 기억과 성격에 유해한 영향을 남기지 않는다고 장담할 수는 없다. 현재는 이 방법도 정신적 악순환을 차단하기 위한 하나의 방법이기는 하나, 역시 난폭하고 완전히 설명되지 않은 데다 충분히 조절할 수 없는 방법에 불과하다. 그러나 현재 이 방법이 많은 경우 우리가 할 수 있는 최선이다.

전전두엽절개와 충격 요법은 깊은 곳에 있는 항구성 기억에도 어느 정도 효과가 있을지 모르지만, 본질적으로 악질의 순환성 기억과 악성의 번뇌를 처치하기에 보다 적합하다. 이미 말한 바와 같이 정신 이상이 오랜 세월에 걸쳐 자리 잡은 경우에는 항구성 기억도 순환성 기억과 같은 모양으로 몹시 흩어져 있다. 우리가 항구성 기억에만 선택적으로 작용하는 순수하게 약물적인, 또는 외과적인 무기를 가졌다고는 생각할 수 없다. 여기서 정신분석이나 기타 정신 요법이 관여하기 시작한다. 정신분석을 정통 프로이트식으로 해석해도, 융Carl Gustav Jung이나 아들러Alfred Adler가 수정한 의미로 해석해도, 혹은 우리가 말하는 정신 요법이 정신분석과 전혀 별개의 것이더라도, 우리의 처치 방법은 명백히 다음과 같은 생각에 근거한다.

즉 마음에 저장된 정보는 그에 접근하는 난이도로 보아 많은 수준으로 나뉘며, 자력에 의한 직접적인 내성內省으로 떠올리는 정보보다 훨씬 더 풍부하고 훨씬 더 다양한 것을 포함한다. 더군다나 그것은 보통의 내성으로는 반드시 폭로된다고 할 수 없는 정서적 경험에 매우 강하게 좌우된다. 그처럼 저장된 정보가 우리 성인의 언어로는 명백하게 표현할 수 없는 것이기 때문이든지, 또는 대개 불수의적이지만 정서적인 특정 기제로 그러한 정보가 감추어져 있기 때문일 것이다. 그리고 이 축적된 경험 내용은 감정의 활기와 함께 그 이후 우리의 많은 활동을 때로는 병적이라고 말할 수 있을 정도로 강하게 규정한다. 정신분석가는 이와 같은 감춰진 기억을 발견하여 해석을 내리고 환자에게 그것들이 어떤 것인지 인식시켜 환자가 납득함으로써 기억의 내용이나 적어도 기억이 동반하는 감정의 활기를 수정하여 덜 해롭게 한다. 이것은 모두 이 책의 견해와 일치한다. 이것은 또 신경계 내 반향reverberation에 대한 물리적 또는 약리학적 치료법과 심리적 치료법을 함께 사용하는 경우를 설명한다. 후자의 심리적 치료법은 장기 기억에 대한 것으로서 충격 요법으로 타격받은 악순환이 그대로 두면 또다시 생길지 모르는 상황을 방지한다.

우리는 앞서 신경계의 신호 폭주 문제에 대해 언급했다. 어떠한 형태의 유기체든 크기에 상한이 있고 그것을 넘으면 기능을 다할 수 없게 된다는 것은 다시 톰프슨Sir D'Arcy Wentworth Thompson[108] 등 다수의 학자가 이미 언급하고 있다. 예를 들면 곤충은 호흡 구멍에서 공기를 직접 확산하는 작용으로 호흡 조직에 보내는 기능이 잘되어야 하므로, 호흡관의 길이가 생명체의 크기를 제약한다. 육지 동물은 다리라든지 또는 대지에 접하는 부분이 체중으로 부서질 만큼 몸집이 커지지 않는다. 또 수목은 물과 광물질을 뿌리에서 잎으로 보내고 광합성 산물을 잎에서 뿌리로 보내는 기제가 크기를 제한한다. 이런 제한은 공학적 건조물에서도 볼 수 있다. 예를 들면 마천루는 어느 높이 이상이 되면 상층으로 가는 엘리베이터에 필요한 면적이 하층 횡단면의 극도로 큰 부분을 차지해야 하므로 크기가 제한받는다. 현수교는 지주 사이의 거리를 어느 정도 이상으로 멀게 하면, 주어진 탄성을 가진 재료로 아무리 교묘히 건조했다 하더라도 스스로의 무게로 붕괴한다. 주어진 재료로 어떤 건조물을 어떻게 만들든 지주 사이의 거리가 어느 정도 이상이 되면 역시 스스로의 무게로 붕괴한다. 유사하게, 확장 예정 없이 일정 계획에 따라 설계되는 전화국의 크기에도 한도가 있고, 그 한도는 전화 기술자가 철저하게 연구하고 있다.

전화 통신망에 있어서는 가입자가 통화를 할 수 없는 시간의 비율이 제약을 가하는 중요한 요인이다. 99%의 통화가 성공한다면 어떤 까다로운 요구가 있더라도 분명 만족할 만한 것으로 인정받을 것이다. 90%의 통화가 가능하다면 사무는 상당히 편리하게 운영될 것이다. 통화가 75%만 성공하면 벌써 상당히 초조하지만 사무는 어떻게든 운영할 것이다. 그러나 만일 전화를 걸어도 반밖에 통화하지 못한다면 가입자는 전화 같은 것은 필요 없다고 말하게 될 것이다. 이것은 전체로서의 숫자이지만 가입자로부터 호출이 n단$段$의 스위치를 지나가는 것으로 하고, 각 단마다 실패 확률이 독립적이고 같다면, 전체의 통화 성공 확률을 p로 하려면 각 단마다 접속 성공 확률이 $p^{1/n}$이어야 한다. 따라서 5단의 호출 전체의 성공 확률이 75%가 되려면 각 단마다 성공 확률은 약 95%가 되어야 한다. 90%의 통화를 할 수 있으려면 각 단마다 98%의 연결이 가능해야만 하고, 50%의 통화를 할 수 있으려면 각 단마다 87%의 접속이 가능해야 한다. 단계의 수가 많아질수록, 개개 연결이 실패하는 수준이 어떤 임곗값을 넘을 때 서비스는 급격히 악화되고, 이 임곗값 이하일 때는 서비스가 급격히 좋아진다. 따라서 어느 정도 전화 연결 실패를 예상하여 설계된 다단계 스위치의 전화 교환국은 가입자들로부터 오는 호출의 혼잡 정도가 어떤 한계점에 도달하기까지 연결이 어려워지는 징후가 분명히 드러나지 않더라도, 한계점에 다다름과 동시에 몹시 혼잡하여 파멸적 상황을 맞는다.

인간은 모든 동물 중에서 가장 잘 발달한 신경계가 있고, 그 행동은 유효하게 작용하는 뉴런의 연쇄가 동물 가운데 아마도 가장 긴 데 따른 것이다. 그리하여 인간은 과부하에 지극히 가까운 지점까지 복잡한 유형의 행동을 능률적으로 수행하는 것 같지만 과부하에 이르면 그와 동시에 심각

사이버네틱스: 동물과 기계의 제어와 커뮤니케이션

한 파멸에 빠진다. 이 과부하는 여러 형식으로 일어난다. 전해지는 신호가 양적으로 과다할 때, 신호의 경로가 물리적으로 제거되었을 때, 그리고 또 신호 전도 경로를 병적 번뇌가 될 정도로 증가한 순환성 기억과 같은 바람직하지 못한 신호 전달 계가 부당하게 많이 점거했을 때 등등이다. 이런 경우 중에서도 정상의 신호 전달 경로가 좁혀져서 허용되지 않으면 파멸의 순간이 극히 돌연히 닥쳐와서 종종 정신이상에 이르는 것이다.

이런 경우 우선 최초에 가장 긴 뉴런의 연쇄가 관여하는 기능 또는 능력이 타격을 받는다. 이 기능과 능력은 우리의 통상적 가치 평가로 볼 때 최고급으로 인정되는 과정과 정확히 일치한다는 근거가 있다. 근거는 다음과 같다. 생리적 한계 내에서 온도의 상승은 뉴런의 작동 전부에서는 아닐지라도 그 대부분의 수행을 쉽게 한다고 알려져 있다. 이 영향은 고급 과정일수록 크고, 개략적으로 보아 우리의 일상적 평가로 '고급'의 정도 순으로 되어 있다. 그런데 뉴런은 다른 뉴런과 직렬로 결합하므로 한 뉴런-시냅스 계 안에서 발생하는 과정의 어떤 소통 현상facilitation은 누적하는 성질이 있어야 한다. 따라서 어떤 과정이 온도 상승으로 받는 원조의 양은 그 과정에 관여하는 뉴런 연쇄의 길이를 대략 보여준다.

이와 같이 인간 뇌의 뉴런 연쇄가 다른 동물의 뉴런 연쇄보다 길다는 사실로 정신이상이 인간에게 가장 현저하게 나타나고, 또 아마도 인간에게 가장 흔하다는 것을 설명할 수 있으리라. 비슷한 것을 논하는 데 또 다른 특수한 사고 방식도 있다. 우선 기하학적으로 서로 닮은 두 개의 뇌를 생각하는데 그것들의 회백질과 백질의 중량 비는 둘 다 같지만 그 크기는 다르고, 길이가 $A : B$의 비로 되어 있다고 하자. 회백질 속 세포체의 부피와 백질 속 섬유의 단면은 양쪽 뇌가 같은 크기라고 하자. 그러면 양쪽 뇌의 세포체 수의 비는 $A^3 : B^3$이고, 장거리 접속기 수의 비는 $A^2 : B^2$가 된다. 따라서 개개 세포의 흥분이 두 개의 뇌에서 같은 밀도로 일어난다고 하면, 개개 섬유의 신호 전도 밀도는 큰 뇌 쪽이 작은 뇌보다 크고, 그 비는 $A : B$가 된다.

인간의 뇌를 하등 포유동물의 뇌와 비교해 보면, 인간 쪽이 훨씬 이랑

convolution이 많다는 것을 알 수 있다. 회백질의 상대적 두께는 거의 같지만, 인간에게서는 뇌이랑gyrus이나 뇌고랑sulcus의 훨씬 안쪽까지 회백질이 펼쳐져 있다. 이 때문에 백질의 양이 적어지고 그만큼 회백질의 양이 많아진다. 하나의 뇌이랑 내부에서는 이 백질의 감소와 더불어 섬유의 수보다는 섬유의 길이가 감소한다. 뇌이랑의 마주하는 주름들은 같은 크기의 편평한 표면을 가진 뇌의 경우보다 서로 훨씬 가깝기 때문이다. 한편 각기 다른 뇌이랑 사이를 잇는 연결기가 연결하는 거리는 오히려 뇌가 이랑 구조를 형성함으로써 증대한다. 인간의 뇌는 이처럼 근거리 연결기에 대해서는 상당히 능률이 좋지만 장거리의 줄기 선에 대해서는 불완전한 것으로 보인다. 따라서 신호가 혼잡할 때에는 뇌 속에서 서로 거리가 떨어져 있는 부분을 포함하는 과정이 먼저 고장을 일으킨다. 즉 여러 중추, 서로 다른 운동 과정, 다수의 연합영역 등을 포함한 과정은 정신이상이 일어나면 가장 불완전한 것이 된다. 이들 과정은 보통 우리가 고급으로 여기는 바로 그것이다. 고급 과정은 정신이상에 있어서 먼저 악화된다는 우리의 예상은 경험적으로도 실증되는 듯 보이며, 이상의 논의는 그것을 또 다른 입장에서 뒷받침하는 것이다.

뇌의 장거리 경로가 대체로 대뇌의 외측을 달리고 하위 중추를 가로지르는 경향이 있다는 근거가 약간 있다. 대뇌를 길게 구부려져 달리는 백질의 일부를 절단해도 장해는 놀랄 만큼 작다는 것이다. 이들의 표층 연결은 말할 수 없이 불충분한 것으로서 실제로 필요한 연결의 아주 작은 부분밖에는 충당하고 있지 않다고 생각되는 것이다.

이것과 관련하여 손잡이handedness 현상과 반구 우세hemispheric dominance 현상은 흥미롭다. 손잡이 현상은 하등 포유동물에도 나타나는 것 같지만, 인간의 경우처럼 현저하지는 않다. 아마도 그것은 그것들의 신체 조직이 발달되지 않고 하는 일이 고도의 숙련을 필요로 하지 않기 때문일 것이다. 그래도 근육의 숙련 정도에서 좌우가 다르게 되어 있는 현상은, 하등 영장류까지 인간에게서처럼 실제로 볼 수 있다.

잘 알려진 바와 같이 다수 인간의 오른손잡이는 일반적으로 대뇌의 좌뇌잡이left-brainedness와 관련 있고 소수인 왼손잡이는 우뇌잡이와 관련 있다. 즉 대뇌 기능은 두 개의 반구로 평등하게 분포하고 있는 것이 아니라 그중 한쪽의 대뇌반구가 고급 기능의 대부분을 독점하고 있는 것이다. 실제로는 본질적인 양측에 걸친 많은 기능—예컨대 시각피질에 관한 것—은 좌우의 적당한 반구가 각각 대표하는데, 그렇다 해도 반드시 모든 것에 대해 양측성 기능이 그렇게 되어 있는 것은 아니다. '고급한' 피질 영역 대부분은 우세한 대뇌반구에 한정되어 있다. 예를 들면, 성인의 경우 열세한 반구에 광범위한 상해를 일으켰다 해도 그 영향은 우성의 반구에 유사한 상해를 일으킨 경우보다 훨씬 적다. 파스퇴르Louis Pasteur는 경력의 비교적 초기에 우측 뇌출혈을 일으켜 그 이후로 중간 수준의 반신마비로 소위 반신불수가 되었다. 파스퇴르가 사망했을 때 뇌를 검사하고 우뇌에 상당히 광범위한 상해가 있다는 것을 알았다. 이 때문에 뇌출혈 이래 "뇌를 반쪽밖에 가지고 있지 않았다"는 말을 들었을 정도다. 두정부위와 측두부에 광범위한 병터lesion가 분명하게 확인되었다. 그러나 파스퇴르는 상해 후에도 뛰어난 연구를 해냈다. 만약 오른손잡이 성인이 좌뇌에 그 같은 정도로 상해를 입었다면 거의 치명적이라고 해도 좋고, 환자는 정신적 또는 신경적 기능 부전에 빠져 동물적인 상태가 되었을 것이다.

유년 시절 초기라면 사정이 다르다. 생후 6개월간 우세한 반구에 광범한 손상을 받았을 때 보통은 열세한 반구가 대신하게 된다고 한다. 따라서 환자는 성인이 되어 상해를 받은 경우보다 훨씬 잘 회복되고 거의 정상으로 돌아온다. 이 현상은 생후 수 주 이내에는 신경계가 일반적으로 커다란 융통성을 보이지만 그 후의 발전에 따라서 급속히 경직되는 것과 전적으로 합치하고 있다. 그처럼 중대한 손상을 입으면 어린아이일 때는 잘 쓰이는 손이 어느 정도 융통성 있게 바뀔 수 있다. 어린이는 학령에 이르기 훨씬 전에 타고난 잘 쓰이는 손과 대뇌의 반구 우세가 생애에 걸쳐 확립된다. 왼손잡이는 사회적으로 매우 불리하다고 생각되어 왔다. 대체로 도구나 학교의 책상, 스포츠 용구 등은 오른손잡이 우선으로 만들어져 있으므로 그것은 어느 정도 틀림없는 일일 것이다. 게다가 옛날에는 반점이나 빨간

머리와 같은 사소한 변이도 미신적으로 좋지 않은 일로 생각했고, 왼손잡이도 같은 이유로 냉대를 받았다. 이와 같이 여러 이유로 많은 부모가 교육으로 외부로 나타난 아이의 왼손잡이를 고치려고 시도해 성공했지만 반구 우세를 생리학적으로 변경하는 것은 본래 할 수 없는 일이었다. 이들 '반구를 바꾼 아이hemispheric changelings'는 매우 많은 경우 말더듬이나 기타 언어장애, 독서 장애, 습자 장애 등을 앓았으며, 나아가 생애 전망이나 정상적인 경력을 쌓고 싶다는 희망까지도 심각하게 손상당했다.

이러한 현상은 다음과 같이 적어도 하나의 설명이 가능하다. 잘 쓰는 손이 아닌 손을 교육하면 열세한 반구의 일부에서 습자와 같은 숙련을 요하는 운동을 조정하는 부분만이 치우치게 교육을 받는 격이 된다. 그러나 이와 같은 운동은 독서, 회화, 기타 우세한 반구와 불가분하게 연결되는 활동과 되도록 밀접한 연결을 유지하며 행해지는 것이어서 이런 종류의 과정에 관계하는 뉴런 연쇄는 한쪽 반구에서 다른 쪽 반구로 교체 왕복해야 한다. 그래서 조금이라도 복잡한 과정이 되면 이상의 일을 몇 번이든 되풀이한다. 그러면 양 반구 간 직접 연결기—대뇌연결부cerebral commissure—는 인간의 뇌 정도로 큰 뇌라 할지라도 수가 매우 부족하고, 거의 쓸모가 없게 된다. 이 경로에 관한 우리 지식은 매우 불완전한 것이지만, 그것들은 꽤 길고, 수가 적고, 또 중단되기 쉬운 것임은 거의 확실하다. 그 결과 말하기와 글쓰기에 관한 과정이 커뮤니케이션 혼란 상태에 말려들어 말을 더듬게 되는 것은 지극히 자연스러운 일이다.

인간의 뇌는 해부학적으로 생각할 수 있는 모든 기능을 잘 활용하기에 아마도 벌써 너무 커졌는지 모른다. 고양이의 경우는 우세한 반구가 파괴되어도 인간의 경우만큼 장해를 받지 않는 듯 보이며, 열세한 반구의 파괴는 인간의 경우보다도 큰 장해를 받을 것으로 보인다. 어떻든 고양이는 두 반구의 기능 배분이 인간보다 균등하다. 인간의 경우 뇌의 크기와 복잡도의 증대로 얻은 이익은 그 기관의 일부만 일시에 효과적으로 사용할 수 있다는 사실로 어느 정도 균형을 찾고 있다. 기관이 지나치게 고도로 분화하면 능률이 감퇴하고 마침내 종의 소멸에 이른다고 하는 자연의 한계가 있다. 그런 일종의 한계에 우리가 직면하고 있는지도 모른다. 이같이 반성해 보는 것도 흥미로운 일이다. 인간의 뇌는 최후의 거대 포유류가 가지고 있던 거대한 코의 뿔처럼 파멸적인 분화의 길을 걸어왔는지도 모른다.

제8장
정보, 언어 및 사회

작은 조직체를 이루고 있는 것이 여러 개 모여서 다른 하나의 조직체를 구성한다는 생각은 예로부터 있던 것으로 진기한 것은 아니다. 고대 그리스 도시 동맹들은 여러 나라가 느슨하게 결합하여 이루어진 것이었다. 신성 로마 제국도 그러했고 그 시대의 많은 봉건 국가도 그런 구성으로 되어 있었다. 스위스 서약 동맹, 네덜란드 7개 주 연합 공화국, 미합중국 및 아메리카에 있는 다른 여러 연방국, 소비에트 사회주의 공화국 연방 등도 모두 정치 영역에서 위계 지어진 조직체의 예다. 홉스Thomas Hobbes의 리바이어던Leviathan은 작은 인간들로 이루어진 인간 국가로서 같은 생각을 보다 작은 척도로 그려 보여준 것이며, 같은 방향으로 생각을 진전시켜 라이프니츠는 생명체를 그 안에 혈구 등 작은 생명체가 존재하는 하나의 집합체로 생각했다. 사실 라이프니츠의 생각은 세포설의 철학적인 선구였다고 해도 무방하다. 세포설에 따르면 보통 크기의 동식물 대부분, 커다란 동식물 전부 세포라는 단위로 구성되어 있고, 세포는 독립한 생물체의 속성 전부라고 할 수는 없을지라도 대부분을 갖추고 있다. 게다가 다세포 생명체가 보다 고도의 생명체를 구성하는 벽돌 구실을 하는 일도 있다. 예를 들면 고깔해파리Portuguese man-of-war는 특수한 분화 발달을 한 강장동물 용종polyp의 복합체인데 이 경우에는 구성 개체가 영양 섭취, 개체 보존, 이동, 배설, 생식, 또는 복합체 전체를 유지하는 데 도움이 되도록 각각 다른 특수한 발달을 하고 있다.

　　엄밀히 말하자면 이 예와 같이 물리적으로 함께하여 이루어진 복합체가 낮은 수준의 개체보다 철학적으로 의미가 있는 조직체의 문제를 제시하는 것은 아니다. 인간이나 다른 사회생활을 영위하는 동물—무리를 짓는 비비원숭이나 소, 집단 서식하는 비버, 모여서 집을 짓는 꿀벌, 벌새, 개미—에서는 아주 달라진다. 공동 사회는 그것을 구성하는 각 개체의 행동이 보여주는 수준에 가까울 정도로 전체로서의 통합을 보여주는 경우도 있을 것이다. 그렇지만 각 개체는 고정된 신경계를 가지고 있고, 신경계의 요소들과 항구적인 연결들 사이 위치 관계는 항구적이다. 반면, 사회를 구성하는 개체들 사이의 관계는 공간적으로도 시간적으로도 끊임없이 변동하고 그 사이에 항구적이고 파괴되지 않는 물리적 연결은 없다. 벌집의 신경조직은 벌 한 마리 한 마리의 신경조직으로만 되어 있다. 그런데도 벌집이 일제히 지극히 변화와 순응성이 뛰어나고 게다가 잘 짜인 활동을 할 수 있는 것은 무엇 때문일까? 말할 것도 없이 이 비밀은 그 구성원 간 상호 커뮤니케이션intercommunication에 있다.

이 커뮤니케이션이 갖는 복잡함과 내용은 아주 가지각색이다. 인간의 경우에 그것은 복잡한 언어, 문학 등 많은 것을 포함하고 있다. 개미의 경우 아마도 겨우 냄새의 전달 정도일 것이다. 한 마리의 개미가 이 개미와 저 개미를 구별할 수 있다고 하기는 어렵다. 그러나 자기 집의 개미와 다른 집의 개미를 구별할 수 있다는 것은 확실하다. 전자와는 협력하려 하지만 후자는 없애려고 한다. 이런 종류의 두세 가지 외부적인 반응을 보일 뿐, 개미의 마음은 그 몸과 마찬가지로 유형화된 키틴질에 싸여 있는 것으로 보인다. 성장기, 특히 학습기가 성숙된 활동기와 분명하게 분리되어 있는 동물은 이러할 것임을 우리는 선험적으로 예견할 수 있다. 그러한 동물들에게서 찾아볼 수 있는 유일한 커뮤니케이션 수단은 체내 호르몬에 의한 커뮤니케이션 계와 같이 일반적이며 동시에 확산적인 것이다. 실제로 냄새처럼 일반적인 방향이 없는 화학적 감각은 체내 호르몬의 작용과 닮은 데가 있다.

여기서 지나가면서 언급할 만한 것이 있다. 사향, 영묘향, 해리향[109]과 같은 포유동물의 성적 유인을 위한 물질은 외부와의 커뮤니케이션 역할을 하는 외부 호르몬exterior hormone으로 볼 수 있다. 외부 호르몬은 특히 독거 동물에게는 적당한 시기에 성적 결합을 유도하는 역할을 하는 것으로서 종족 보존에 이용된다. 그렇다고 하여 외부 호르몬이 후각기관에 도달했을 때도 신경을 통해서가 아니고 호르몬으로서 작용한다고 말하는 것은 아니다. 쉽게 감각하기 어려울 만큼 적은 양이 순수하게 호르몬으로서 작용할 수 있는지는 알기 어렵다. 그러나 한편 이와 같은 물질이 극소량이더라도 호르몬 작용을 할 가능성을 부정하기에는 호르몬 작용에 대한 우리의 지식이 턱없이 부족하다. 덧붙이자면, 무스콘muscone이나 시베톤civetone에서 발견할 수 있는 탄소 원소의 기다란 뒤틀린 고리는 그다지 크게 재배

열하지 않더라도 성호르몬, 몇몇 비타민, 발암성 물질 등의 특징인 연쇄 고리 구조로 고쳐 만들 수 있다. 내가 이 문제에 대해서 의견을 내놓을 생각은 없고, 재미있는 아이디어의 하나로 이야기할 뿐이다.

개미가 냄새를 맡았을 때 하는 행동은 극도로 표준화된 것 같다. 그러나 냄새와 같이 단순한 자극이 정보를 전달하는 수단으로서 지니는 가치는 그 자극이 전달하는 정보에만이 아니라 그 자극을 보낸 자와 받은 자의 신경 기구 전체에 따라 달라진다. 예를 들면 내가 숲 속에서 지적 능력이 있는 외지인과 함께 있는데, 그는 내가 쓰는 말을 모르고 나는 그가 쓰는 말을 모른다고 하자. 두 사람 사이에 공통의 몸짓에 대한 의미를 정해놓지 않더라도 나는 그로부터 매우 많은 것을 알 수가 있다. 외지인이 감정이나 흥미의 징표를 보일 때, 그 순간에 주의를 기울이기만 하면 된다. 그럴 때 나는 주위를 둘러보고 그가 눈길을 준 방향을 들여다보거나 특별한 주의를 기울이기도 하고 보고 들은 것을 기억해 두기도 한다. 그가 말로 나에게 전하지 않아도 나 자신이 이 같은 관찰을 통해 어떤 것이 그에게 중요한 것인지 오래지 않아 알 수 있게 될 것이다. 다시 말해서, 고유 내용이 없는 신호도 그가 그때 본 것에 따라 그의 마음속에서 의미를 얻으며, 나 또한 내가 그때 본 것에 의해 내 마음속에서 의미를 얻는다. 그가 소유한 적극적으로 유의하는 능력은 그것 자체가 하나의 언어이고 우리 두 사람이 공통으로 가질 수 있는 인상만큼의 다양한 가능성이 있는 것이다. 이렇게 사회생활을 영위하는 동물은 언어의 발달보다 훨씬 이전부터 적극적이고 지적이며 유연한 커뮤니케이션 수단을 가질 수 있는 것이었다.

종족이 가질 수 있는 커뮤니케이션 수단이 어떤 것이더라도 그 종족에게 소용되는 정보량을 규정하고 측정할 수 있으며, 또 그것을 개인에게 소용되는 정보량과 구별할 수 있다. 개인에게 필요한 정보라 할지라도 다른 개인에 대해 행동을 바꿀 수 있는 것이 아니라면 종족에 유용한 것이라고 할 수 없다. 또 그와 같은 행동이 일어나더라도 다른 개인이 그것을 다른 유형의 행동과 구별할 수 없다면 역시 종족에 의미 있는 것이라 할 수 없다. 어떤 정보가 종족에 도움이 되는 것인지, 아니면 전적으로 개인에게

만 도움이 되는 것인지는 개인이 정보에 따라 어떤 행동을 취했을 때 그 행동을 종족의 다른 성원이 특정한 행동이라고 인정하고, 그것이 다른 성원의 활동에도 영향을 주며, 또 다른 성원의 활동에도 영향을 미치는지에 달려 있다.

나는 종족에 관해서 이야기해 왔다. 이 용어는 실제로는 보통 말하는 공동 사회의 정보 전달 범위를 보여주기에는 너무 넓다. 본래부터 이야기하자면 공동 사회라는 것은 정보가 유효하게 전달되는 범위에서 성립하는 것이다. 정보 전달의 유효성에는 하나의 집단에 외부로부터 들어오는 선택지의 수와 그 집단 내에서 오는 선택지의 수를 비교하여 일종의 척도를 부여할 수 있다. 우리는 그것으로 집단의 자율성을 측정할 수 있다. 이렇게 표현한 자율성의 정도를 달성하기 위해 필요한 크기가 집단의 유효 크기를 재는 척도가 된다.

집단이 집단으로서 갖는 정보의 양은 그 구성원이 소유한 것보다 많을 때도 있고 적을 때도 있다. 사회생활을 영위하지 않는 동물이 일시적으로 모여 집단을 이룰 때는 그 구성원 개개가 많은 정보를 가지고 있다 해도 집단으로서의 정보는 매우 적다. 구성원 한 사람 한 사람이 하는 일이 타 구성원에게는 거의 인지되지 않고, 타 구성원의 행동을 불러일으켜 그 영향이 집단 속에 넓혀지는 일도 없기 때문이다. 그러나 인간은 확실히 그 어떤 세포보다도 훨씬 많은 정보를 가지고 있다. 따라서 종족, 부족, 또는 공동 사회가 갖는 정보량과 개체가 필요로 하는 정보량 사이에는 어느 쪽이 많고 적은지 정해진 관계는 없다.

개인의 경우와 마찬가지로 어느 시기에 어느 종족에 필요한 모든 정보를 특별한 노력 없이 얻을 수 있는 것은 아니다. 주지하듯 도서관에서는 자칫하면 장서 자체가 과다해져서 꼼짝 못 할 때가 있다. 학문도 고도로 전문 분화하여 전문가가 자기의 작은 전문 영역에 관한 것 이외에는 아무것도 모르는 일이 있다. 버니바 부시 박사는 방대한 자료 속에서 무엇인가 찾아내기 위해 기계의 힘을 빌리자는 제안을 했다. 그런 기계가 도움이 되기도 하겠으나, 익숙하지 않은 항목에 대해 책을 분류할 때는 누군가가 사전에 그 항목의 이름과 책 간 관계를 확인해 놓지 않았다면 분류할 수 없다는 제한이 있다. 같은 방법으로 지적인 내용을 포함한 문제가 매우 동떨어진 분야에 속해 있을 경우 알아차리기 위해서는 거의 라이프니츠처럼 관심사가 광대한 인물이 필요하다.

공동 사회의 정보 유효량에 관련하여 국가적 통일체에 관한 가장 놀라운 사실 중 하나는 통일체에 유효한 항상성 과정homeostatic process이 극도로 결핍되어 있다는 것이다. 많은 나라에서 통용되는 신앙이 하나 있다. 이 신앙은 미합중국에서는 공식 신앙 조항으로 받들어지고 있다. 바로 자유 경쟁 자체가 항상성을 지닌다는 것이다. 즉 자유 시장에서 거래를 하는 개개인이 상품을 되도록 싸게 사서 되도록 비싸게 팔려고 하는 개인 수준 이기주의가 결과로서 가격 안정을 초래하고 또 최대 다수의 이익이 된다는 것이다. 이 사고방식에 따른다면 이익을 추구하는 개별 기업가는 그 나름대로 사회에 은혜를 베푸는 사람이 되는 것이므로 그 때문에 사회는 집중적으로 큰 보상을 주는 것이라는 낙관적인 견해도 성립한다. 그런데 유감스럽게도 사실은 이런 단순한 이론과는 정반대다. 시장은 하나의 게임이며, 시장을 흉내 내어 '모노폴리'라는 가정용 게임도 만들어졌다. 게임으로서 시장은 폰 노이만과 모르겐슈테른이 전개했던 게임의 일반 이론을 엄밀하게 따른다. 이 이론은 다음과 같은 가정 위에 서 있다. 즉 게임을 하는 사람은 각자 각 단계에서 얻을 수 있는 정보에 근거해서 가능한 최대의 보상 기대치를 보증하는 수를 완전한 이치로 따져서 둔다는 가정이다. 이것은 완전한 계산으로 완전히 무정한 수완가 사이에 행해지는 시장 게임이다. 두 사람의 게임일 경우에는 분명하게 두는 편의 순서를 정할 수도 있지만 그래도 이론은 복잡하다. 세 사람의 게임은 많은 경우 또 더 많은 사람이 하는 게임에서는 대부분의 경우 극도로 불확정, 불안정한 결과를 얻는다. 개별 게임 참여자는 각기 이익을 좇아 제휴한다. 그러나 이 제휴라는 것도 일반적으로 하나의 분명한 방법으로 이루어지는 것이 아니라, 대개는 배반, 변절, 사기 등 혼란 상태로 끝난다. 이것은 고급 실업계라든가, 그와 유사한 정치, 외교, 전쟁의 생리를 아주 잘 묘사한다. 가장 머리가 좋고,

부끄러움도 소문도 아랑곳없이 설치는 언변 좋은 장사꾼조차도 장기적으로는 파산을 기대해야 한다. 이런 사람들이 그런 일에 싫증이 나서 서로 평화롭게 살자고 합의를 하면 그 합의를 깨뜨리고 동료를 배반할 기회를 노리던 사내에게 막대한 이익이 굴러 들어가게 된다. 항상성 같은 것은 전혀 없다. 우리는 호경기니 불경기니 하는 경기 순환이나 독재 정치나 혁명의 연속, 누구나가 손해를 보는 전쟁에 말려 들어간다. 이것은 현대의 진실한 모습이기도 하다.

물론 빈틈없이 총명한 데다 완전히 무정한 사람으로 묘사된 폰 노이만의 게임 참여자 상은 사실의 추상이며 왜곡이기도 하다. 아주 머리가 좋고 게다가 철저히 절조가 없는 사람들만이 많이 모여서 게임을 하는 상황은 드물다. 악인이 모여 있는 곳에는 반드시 우자愚者가 있고, 우자의 수가 충분하다면 악인이 착취하기 좋은 대상이 된다. 악인에게 어리석은 사람의 심리는 중대한 관심을 기울일 가치가 있다. 우자는 폰 노이만의 게임 참여자와 같이 궁극적으로 자기 이익을 구하는 것이 아니라 대개 미로 속에서 쥐가 헤매는 것 같은 빤한 행동을 취한다. 이런 식으로 거짓말을 하면 —거짓말이라기보다 진상과는 관계가 없는 일이라 말하는 편이 나을지 모르지만— 우자가 특정 상표의 담배를 사게 할 수 있다. 다른 식으로 정당이 생각하는 후보자에게 투표시키거나 정적 박해에 가담시킬 수도 있다. 종교, 호색 문학, 유사 과학을 능숙하게 섞어 붙이면 그림이 들어간 신문이 잘 팔리고 감언, 뇌물, 협박을 적당히 섞으면 젊은 과학자를 유혹하여 유도탄과 원자 폭탄 연구를 시킬 수 있다. 이런 수단을 정하기 위해서 라디오 청취자 조사, 지상 투표straw votes, 여론 조사나 일반인 대상 심리 조사 등의 방법이 있고, 이런 일의 기획에 참가하여 보수를 얻으려는 통계학자 · 사회학자 · 경제학자도 있다.

다행히도 그러한 거짓말쟁이 상인이나 속기 쉬운 사람들을 착취하는 무리도 만사가 완전히 그들 생각대로 굴러가지는 않는다. 누구든 완전한 우자도 완전한 악인도 없기 때문이다. 보통 사람은 직접 자기의 관심을 끄는 일에는 상당히 머리를 쓰지만, 공중을 위한 일이나 괴로워하는 사람이 눈앞에 보이면 남을 도와주고자 한다. 오랜 세월 동안 누구든지 꽤 비슷한 지성과 행동에 이르게 된 작은 시골 공동체에서는 불행한 사람들에 대한 친절, 도로나 기타 공공시설의 관리, 한두 번 반사회 행위를 범한 사람에 대한 관용 등에 대해서 훌륭한 기준이 서 있다. 어떻든 그러한 사람들이 거기에 살고 있으므로 공동 사회의 다른 사람들도 그런 사람들과 함께 살아가야 한다. 한편, 그런 사회에서는 타인을 언제든지 제쳐두고 나아가지 못한다. 타인을 제치고 가려는 생각만 하는 사람은 항상 여론의 중압을 느끼고, 오래지 않아 중압은 어디에나 있어서 피할 수 없는 것, 제약을 가하는 귀찮은 것이 되며 자기방어를 위해서 그는 사회를 떠나야 할 것이다.

이와 같이 성원 간 결합이 밀접한 작은 사회는 문명국에 속한 고도로 교육받은 사람들의 사회이든 원시적인 야만인 부락이든 상당한 정도의 항상성이 있는 것이다. 많은 야만인의 풍습은 기묘하여 우리에게 반감을 불러일으키는 경우도 있지만, 일반적으로는 매우 분명한 항상성으로서의 가치가 있고, 그것을 해석하는 일은 인류학의 몫이다. 무정한 방법이 최고의 수준에 도달할 수 있는 것은 커다란 공동 사회뿐이다. 그러한 사회에서 번영하고 있는 사람들Lords of Things as They Are은 재산으로 기근을 피해 가고, 사생활과 익명성으로 여론에서 자신을 지키고, 명예 훼손에 관한 법률과 커뮤니케이션 수단을 사용하여 개인적 비판으로부터 보호받는다. 사회에 있어서 항상성에 반하는 여러 요인 중 커뮤니케이션 수단의 통제가 가장 효과적이고 중요하다.

이 책을 통해 배운 것 중 하나는 어떠한 조직체든 정보의 획득 · 사용 · 보존 · 전달 등을 위한 수단을 가짐으로써 항상성을 영위한다고 하는 사실이다. 큰 사회에서 구성원이 직접 접촉할 수 없을 경우 그런 수단은 책이나 신문 등의 출판물, 라디오, 전화 통신망, 전신, 우편, 극장, 영화, 학교, 교회 등이 있다. 이들은 본래 전달 수단으로서 중요한 것이지만, 그 밖에도 이차적 기능이 있다. 신문은 광고를 싣는 것이고 영화나 라디오와 같이 경영자에게 금전적인 이익을 부여하는 것이다. 학교나 교회는 단지 학자나 성자의 장소일 뿐 아니라 '위대한 교육자'나 '주교'의 집이기도 하다. 출판인에게 이익이 되지 않는 책은 아마도 인쇄되지 않을 것이다. 적어도 그런 책이 재판되는 일은 있을 수 없다.

우리 사회가 매매에 기반한다는 생각은 공공연하게 인정받고 있다. 사회에서는 천연자원도 인적 자원도 이용하려고 생각할 능력이 있는 최초의 실업가가 절대적으로 소유하는 자산으로 본다. 따라서 커뮤니케이션 수단의 이차적인 면이 일차적인 면을 차츰 침식해 가고 있다. 커뮤니케이션 수단 자체가 매우 복잡해지고 고비용을 소모하는 현상도 이를 거들고 있다. 시골 신문에서는 자사의 기자를 써서 각 마을의 가십을 모으기도 하겠지만, 전국 뉴스, 고정 투고란 기사나 정치 논설 등을 사서 판에 박힌 '연판boiler plate'을 만든다. 라디오는 광고주로부터 받는 수입으로 성립한다. 따라서 어디에서나 그러하듯이 돈을 지불하는 사람이 뜻에 맞는 말을 하도록 한다. 대형 커뮤니케이션 사업은 막대한 돈을 필요로 하고 통상적인 자금력을 가진 출판업자로서는 경영이 불가능하다. 도서 출판인은 막대한 부수를 구매하는 독서 클럽이 좋아할 만한 책만 출판하려 한다. 대학 총장이나 주교는 개인적으로는 권력에 대한 야심을 갖지 않더라도 경비가 드는 학교나 교회를 운영해야 한다. 이를 위한 돈은, 돈이 있는 곳에서 얻어야 한다.

이와 같이 온갖 측면에서 커뮤니케이션 수단은 삼중으로 조여들고 있다. 첫째, 이익이 적은 커뮤니케이션 수단은 이익을 많이 내기 위해 사라진다. 둘째, 이들 수단은 지극히 한정된 부유 계급의 수중에 있으므로 자연히 그 계급의 의견을 표명하게 된다. 셋째, 게다가 그런 수단은 정치적 또는 개인적 권력으로 가는 가도이기 때문에 권력에 야심이 있는 사람을 끌어들인다. 이런 일들이 커뮤니케이션 수단을 압박하고 있다. 커뮤니케이션 체제는 다른 어떤 것보다도 더 사회의 항상성에 공헌해야 하는데 권력이나 돈의 게임에 최대의 관심을 가진 사람들의 손에 그대로 넘겨버리는 격이 된다. 그래서 이 게임은 이미 본 바와 같이 공동 사회의 항상성에 반하는 주된 요소 중 하나인 것이다. 커다란 공동 사회일수록 그 파괴적인 영향을 받고 작은 사회보다는 훨씬 조금밖에 공동 사회에 도움이 되는 정보를 주지 못하더라도 이상한 일은 아니다. 하물며 모든 사회를 구성하고 있는 개별 인간이 소유한 정보 조직(신경계)은 사회의 정보 조직보다 훨씬 좋다. 늑대의 무리 정도라고는 생각하고 싶지 않지만 국가는 대개 그 구성원보다는 어리석다.

사업 경영자나 큰 연구소 간부 등은 공동체는 개인보다 크므로 개인보다도 지혜가 있다고 하는 의견을 인정하는 것 같지만 이는 위에서 말한 것과 대립한다. 이들의 의견 일부는 큰 것, 풍부한 것에 쾌감을 느끼는 유치한 기분에서 유래한다. 일부는 큰 조직체라면 좋은 일을 할 수 있을지 모르겠다고 하는 느낌에서 유래한다. 그러나 대부분은 이익의 기회를 노려 영화를 누리고자 하는 욕망일 뿐이다.

다른 사람들은 현대 사회의 무질서에 아무런 이점이 없다고 인정하면서도 이와 같은 상태에서 벗어날 길이 어딘가 있을 것이 틀림없다는 낙관적인 기분으로 공동 사회가 띠는 항상성의 요소를 과대평가하기에 이른다. 우리는 이러한 사람들의 생각을 동정하고 그들이 느끼고 있는 고충을 알기는 하지만 이런 종류의 희망적 사고에는 별로 큰 가치를 두지 않는다. 이것은 고양이에게 방울을 다는 문제에 조우한 쥐의 기분에 비유할 수 있다. 이 세상에서 탐욕스러운 고양이에게 방울을 매달 수 있다면 우리 쥐는 얼마나 좋을 것인가. 그러나 누가 할 것인가? 무정한 권력이 그것을 가장 가지고 싶어 하는 사람들의 손에 또다시 돌아가지 않는다고 누가 보장할 수 있을까.

내가 이런 이야기를 하는 이유는 다음과 같다. 내 친구 중 일부는 이 책 속에 무엇인가 사회를 위한 효능이 있는 새로운 생각이 있을지 모른다는 커다란 기대를 품은 것 같다. 그러나 나는 그것이 잘못되었다고 생각한다. 나의 친구들은 우리가 사회적 환경을 이해하고 제어할 수 있는 정도보다 훨씬 뛰어나게 물질적 환경을 제어할 수 있게 되었다고 확신하고 있다. 따라서 당면한 과제는 자연과학의 방법을 인류학, 사회학, 경제학 방면으로 확장하는 일이고 그렇게 하면 사회적인 영역에서도 같은 정도의 성공을 거둘 수 있을 것이라고 그들은 생각한다. 그것이 필요하다고 생각한 나머지 가능하다고 믿는다. 이는 지나치게 낙관적이고 또 과학의 성과의 본질을 오해하는 것이라 생각한다.

정밀과학에서 모든 위대한 성공은 현상이 관찰자에서 어느 정도 이상으로 떨어져 있는 분야에서 얻어진 것이다. 천문학이 그런 분야의 한 예인데, 천문학에서는 앞서 본 바와 같이 현상의 규모가 인간에 비해 월등하게 거대해서 망원경으로 보는 것은 물론 인간이 최대로 기울인 노력도 천체 세계에 눈에 보일 만한 영향을 미치기는 불가능하다. 한편, 극미 세계의 과학인 현대 원자물리학에서는 우리가 하는 어떤 것도 수많은 개별 입자들에 그 입자의 관점에서 보면 분명 커다란 영향을 줄 것이다. 그러나 우리는 공간적으로도 시간적으로도 그런 입자와 같은 규모로 생활하고 있는 것은 아니다. 입자 현상 중에서도 윌슨Charles Thomson Rees Wilson의 안개상자 실험과 같은 경우가 있는데, 그런 것을 제외하면 관찰자의 생활과 같은 정도의 규모로서 관찰자의 입장에서 가장 큰 의의가 있는 것은 방대한 개수의 입자에 관한 평균 집단 효과뿐이다. 이 효과에 관한 한 그 시간의 길이는 개별 입자나 그 운동 규모에 비해서 훨씬 크며, 우리의 통계 이론은 훌륭하게 들어맞는다. 요컨대 우리는 천체와 비교하면 너무나도 작아 그 운동을 흐트러뜨릴 수 없고, 분자·원자·전자 등과 비교해서는 지나치게 커서 그 집단 효과 이외는 고려할 만하지 않다. 어느 경우든 우리는 연구하려는 현상과 충분히 느슨하게 결합하고 이 결합에 대해서 집단적, 전체적 설명을 할 수 있다. 특히 이 현상과의 결합은 느슨하다고는 하나 전적으로 무시할 수 없는 경우도 있다.

관찰자와 관찰되는 현상의 결합을 최소화하기 가장 곤란해질 때는 사회과학에서이다. 관찰자 쪽에서 말하자면 사회과학에서의 관찰자는 주의를 끄는 현상에 큰 영향을 끼칠 수 있다. 나는 내 인류학자 친구들의 지성, 수완, 정직한 목적 의식에 경의를 표하지만 그들이 연구한 공동 사회가 연구 전과 후에 온전히 같으리라고는 생각할 수 없다. 많은 선교사는 원시적인 언어에 대해서 그들 자신이 오해한 것을 그대로 기록에 적어 그것이 움직일 수 없는 법칙처럼 남았다. 민족의 사회적 관습 중 많은 것은 그것에 대해서 조사했다는 사실 때문에 잃어버리거나 왜곡되어 버리는 일이 있다. 익숙한 뜻과는 다른 의미로 번역은 반역이다traduttore traditore.

한편 사회과학자는 연구하는 문제를 시간도 장소도 관계가 없는 입장에서 냉정하게 내려다볼 수 있다는 이점조차 없다. 병 속에 든 초파리 무리를 관찰하는 것과 같이 인간을 극미 동물로서 관찰하는 집단 사회학이 있을지도 모르지만 그것은 극미 동물인 우리가 별로 관심을 기울일 분야가 아니다. 우리는 **영원의 상 아래에서**sub specie aeternitatis 본 인간의 흥망, 쾌락, 고민에는 그다지 흥미가 없다. 인류학자는 그 자신과 거의 같은 생활 규모를 가진 사람들의 생활·교육·경력·죽음에 관한 관습을 보고한다. 경제학자는 한 세대보다도 짧은 기간의 경기 변동을 예측하는 일에 가장 흥미를 둔다. 적어도 그들이 흥미로워하는 경기 변동은 한 생애 안의 다른 시기에 다른 영향을 주는 성질의 것이다. 오늘날 플라톤의 이데아 세계만을 연구하려는 정치철학자는 거의 없다.

　　바꾸어 말하자면 사회과학에서 우리는 짧은 기간의 통계를 취급해야 하고 또 우리가 관찰한 결과의 상당 부분이 우리 자신의 영향에 의해 가공된 것이 아니라는 확신을 할 수 없다. 주식 시장의 조사가 주식 시장을 혼란케 할 수가 있다. 우리는 우리의 연구 대상과 지나치게 죽이 맞아서 좋은 조사원이 되기 어렵다. 결국 사회과학에 있어서는 우리의 조사가 통계학적인 것이든 역학적인 것이든 간에 —조사는 그 양쪽 성질을 가져야 하는 것이지만— 그 결과의 숫자는 최초의 두세 자릿수밖에 신용할 수 없다. 요컨대 우리가 자연과학에서 언제든지 얻을 수 있는 것과 비교할 수 있을 만큼 확실하고 의미 있는 정보는 얻을 수 없는 것이다. 우리는 그것을 무시할 수 없지만, 그 가능성을 너무 기대할 수도 없다. 사회과학에서는 많은 경우 우리 호불호와 상관없이 전문적인 역사가가 사용하는 '비과학적'인 설화적narrative 방법에 의존할 수밖에 없다.

　　[주석]
　　결코 논의의 중점은 아니지만 이 장에 속할 만한 문제가 하나 있다. 체스를 두는 기계를 만들 수 있을지, 또 이런 종류의 능력이 기계와 정신이 가진 가능성의 본질적인 차이를 보여주는 것인지 하는 문제다. 우선 폰 노이만의 의미에서 최적 게임optimum game을 하는 기계를 만들 수 있느냐는 문제는 제기할 필요가 없다. 아무리 뛰어난 인간의 두뇌라도 폰 노이만의 의미에서 최적에 가까운 게임을 할 수는 없다. 다른 극단의 경우에 승부의 이점을 생각하지 않고 다만 게임의 규칙에 따른다는 의미에서 체스를 두는 기계를 만드는 것은 분명히 가능하다. 이것은 본질적으로 철도 신호 사령탑을 위해서 연동 신호계를 조립하는 것보다 어려울 리 없다. 실제 문제는 중간에 있다. 즉 체스를 두는 사람의 능력에는 여러 단계가 있는데 그 어느 단계에 있는 사람이 재미있는 상대로 볼 만한 기계를 만드는 것이다.

이 목적을 위해서 별로 정교하지 않더라도 전혀 쓸모없는 것도 아닌 장치를 만드는 것은 가능하다고 필자는 생각한다. 기계는 생각할 수 있는 모든 자기편의 수와 대응하는 상대편의 모든 가능한 공격을 되도록 고속으로 두세 수 앞까지 읽어야 한다. 그리하여 각 수에 어떤 평가를 내려야 한다. 어느 단계에서도 외통수를 불러 게임을 끝내는 수에는 최고의 평가를 부여하고 외통수를 당하는 상황을 만드는 수에는 최저의 평가를 부여한다. 말이 잡히거나 잡거나 킹을 공격하려 하거나 기타 눈에 띄는 역할을 하는 수에는 체스를 잘 두는 사람이 평가하는 것과 별로 다르지 않은 평가를 내려야 한다. 제1수에 대해서는 폰 노이만의 이론에 의한 것과 마찬가지로 평가를 내려야 한다. 기계가 한 수 두고 상대도 그것에 대해 한 수를 둘 때 기계가 두는 수의 평가는 상대가 모든 가능한 수를 둔다고 치고 그때 생겨나는 상황들 중에서 최소의 것이어야만 한다.

기계가 두 수 두고 상대도 두 수를 둘 때 기계가 두는 수의 평가는 뒤의 단계—뒤의 기계가 한 수 두고 상대가 한 수만 두는 단계—에서 기계가 두는 수의 최대 평가 중에서 상대의 제1수에 관한 최소의 것이다. 이 조작은 각자 세 수를 둘 때나 그 이상의 수를 두는 경우에도 확장된다. 이와 같이 기계는 n 수 앞의 단계에 대해서 최대의 평가를 주는 것과 같이 말 중에서 선택한다. 단, n은 기계의 설계자가 결정한 어떤 값이다. 이렇게 기계가 두는 수가 정해진다.

이와 같은 기계는 규칙에 맞는 체스를 둘 뿐 아니라 시시하다는 말을 들을 만한 체스는 두지 않을 것이다. 어떤 단계에서도 두세 수만에 체크메이트를 걸 수 있다면 기계는 그렇게 할 것이다. 또 만약 두세 수 안에 적이 체크메이트하는 것을 피할 수 있다면 기계는 그렇게 할 것이다. 이 기계는 아마 머리가 나쁘거나 부주의한 기사에게는 이기겠지만 상당히 숙련되고 조심스러운 체스 기사에게는 아마도 질 것이다. 즉 이 기계는 이 인류의 대부분과 같은 정도의 기사는 될 수 있을 것이다. 물론 멜첼 Johann Nepomuk Mälzel의 사기 기계[110]와 같은 '강한' 기계는 만들 수 없겠지만 모쪼록 상당히 강한 것은 만들 수 있을 것이다.

제9장

학습하는 기계,
스스로 증식하는 기계
(1961년)

우리가 생물 조직을 특징짓는 것으로 생각하는 현상 중 두 가지는 학습하는 능력과 스스로 증식하는 능력이다. 이 두 가지는 일견 다른 것 같지만 서로 밀접하게 관련되어 있다. 학습하는 동물이라는 것은 과거의 환경에 의해서 지금까지와는 다른 존재로 변화할 수 있고, 따라서 일생 동안 환경에 적응할 수 있는 동물을 말한다. 증식하는 동물이라는 것은 적어도 근사적으로는 자기 자신과 닮은 별개의 동물을 만들어낼 수 있는 동물을 말한다. 닮았다고 해서 완전히 같고, 시간이 지나도 변하지 않는다는 것은 아니다. 만일 그때 생기는 변화가 유전하는 것이라면 여기에 자연 선택의 작용이 가능하다. 유전으로 행동하는 법이 전해지는 것이라면 그와 같은 여러 행동의 형태 중에서 종의 생존을 위해 유리한 것은 고정되고 종의 생존에 부적합한 행동 형태는 제거된다. 이렇게 하여 어떤 종의 종에 속하는 또는 계통 발생적phylogenetic인 학습이 생긴다. 이 반대가 개체의 개체 발생적ontogenetic인 학습이다. 종에 속하는 학습과 개체 학습은 둘 다 동물이 환경에 적응하는 수단이다.

개체 학습도 종에 속하는 학습도 동물뿐만 아니라 식물에서 볼 수 있다. 특히 식물에서 후자는 현저하다. 이런 학습은 어떤 의미에서 생명이 있다고 할 수 있는 모든 조직에서 볼 수 있는 것이다. 그러나 생물체의 종류가 다르면 이 두 가지 학습의 중요도도 대폭 달라진다. 포유류, 특히 사람은 개체 학습과 개체 적응성이 고도로 발달했다. 사람의 종에 속하는 학습 대부분은 개체 학습이 잘되는 능력을 확립하는 일에 기울어 있다 해도 과언이 아니다.

줄리언 헉슬리Sir Julian Sorell Huxley는 새의 심리에 대한 기본적인 논문[11]에서 새는 개체적인 학습 능력이 근소하다는 것을 지적하고 있다. 날 수 있는 곤충도 마찬가지다. 이 양쪽 경우 비행을 위해서 매우 고도의 능력이 개체에 요구됨으로써 그것을 위한 종에 속하는 학습에 개체 학습의 몫까지 신경계의 능력을 다 사용해 버린 것이라고 생각할 수 있으리라. 새의 행동 형태는 비상, 구애, 새끼의 포유, 집짓기 등 잡다하지만 새는 맨 처음부터 어미 새에게 별로 배우지 않고 이런 행동을 확실하게 행할 수 있다.

서로 관련되는 이 두 가지 주제에 이 책의 한 장을 할애하는 것은 지극히 타당한 일일 것이다. 인공의 기계도 학습하거나 증식할 수 있을 것인가? 본 장에서는 기계도 실제로 학습하고 증식할 수 있음을 보이겠다. 또 그러기 위해서 필요한 수법을 설명하겠다.

이 두 과정 중 학습 쪽이 간단하고 기술적 발전도 훨씬 진보했다. 여기에서는 특히 게임을 하는 기계의 학습에 대해서 말하겠다. 그것은 경험으로 자기 행동의 전략과 술책을 개량할 수 있는 기계다.

게임 이론은 이미 폰 노이만의 이론으로 완성되어 있다.[112] 폰 노이만 이론에서 생각할 수 있는 전략은 게임의 개시보다는 종료 시점부터 역으로 생각해 가는 편이 좋다. 게임의 마지막 수로 한쪽 선수는 되도록 이기는 수를, 그것이 불가능하면 하다못해 비기는 수를 두고 싶다고 생각한다. 상대 선수는 그 전의 수에서 자기 상대가 이기거나 비기는 수를 두지 않도록 생각한다. 물론 이때 이길 수 있는 수가 있다면 그 수를 두겠지만 그때 이 수는 마지막에서 두 번째 수가 아니라 게임을 끝내는 수가 된다. 다시 또 한 수를 둘 때 최초의 선수는 상대가 아무리 잘 응대해도 자기가 최후에는 승수를 두는 것을 방해하지 않게끔 생각한다. 이런 모양으로 나아가는 것이다.

틱택토Ticktacktoe와 같이 필승법이 알려져 있고 최초부터 그것에 따라 할 수 있는 게임도 있다. 그런 일이 가능하다면 그것이 최선의 수임은 더 말할 나위가 없다. 그러나 체스나 체커 같은 대부분의 게임에서는 이런 종류의 완전한 전략을 세울 만큼 충분한 지식을 얻지 못하고 있으므로 우리는 완전한 전략에 가까운 전략을 취할 수밖에 없다. 폰 노이만 유형의 근사 이론에 따르면 상대가 절대로 실수가 없는 명인이라고 생각하여 최대의 주의를 기울여 게임을 하는 것이다.

그러나 이 태도가 언제나 옳다고 할 수만은 없다. 게임의 일종이라고 할 수 있는 전쟁에 이런 태도로 임하면 패배와 별 차이가 없는 우유부단한 행동만을 취하게 될 것이다. 역사에서 두 가지 예를 들겠다. 나폴레옹이 이탈리아에서 오스트리아군과 싸웠을 때, 오스트리아군의 사고방식은 편협하고 인습적이어서 프랑스 혁명군이 발전시켜 온 과감한 작전의 허를 찌르는 일은 있을 수 없다고 판단한 바는 옳았다. 나폴레옹은 유능했다. 넬슨이 유럽 대륙 연합 함대와 싸웠을 때 몇 년씩이나 해상을 제압하고 있었던 함대를 가졌고, 그것으로 말미암아 길러진 사고방식은 적군이 절대로 생각할 수 없는 것임을 잘 알고 있었다. 그런 점에서 넬슨은 유리했다. 만일 넬슨이 이 이점을 최대로 활용하지 않고 상대도 같은 정도로 해전 경험이 있는 것으로 생각하여 신중하게 행동했다면, 종국에 승리를 거둘 수 있었더라도 그처럼 신속하게 결정적으로 크게 이겨 나폴레옹을 결국 몰락시킨 저 엄중한 해상 봉쇄를 행할 수는 없었을 것이다. 그 어느 경우도 지도적인 요인은 과거의 행동으로부터 통계적으로 파악된 사령관과 적군에 대한 지식이었으며 오류 없이 적에 대해 완전한 게임을 행하는 일은 아니었다. 이들 경우 폰 노이만의 게임 이론을 그대로 적용했다면 전혀 도움이 되지 않았을 것이다.

체스의 이론을 다룬 책도 폰 노이만과 같은 관점에서 쓰여 있는 것은 아니다. 이것은 능력도 있고 경험도 풍부한 상대와 체스를 둔 실험적 경험에서 유도한 원리를 정리한 것이다. 그 같은 책에는 말의 손실lose of pieces, 기동성mobility, 세력 범위command, 말의 전개development, 그 밖에 게임의 국면과 더불어 변하는 여러 요소에 대한 평가 또는 가중치가 주어져 있다.

체스와 같은 게임을 하는 기계를 만드는 것은 그다지 어렵지 않다. 게임의 규칙을 지키고 규칙에 위배되는 수를 두지 않는 것뿐이라면 지극히 간단한 계산기로 충분하다. 평범한 계수형 계산기를 이 목적으로 사용하는 것도 어렵지 않다.

그래서 게임 규칙을 지키면서 그 위에 작전을 세우는 일이 문제가 된다. 말, 세력 범위, 기동성 등의 평가를 수치로 뽑아내는 것은 본질적으로 가능하다. 그렇게 하면 체스 책의 가르침을 이용해서 각 국면에서 최선의 수를 정할 수 있다. 이런 기계는 이미 제작되고 있다. 지금의 경우 명인이라고는 할 수 없지만 상당히 잘하는 아마추어 정도의 체스를 둔다.

지금 당신이 그런 기계를 상대로 체스를 둔다고 하자. 공정을 기하기 위해서 체스를 편지로 두기로 하고, 상대가 기계라고 하는 것을 알리지 않아 상대가 기계라는 것 때문에 흥분한다거나 하는 특별한 사정이 없도록 한다. 언제나처럼 당신은 상대가 두는 체스의 성격을 차츰 알게 될 것이다. 같은 국면이 재차 나타나면, 상대는 언제나 같은 반응을 나타내고 그의 성격이 융통성 없다는 것을 알게 될 것이다. 당신이 좋은 수를 두면 그 수는 조건이 바뀌지 않는 한 언제든지 성공할 것이다. 따라서 체스의 달인이라면 상대 기계의 버릇을 간단하게 간파하고 언제든지 기계를 이길 수 있다.

그러나 간단하게 지지 않는 기계도 있다. 이 기계는 두세 번의 게임마다 쉬는데 그 시간에 다른 일을 한다. 그때는 기계가 상대와 체스를 두지 않고 기억 장치에 저장되어 있는 지금까지 해온 게임을 조사하여 말의 가치, 세력 범위, 기동성, 그 밖의 평가에 어떠한 가중치를 두고 승리에 가장 도움이 될 것인가를 정리한다. 그리하여 기계는 자기 실패와 상대의 성공에서 무엇인가를 배운다. 기계는 전의 평가 방법을 고쳐서 새롭고 더 우수한 기계로서 게임을 계속한다. 이 기계는 융통성이 있어 한 번 성공한 공략법도 다음에는 효과가 없게 된다. 그럴 뿐 아니라 언젠가는 상대의 작전을 역이용할 수도 있다.

체스의 경우 이를 실현하기란 매우 어렵다. 실제로 명인 급의 체스 기계가 만들어질 만큼 이러한 기법이 충분히 발달하지 않고 있다. 체커 쪽이 훨씬 더 쉽다. 체커는 말의 작용이 전부 같아서 생각해야 할 조합의 수가 매우 적어진다. 게다가 말이 하는 일이 같기도 해서 체커는 체스만큼은 서반, 중반, 종반의 구별이 확실하지 않다. 체스는 물론 체커에서도 종반에는 말을 잡는 것보다는 말을 잡을 수 있는 장소를 점유하도록 적과 접촉하는 것이 중요하다. 마찬가지로 체스의 수 평가는 각 국면마다 달라야 한다. 종반과 중반에서 가장 고려되어야 할 문제점이 전혀 다르다. 또한 서반에서는 공격에서나 방어에서 말이 움직이기 쉬운 장소를 잡도록 하는 것이 훨씬 더 중요하다. 이와 같은 사정으로 여러 가중치 인자를 게임 전체를 통틀어 같이 두는 것만으로는 아무래도 만족할 수 없다. 학습 과정은 각각의 국면에 따라서 나누어 생각해야 한다. 그 정도는 되어야 비로소 명인의 체스를 두는 학습 기계를 실현할 수 있을 것이다.

일차 프로그래밍first order programming은 어떤 경우에는 선형이겠지만 그 것을 실행하는 방침을 정하는 이차 프로그래밍은 과거의 지식을 훨씬 더 광범위하게 이용한다. 그 양자를 병용하는 일에 대해서는 예측의 문제와 관련하여 앞에서 말한 바 있다. 비행기가 앞으로의 진로를 예측하려 할 때 는 예측기가 지금까지의 직전 진로에 선형 연산을 한다. 그러나 이 선형 연 산을 정확하게 결정하는 것은 통계적인 문제로서 그 통계의 기초로는 훨 씬 전부터 해온 비행 행로와 과거의 많은 동종 비행기에 대한 지식이 사용 되는 것이다.

먼 과거로부터의 지식을 사용하여 극히 가까운 과거에서 미래로의 방 침을 결정하는데 필요한 통계적인 방법은 극히 비선형이다. 위너-호프Wie-ner-Hopf[113] 예측 방정식을 사용할 때도 그 방정식의 계수는 비선형 조작으로 정해진다. 일반적으로 학습 기계는 비선형 되먹임에 의해서 동작한다. 새 뮤얼[114]과 와타나베[115]가 기술한 체커 두는 기계는 10시간 내지 20시간의 동 작으로 프로그램의 학습을 완성하고 상당히 조리 있는 방법으로 두어서 기계를 프로그래밍한 사람을 이길 수 있다.

스스로 프로그래밍하는 기계에 대해서 와타나베는 매우 재미있는 철 학적 고찰을 하고 있다. 와타나베는 한 연구에서 우아함elegance 및 간단함 에 관한 일정한 기준에 근거하여 초등기하학 증명을 가장 잘 해낼 수 있는 방법을 일종의 학습 게임을 근거로 하여 논의하고 있다. 단, 그 게임은 특 정한 개인을 상대로 하는 것이 아니라 소위 "보기 대령Colonel Bogey"이라고 부를 만한 자를 상대로 한다고 생각하는 것이다. 와타나베가 연구하는 또 하나의 비슷한 게임 문제는 귀납 논리에 관한 것이다. 그것은 경제성, 직접 성, 기타 등 앞서처럼 거의 심미적인 관점에서 몇몇 자유 매개변수 값을 정 하고 가장 좋은 이론을 결정하는 문제다. 귀납논리로서 이것은 극히 제한 된 범위에 지나지 않지만 충분히 연구할 만한 가치가 있는 것이다.

보통은 게임이라고 생각하지 않는 여러 형태의 투쟁적 활동에 대해서 도 게임 기계의 이론은 설명의 실마리를 제공한다. 흥미로운 예로 몽구스 와 코브라의 투쟁이 있다. 몽구스는 몸의 표면이 딱딱한 털로 덮여 있어 뱀이 물어뜯을 수 없도록 보호하고 있지만 키플링도 〈리키티키태비Rikki-Tik-ki-Tavi〉에서 지적한 것처럼 코브라의 독을 느끼지 않을 수는 없다. 키플링이 말한 대로 양자의 싸움은 '죽음의 춤dance with death'이며 몸놀림의 정교함과 민첩함의 싸움이다. 몽구스의 운동 하나하나를 코브라의 운동보다 민첩하고 정확하다고 생각할 이유는 없다. 그런데도 몽구스는 거의 확실하게 언제나 코브라를 쓰러뜨리고 긁힌 상처 하나 없이 물러간다. 어떤 까닭으로 이러한가?

나는 이 투쟁을 실제로 관찰했고 또 영화에서도 몇 번인가 본 일이 있으므로, 그 경험으로 하여 내게는 합당해 보이는 설명을 제시하려 한다. 나의 소견이 꼭 옳은 해석이라고 보장할 수는 없다. 몽구스는 우선 속임수로 수작을 걸어 뱀을 자극한다. 뱀이 쳐들어간다. 몽구스는 몸을 돌려서 다시 처음 몸짓을 보인다. 이렇게 하여 두 마리 동물의 활동에 율동적인 패턴이 생겨난다. 이 춤은 정적인 것이 아니며 점점 더 격렬해진다. 그러는 동안 몽구스의 속임수는 코브라의 돌진에 비해서 율동의 위상이 점점 빨라져간다. 마지막에는 코브라의 몸이 끝까지 늘어났다가 가벼이 움직일 수 없게 된 순간을 포착하여 몽구스가 공격을 가한다. 이번 몽구스의 공격은 속임수가 아니라 코브라의 정수리를 부서질 만큼 정확히 물어뜯는 것이다.

바꾸어 말하자면 뱀의 행동 패턴은 단지 하나하나의 돌진을 반복하는 것일 뿐이고 그에 대해 몽구스의 행동 패턴은 그다지 장기간은 아닐지라도 이제까지 투쟁한 경험을 받아들이고 있다. 몽구스는 그만큼 학습 기계로서 행동하고 있다. 치명적인 공격을 가할 수 있는 것은 코브라보다는 훨씬 고도로 조직화된 신경계의 활동에 의한 것이다.

수년 전 월트 디즈니 영화에서도 볼 수 있었던 것이지만, 미국의 서부에 사는 로드러너road runner라는 새가 방울뱀을 공격할 때에도 그와 같은 일이 일어난다. 이 새는 주둥이와 발톱을 무기로 하고 몽구스는 이빨을 무기로 한다는 차이가 있지만 활동 모습은 아주 잘 닮았다. 앞서와 아주 닮은 또 하나의 예는 투우다. 투우는 스포츠가 아니고, 수소와 인간이 교차하는 조화된 행동의 미를 보여주기 위한 '죽음의 춤'이기 때문이다. 소에 대해 마음을 쓰는 일은 없다. 양쪽 경기자의 행동 패턴에서 상호 작용이 최고로 발휘되도록 경기를 끌고 가기 위해서 소를 미리 흥분시키거나 약화시켜두거나 하는 일도 있지만, 우리 입장에서는 그런 것을 고려하지 않아도 된다. 숙련된 투우사는 망토를 팔랑거리기도 하고 여러 방식으로 회피하거나 소의 코앞에서 회전하거나 하여 온갖 몸놀림을 소화할 수 있다. 이러한 몸짓에 따른 수소의 돌진이 끝나고 막 몸이 뻗쳐진 순간에 심장을 향해 검을 꽂을 수 있도록 투우사는 소를 몰아넣으려고 한다.

몽구스와 코브라, 투우사와 수소의 투쟁에 대해 말한 것은 인간과 인간 간 신체 경기에도 해당된다. 단검 결투를 생각해 보자. 결투에서는 각 결투자가 싸움을 걸고 받고 찌르는 것을 되풀이하며, 상대의 칼끝을 벗어나서 반격을 받지 않고 마지막 일격을 가할 기회를 노린다. 또 테니스 선수권 시합에서는 공을 서브하거나 받아치는 데 각자의 스트로크가 완벽한 것만으로는 충분치 않다. 선수는 상대를 몰아붙여 받아칠 때마다 점점 더 나쁜 타구 위치에 서도록 몰아넣어 마침내는 받아칠 수 없게 작전을 세운다.

이와 같은 신체 경기든 게임 기계 경기든 자기 자신과 상대의 버릇을 경험에서 학습한다는 공통 요소가 있다. 몸을 서로 맞부딪쳐서 게임이 성립되는 것은 전쟁이라든지 참모 장교들이 군사적 경험을 쌓기 위해 행하는 모의 전쟁 게임처럼 지적 요소가 우세한 경기에서도 마찬가지다. 이는 육상이나 해상에서 하는 고전적 전쟁에 대해서도 원자력 무기를 사용하는 아직 한 번도 해보지 않은 전쟁에 대해서도 성립되는 일이다. 체커가 학습 기계로 기계화된 것처럼 이들 모두도 어느 정도 기계화될 수 있는 것이다.

제3차 세계 대전만큼 생각만 해도 소름이 끼치는 일은 없다. 본질적으로 학습 기계를 부주의하게 사용하는 가운데 부분적으로는 전쟁의 위험이 생겨나는 것이 아닌지 생각해 볼 가치가 있다. 학습 기계는 우리에게 위험하지 않다. 필요할 때 언제든지 스위치를 끄기만 하면 된다는 설명은 자주 들어왔다. 그러나 우리가 스위치를 끌 수 있을까? 실제로 스위치를 끄려면 위험이 임박한 것인지 아닌지에 관한 정보를 알아야 한다. 자기가 만든 기계라는 것만으로는 스위치를 끄는 데 필요한 정보를 입수한다고 보증할 수 없다. 체커 두는 기계가 그 기계를 프로그래밍한 사람을 지게 할 수 있다는, 그것도 극히 제한된 시간의 학습으로 그렇게 된다는 것으로 미루어 보아도 알 수 있다. 더욱이 오늘날의 계수형 계산기는 동작 속도가 빠르므로 우리의 위험 징후를 지각하거나 추측하는 능력으로는 때를 놓칠 위험이 있다.

어떤 방침을 실행하는 뛰어난 능력과 기량을 갖춘 인간이 관여하지 않은 장치를 생각하는 일 및 그러한 장치가 가진 위험성에 대해 고찰하는 일은 별로 새롭지 않다. 새로운 것은 우리가 현재 그런 장치를 가지고 있다는 것이다. 과거에는 그런 가능성을 많은 전설이나 민화의 소재가 되어온 마법에서 찾았다. 옛 이야기는 마법사의 도덕적인 입장을 잘 생각하여 만들어졌다. 내가 앞서 쓴 《인간의 인간적 사용》에서도 마법의 전설 속 윤리 문제를 몇 가지 면에서 논의했다.[116] 학습 기계와 관련하여 그중 일부를 여기서 반복하여 이 문제를 다시 정확하게 생각해 보자.

마법 이야기 중에서 가장 잘 알려진 것 가운데 괴테의 〈마법사의 제자〉 이야기가 있다. 그 이야기에서는 마법사가 하인을 겸한 제자에게 물을 길러두라고 명하고 외출한다. 제자 소년은 게으른 데다 약아서 일을 빗자루에게 떠맡긴다. 소년은 빗자루더러 스승에게 배운 마법의 말을 외운다. 빗자루는 열심히 일하며 그치려 하지 않는다. 마침내 소년은 물에 빠질 지경이 되었다. 알고 보니 소년은 빗자루에게 일을 그치게 하는 두 번째 주문을 배우지 않았거나 잊어버렸던 것이다. 소년은 자포자기로 빗자루의 손잡이를 무릎으로 두 동강이를 내버린다. 놀랍게도 부러진 빗자루 두 동강이가 각기 물을 길러 나르기 시작했다. 요행히도 소년이 익사하기 직전에 마법사가 돌아와서 빗자루에게 일을 못하게 하는 주문을 외운다. 그리고 제자는 실컷 야단을 맞았다.

《천일야화》에는 어부와 악마의 이야기가 나온다. 어부의 그물에 솔로몬 왕의 봉인이 있는 주전자가 걸렸다. 솔로몬이 처치하기 힘든 악마를 가둔 그릇이었다. 뭉게뭉게 연기가 피어오르더니 이윽고 거대한 악마가 모습을 드러내 어부에게 말했다. "내가 주전자에 갇힌 후 처음에는 살려준 자에게 마법의 힘과 행운을 선사하려고 생각했다. 그러나 이제는 살려준

자를 그 자리에서 죽여버리기로 정했다." 다행히 어부는 속임수로 악마를 주전자 속에 다시 가두고 바로 그것을 바닷속 깊은 곳으로 던져버렸다.

금세기 초엽의 영국 작가 제이컵스William Wymark Jacobs가 쓴 단편 〈원숭이 손〉은 앞선 두 이야기보다 무섭다. 퇴직한 영국인 직공이 자기 아내와 인도에서 돌아온 특무 상사 영국인 친구와 함께 테이블에 둘러앉아 있었다. 특무 상사는 바짝 말라붙은 원숭이 손 모양의 부적을 주인에게 보여주었다. 그 부적은 인도의 어떤 성자가 세 명의 사람에게 각각 세 가지 소원을 이루어 주는 힘을 부여한 것이었다. 그 성자는 운명에 거역하는 어리석음을 깨우쳐주려고 생각했다. 특무 상사는 그 부적의 첫째 소지자가 처음 두 가지로 무엇을 바랐는지 모르지만 마지막에는 자기의 죽음을 원했다고 했다. 특무 상사 자신은 둘째 주인이 되었는데 자기의 무서운 경험에 관해서는 말하려 하지 않았다. 특무 상사는 그 원숭이 손을 불 속으로 던졌는데 친구는 그 힘을 시험하려고 불 속에서 건져냈다. 친구는 우선 돈 200파운드가 갖고 싶다고 했다. 이윽고 문밖에서 노크 소리가 나고 아들이 근무하는 회사 직원이 들어왔다. 친구는 자식이 기계 속에 떨어져서 죽은 일을 알게 되었다. 회사는 그 책임도 법률적인 의무도 인정할 수 없지만 조의금으로 200파운드를 준다고 알렸다. 슬픔에 빠진 아버지는 두 번째 소원으로 자기 아들이 돌아오기를 바랐다. 또다시 문에서 노크 소리가 들리고 문이 열려서 나타난 것은 —이 대목은 별로 확실히 쓰여 있지 않지만— 아들의 유령이었다. 최후의 소원은 유령이 떠나주기를 원했다는 것이다.

이야기에서 중요한 것은 마법이란 어떻게든 명령받은 대로 일을 한다는 것이다. 즉 마법으로 무엇인가 소원을 이루려면 자기가 정말로 필요하다고 생각하는 것을 말해야 한다. 새로운 학습 기계도 융통성 없이 목표를 추구한다. 전쟁에서 이기는 기계를 프로그래밍하려면 이긴다는 것이 어떤 것인지 잘 생각해야 한다. 학습 기계는 경험에 따라서 프로그래밍되어야 한다. 파멸로 직접 이어지지 않은 핵전쟁 경험은 전쟁 게임의 경험뿐이다. 우리가 실제로 위험에 직면했을 때 취해야 할 방법의 길잡이로서 이 게임의 경험을 사용하려 한다면 전쟁 게임을 프로그래밍할 때 쓰이는 승리의 평가와 실제의 전쟁 때 우리가 느끼는 승리의 평가가 같아야 한다. 그렇지 않으면 즉각 절대 되돌릴 수 없는 위험에 노출되는 것이다. 편견과 감정적인 타협이 눈을 가려 우리가 파괴를 승리로 부르는 일이 있을지 모르지만, 기계는 결코 그러지 않을 것이다. 우리가 승리를 바라면서 승리가 무엇인지 모른다면 유령이 문을 노크하는 사태에 이르고 말 것이다.

학습 기계에 대해서는 이 정도로 하고 다음으로 자기 증식 기계self propagating machine에 대해서 말하겠다. 여기에서는 '기계', '자기 증식'이라고 하는 두 개념어가 중요하다. 기계란 물질의 한 형태인 동시에 특정 목적을 성취하는 기능이 있다. 자기 증식이란 자신 그대로를 현실적으로 복제해 똑같은 기능을 보유한 것을 만들어내는 것이다.

여기에 두 가지 다른 관점이 있다. 하나는 순수히 조합론적인 것으로 부품을 아주 많이 써서 구조를 충분히 복잡하게 하면 기계가 자기 증식 기능을 가질 수 있느냐는 문제다. 이 문제는 폰 노이만이 그 가능성을 증명했다. 다음은 실제로 증식 기계를 만들어내는 작업 수순에 관한 것이다. 이하에서는 고찰하는 기계의 종류를 한정하자. 이것은 비선형 변환기non-linear transducer라고 불리는 것으로 모든 기계를 포함하는 것은 아니지만 매우 일반적인 기계다.

변환기란 시간 함수 하나를 입력으로 하고 또 시간 함수 하나를 출력으로 하는 장치이다. 출력은 현재까지의 입력에서 완전히 규정된다. 일반적으로는 입력을 가해도 각각의 출력의 합이 나온다고는 할 수 없다. 그러한 장치를 변환기라고 한다. 선형이든 비선형이든 모든 변환기가 가지고 있는 특성 하나는 평행이동에 대한 불변성이다. 즉 기계가 어떤 기능을 해낼 때 입력을 과거 쪽으로 얼마간 밀치면 출력도 그만큼 밀려서 나타난다.

증식 기계 이론의 기초는 비선형 변환기를 표준형으로 표현하는 것이다. 선형 장치의 이론에서는 없어서는 안 될 임피던스나 어드미턴스의 개념은 여기에서 별로 적당하지 않다. 이하 비선형 장치의 새로운 표현법에 대해서 말하겠다. 이 방법은 필자[117]와 런던 대학교의 데니스 가보르 교수[118]가 각각 발전시킨 것이다.

가보르 교수와 필자의 방법에서는 비슷한 비선형 변환기가 만들어지는데 어느 쪽이나 비선형 변환기 일군에 동일한 입력을 가해서 그 출력의 합을 출력으로 하여 변환기를 구성한다고 하는 의미에서는 선형이다. 각기의 출력은 경우에 따라 같지 않은 계수를 곱해 선형으로 더해진다. 따라서 비선형 변환기를 설계하거나 지정하는 데는 선형 전개의 이론이 응용된다. 특히 이 방법에서는 최소제곱법으로 각기 구성 소자의 계수를 정할 수 있다. 이 방법에 우리 장치에 가해질 수 있는 모든 입력의 집합에 대한 통계적 평균을 취하는 방법을 결합하면 그 자체로 직교전개 이론의 일부가 된다. 이와 같은 비선형 변환기 이론의 통계적 근거는 경우 하나하나에 대해서 입력의 과거 통계량을 실제로 조사해서 얻을 수 있다.

이것이 가보르 교수의 방법이다. 나의 방법도 본질적으로는 유사하지만 통계적 근거가 다소 다르다.

잘 알려진 바와 같이 전류는 연속적인 흐름이 아니라 통계적인 흔들림이 있는 전자의 흐름이다. 이 통계적 흔들림은 브라운 운동 이론으로 꽤 잘 표현된다. 또는 산탄 효과shot effect, 진공관 잡음tube noise 등 유사한 이론이라도 좋다. 이들에 대해서는 다음 장에서 다시 말하겠다. 그런데, 매우 특별한 통계분포를 가진 표준적인 산탄 효과를 생성하는 장치를 만드는 것이 가능하고, 현재 시판도 되고 있다. 주목할 것은 진공관 잡음이 어떤 의미에서 만능 입력이라는 것이다. 즉 충분히 긴 시간 동안에는 언젠가 그 흔들림이 어떠한 곡선에든 접근하는 것이다. 이 진공관 잡음에서는 적분과 평균의 이론이 매우 간단해질 수 있다.

진공관 잡음의 통계량을 사용하여 비선형 연산들이 이루는 완비정규직교집합을 쉽게 구성할 수 있다. 진공관 잡음의 통계분포를 가진 입력에 이들 연산을 가해서 그중 두 연산 장치의 출력의 곱의 평균을 만들면 0이 된다. 단, 평균은 진공관 잡음의 통계분포에 대해서 행한다. 게다가 각각의 평균제곱 출력은 1로 정규화된다. 따라서 일반의 비선형 변환기를 구성 요소인 회로의 항으로 전개하려면 잘 알려진 정규직교 함수계의 이론을 응용하면 된다.

더 자세히 말하면 우리 장치의 각 부분 회로는 현재까지의 입력을 라게르Edmond Nicolas Laguerre 함수로 전개한 계수를 에르미트Charles Hermite 다항식 여러 개에 대입하여 그들의 곱을 출력으로 주는 것이다. 이에 대해서는 나의 저서《확률 이론의 비선형 문제》에서 상세히 논했다.

가능한 모든 입력의 집합에 대한 평균을 낸다는 것은 처음 사례로는 물론 어렵다. 이 난점을 극복하게 해주는 것은 산탄 효과의 입력이 측도추이성, 즉 에르고딕성을 띤다는 사실이다. 산탄 효과의 입력이 따르는 분포의 매개변수의 적분가능한 함수는 거의 모든 경우 그 시간 평균과 앙상블 평균이 일치한다. 따라서 부분 회로 두 개에 같은 산탄 효과 입력을 가해서 그 출력의 곱의 시간 평균을 구하면 모든 입력의 집합에 대한 곱의 평균치를 구할 수 있다. 이것들을 처리하는 데 필요한 조작은 전압의 가산, 전압의 승산 및 시간 평균을 구하는 것뿐이다. 이런 조작을 행하는 장치는 이미 만들어져 있다. 가보르 교수의 방법에서 필요로 하는 기본 장치와 나의 방법에서 필요로 하는 장치는 실제상 같다. 가보르의 학생 하나는 두 개의 자성 코일의 입력과 결정crystal의 압전 효과를 이용한 매우 실제적인 저렴한 승산기를 발명했다.

결과적으로 어떤 미지의 비선형 변환기도 각기 정해진 특성을 가진 항들의 일차결합으로 근사할 수 있다. 그 계수는 미지 변환기 및 알고 있는 변환기에 같은 산탄 효과 발생기를 이어서 그것들이 내놓는 출력의 곱의 평균으로 구할 수 있다. 또한 미터의 눈금을 읽고 이 계수를 계산하고 손으로 대응하는 변환기에 주어서 조금씩 근사 회로를 만들어가지 않고, 계수를 자동적으로 각각의 부분 회로에 주는 것이 아무런 문제 없이 가능하다. 이상에서 보는 우리의 효과에 의하면 어떤 특성의 비선형 장치로도 될 수 있는 화이트박스를 만든 셈이며, 나아가 이것을 이용하여 어떤 주어진 블랙박스 변환기의 유사 장치도 만들 수 있는 방법을 열어준 셈이다. 즉 화이트박스와 블랙박스, 이 두 상자에 동일한 무작위 잡음을 가해서 그것들의 출력을 적당히 결합하면 우리가 전연 손을 대지 않고도 필요한 화이트박스가 생기는 것이다.

아미노산과 핵산의 혼합물에서 자기와 같은 유전자 분자를 만들어내기 위해 유전자가 주형으로 동작하는 복제 기제나, 바이러스가 숙주의 조직과 액에서 자기를 닮게 한 타 바이러스 분자를 만드는 기제와 지금까지 말해온 것들은 철학적으로 아주 동떨어진 것일까? 나는 이들 과정이 상세까지 같은 것이라고는 결코 생각하지 않지만 철학적으로는 매우 유사한 현상이라고 생각한다.

제10장

뇌파와 자체 조직 계
(1961년)

앞 장에서는 학습과 자체 증식 문제를 다루었는데, 이는 기계뿐 아니라 적어도 유비로는 생명체에도 적용된다. 서문에서 언급한 논평 중에서 이 장에서 직접 사용되는 것을 다시 말하려 한다. 이미 지적한 바와 같이 이 두 현상은 서로 밀접한 관계가 있다. 전자의 현상은 개체가 경험을 통해 환경에 적응하기 위한 기초로서, 이를 개체 발생적 학습이라고 부를 수 있다. 후자의 현상은 변이와 자연 선택이 작동할 수 있는 물질적 기반을 마련해 주며, 이는 계통 발생적 학습이라고 부를 수 있다. 이미 말한 것처럼 포유류 특히 사람은 환경에 맞추는 것 대부분을 개체 발생적 학습으로 하지만, 새들이 보이는 지극히 다채로운 행동 패턴은 개체의 일생 동안 학습할 수 없으며, 새들은 계통 발생적 학습에 훨씬 더 의존한다.

이 두 가지 과정이 생겨나기 위해서는 비선형 되먹임이 중요하다는 점을 앞에서 보았다. 이 장에서는 비선형 현상이 중대한 역할을 하는 어떤 특정한 자체 조직 계self-organizing system의 탐구에 주목하고자 한다. 여기에서 서술하고 있는 것은 뇌파도electroencephalogram 또는 뇌파의 자체 조직화에서 일어나고 있다고 내가 믿는 것들이다.

이 문제를 명철하게 다룰 수 있도록, 사전에 뇌파란 무엇이며 그 구조를 수학적으로 정확하게 다루는 방법을 서술해야 할 것이다. 신경계의 활동에 일종의 전위가 늘 따라다닌다는 사실은 퍽 오래전부터 알려졌다. 이 방면에서 최초의 발견은 지난 세기(즉 19세기) 초로 거슬러 올라간다. 볼타Alessandro Giuseppe Volta와 갈바니Luigi Galvani가 개구리 다리의 신경근육 표본을 만들었을 때 발견한 것이다. 이것이 전기생리학이라는 과학의 탄생이었다. 그러나 이 학문은 금세기(즉 20세기) 첫 사반세기 끝까지는 발전이 더디었다.

이 분야가 완만하게 발전했던 이유는 잘 생각해 볼 필요가 있다. 생리학적 전위 측정에 쓰인 원래의 장치는 검류계들로 이루어졌다. 이 장치에는 두 가지 결점이 있었다. 첫째는 검류계의 코일이나 바늘을 움직이는 에너지가 모두 신경 자체에서 공급되고 그것이 극히 미약하다는 점이다. 둘째는 당시 검류계에서 움직이는 부분의 관성이 상당히 커서 바늘을 명확하게 규정된 위치로 되돌리는 데 커다란 복원력이 필요했다는 점이다. 검류계는 기록하는 장치이면서 본질적으로 왜곡하는 계기이기도 했던 것이다. 초기의 생리학용 검류계에서 가장 우수했던 것은 에인트호번Willem Einthoven의 걸이검류계string galvanometer로서, 움직이는 부분이 한 줄의 도선뿐이었다. 이 계기는 당시 기준으로는 훌륭한 것이었지만, 미소 전위를 기록하려면 역시 상당한 왜곡을 피할 수 없었다.

이와 같은 이유로 전기생리학은 새로운 기술을 기다려야 했다. 그것은 전자공학 기술로서 두 가지 형태로 나타났다. 하나는 에디슨Thomas Alva Edison이 발견한 기체의 전기 전도에서 나타나는 현상에 기반했는데, 이로부터 증폭을 위해 진공관이나 전기 밸브가 사용되기 시작했다. 그 결과, 약한 전위를 강한 전위로 상당히 충실하게 변압할 수 있게 되었다. 그 덕분에 신경에서 생겨나는 에너지가 아니라 신경이 제어하는 에너지를 이용하여, 기록 장치의 가장 작은 요소까지도 움직일 수 있게 되었다.

두 번째 발명도 진공에서의 전기 전도와 관련이 있는데, 음극선 오실로그래프라는 것이다. 그 덕분에 장치의 움직이는 부분으로 이제까지의 어떤 검류계보다도 훨씬 가벼운 전동자를 쓸 수 있게 되었다. 바로 전자의 흐름이었다. 20세기 생리학자는 이 두 장치를 따로따로 혹은 함께 사용하여 19세기의 정밀 기계로 절대 잴 수 없었던 미소 전위의 시간적 경과를 충실하게 추적할 수 있게 되었다.

이 덕분에 전극 두 개를 두피에 붙이거나 뇌 속에 심은 뒤 그 두 전극 사이에서 생겨나는 미소한 전위가 시간에 따라 어떻게 변하는지 정확하게 기록할 수 있게 되었다. 이 전위는 19세기에도 이미 관찰되었지만, 새로운 정확한 기록이 가능해지자 20~30년 전 생리학자들에게 커다란 희망을 주었다. 뇌 활동을 직접 연구하는 데 이들 장치를 응용했다는 점에서는 독일의 베르거Hans Berger, 영국의 에이드리언Edgar Douglas Adrian 및 매슈스Sir Bryan Harold Cabot Matthews, 미국의 재스퍼Herbert Henri Jasper[119], 데이비스Hallowell Davis 및 기브스 부부Frederic Andrews Gibbs, Erna Leonhardt Gibbs 등이 이 분야에서 앞서 있었다.

그 뒤 뇌파검사electroencephalography의 발전이 지금 상황에서 이 분야 초기 연구자들이 품었던 장밋빛 희망을 충족시키지 않고 있음은 인정해야 한다. 그들이 얻은 자료는 잉크 기록기로 기록되었다. 대단히 복잡하고 불규칙한 곡선이었다. 잉크 기록에서도 10사이클 근방의 알파 리듬과 같은 주요한 진동수를 몇 개 구별해 낼 수 있었지만 그 이상 수학적인 취급을 할 수는 없었던 것이다. 따라서 뇌파검사는 과학이라기보다는 기법이었고, 오랜 경험을 바탕으로 잉크 기록으로부터 특정한 성질을 찾아내는 것은 훈련된 관찰자의 능력에 달린 일이었다. 따라서 뇌파의 해석은 지극히 주관적이라는 매우 근본적인 반론도 있었다.

나는 1920년대 후반부터 1930년대 전반에 걸쳐 연속과정의 조화해석에 흥미를 두게 되었다. 물리학자들이 이미 그런 과정을 고찰하고 있었지만, 조화해석을 다룬 수학은 주기적 과정이나 시간이 양 또는 음의 방향으로 커짐에 따라 어떤 의미에서 0에 가까워지는 과정만 한정적으로 취급했다. 나의 연구는 연속과정의 조화해석에 확고한 수학적 기초를 수립하려한 가장 초기의 시도다. 이 연구에서 자기상관함수autocorrelation라는 기본적인 개념을 발견했다. 난류 연구에서 테일러Sir Geoffrey Ingram Taylor가 이미 사용하고 있었던 것이다.[120]

시간 함수 $f(t)$의 자기상관함수는 $f(t)$와 $f(t+\tau)$의 곱의 시간 평균이다. 실제의 연구에서 취급하는 것은 실함수이지만, 복소수 값을 취하는 시간의 함수를 도입하면 편리하다. 그때 자기상관함수는 $f(t+\tau)$와 $f(t)$의 켤레함수를 곱한 것의 평균이 된다. 실함수이든 복소함수이든, $f(t)$의 세기 스펙트럼power spectrum은 그 자기상관함수의 푸리에 변환으로 주어진다.

앞에서도 말한 것처럼 잉크 기록은 이에 기반해 수학적 처리를 진행하기에 적당하지 않다. 자기상관함수라는 아이디어를 활용하기 위해서는, 잉크 기록 대신 기계가 처리할 수 있는 다른 기록 방법을 사용해야 했다.

미소한 전위 변화를 기록하는 좋은 방법 하나는 자기 테이프를 사용하는 것이다. 이를 통해 전위 변화를 영구히 기록할 수 있고, 기록해 두었다 필요할 때 언제든지 사용할 수 있다. 이런 장치 중 하나가 약 10년 전 MIT 전자공학 연구소에서 로젠블리스Walter A. Rosenblith 교수와 브레이저 Mary Agnes Burniston Brazier 박사의 지도로 발명되었다.[121]

그 장치에서는 자기 테이프의 기록이 진동수 변조frequency-modulation 방식으로 이루어진다. 그 장치로 자기 테이프를 읽어낼 때 반드시 얼마간의 기록이 지워지기 때문이다. 진폭 변조amplitude-modulation로 기록된 테이프에서는 이렇게 지워진 곳에서 메시지 변형이 일어나고, 여러 차례 되풀이해서 읽는 동안에 실제로는 점점 변하는 메시지를 읽게 된다.

진동수 변조에서도 다소 지워짐이 있지만, 테이프의 읽어내기 장치는 진폭과 상관없이 그 진동수만 읽어내게 된다. 테이프가 심하게 지워져서 전혀 읽을 수 없게 될 때까지는 부분적으로 지워져도 테이프의 기록된 메시지는 그다지 손상되지 않는다. 따라서 처음과 거의 같은 정확도로 몇 번이든 테이프를 읽을 수 있는 것이다.

자기상관함수의 성질에서 알 수 있듯, 테이프에서 읽어낸 정보를 원하는 양만큼 지연시키는 메커니즘이 필요하다. 시간 길이가 A인 자기 테이프의 기록을 재생 헤드가 두 개인 장치를 써서 차례로 재생하면, 시간적으로 이동해 있는 것 이외에는 완전히 똑같은 두 개의 신호를 얻는다. 시간 이동은 재생 헤드 간 거리와 테이프의 속도로 정해지고 임의로 변화시킬 수 있다. 시간의 이동을 τ라 할 때, 한쪽 신호를 $f(t)$라 하면 다른 쪽 신호는 $f(t + \tau)$이다. 가령 제곱 정류기와 선형 혼합기를 써서, 다음 항등식을 이용하여 이 둘의 곱을 만들 수 있다.

$$4ab = (a + b)^2 - (a - b)^2 \qquad (10.01)$$

그 곱의 평균은 표본의 시간 길이 A에 비해서 시간 상수가 긴 저항-축전기RC 회로로 적분하면 근사적으로 구할 수 있다. 그렇게 얻은 평균은 지연 τ의 자기상관함수 값에 비례한다. τ의 값을 여러 가지로 바꾸어서 이 조작을 반복하면 자기상관함수 값의 집합을 얻을 수 있다. 이것은 시간 길이 A가 충분히 큰 표본들에서 얻은 자기상관함수라고 해도 좋다. 그림 9의 그래프는 이런 종류의 자기상관함수를 도시한 것이다.[122] 여기에서는 곡선의 절반만을 그렸다. 자기상관함수를 만들어야 할 곡선이 실숫값 함수이기만

하면, 음의 시간에 대한 자기상관함수는 양의 시간에 대한 함수와 똑같기 때문이다.

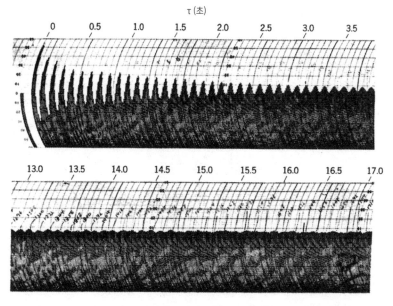

그림 9. 자기상관함수.

　유사한 자기상관함수 곡선이 광학에서는 수년 전부터 사용되었고, 그림 10에 보인 마이컬슨Albert Abraham Michelson 간섭계로 얻어졌다. 마이컬슨 간섭계는 거울과 렌즈로 이루어진 계로서, 광선이 둘로 나누어지고 각각 길이가 다른 길을 지나서 되돌아온 뒤 하나의 광선으로 모인다. 이 두 광선은 입사 광선 두 개의 복제가 되는데, 광로의 길이가 다르므로 시간 지연도 다르며, 모인 광선은 그 두 광선의 합이 된다. 이를 앞에서와 마찬가지로 $f(t)$와 $f(t+\tau)$로 나타내자. 광선의 세기를 복사력에 민감한power-sensitive 광도계로 측정하면, 광도계의 눈금은 $f(t)+f(t+\tau)$의 제곱에 비례하며, 따라서 자기상관함수에 비례하는 항을 포함하게 된다. 다시 말해 간섭계의 간섭 무늬의 세기는 (몇몇 선형변환을 제외하면) 자기상관함수를 나타낼 것이다.

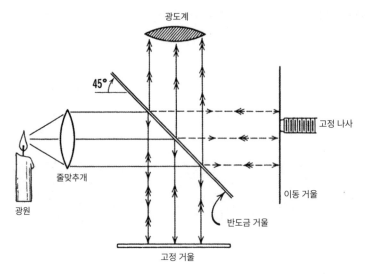

광도계

45°

줄맞추개

광원

고정 나사

이동 거울

반도금 거울

고정 거울

그림 10. 마이컬슨 간섭계.

이 모든 것이 마이컬슨의 연구에 함축되어 있었다. 간섭 무늬에 푸리에 변환을 하면 간섭계는 빛의 세기 스펙트럼을 산출하며, 간섭계는 사실상 분광계spectrometer가 된다. 이것은 현재까지 알려진 분광계 중 가장 정확한 유형이다.

이 유형의 분광계는 최근에야 인정받았다. 현재는 정밀 측정의 중요한 수단으로 정착했다고 한다. 내가 이제부터 서술하는 자기상관함수 기록의 처리법이 분광학에서도 그대로 응용되어 분광계로부터 오는 정보를 최대한으로 이용하는 수단을 마련해 준다는 점에서 이 분광계가 중요하다.

자기상관함수로부터 뇌파 스펙트럼을 구하는 방법을 논의하자. $f(t)$의 자기상관함수를 $C(t)$라 하자. $C(t)$는 다음 꼴로 적을 수 있다.

$$C(t) = \int_{-\infty}^{\infty} e^{2\pi i \omega t} dF(\omega) \qquad (10.02)$$

여기에서 F는 ω의 단조증가함수이거나 적어도 감소 함수가 아니다. F를

f의 '적분 스펙트럼'이라고 부르자. 일반적으로 이 적분 스펙트럼은 세 부분으로 이루어져 있으며, 세 부분이 더해진 것이다. 그중 선 스펙트럼은 셀 수 있는 점집합에서만 그 값이 증가한다. 이것을 제거하면 연속 스펙트럼이 남는다. 이 연속 스펙트럼은 두 부분으로 이루어진다. 하나는 측도 0인 집합에서만 증가하는 부분이고, 또 한 부분은 절대연속으로서 어떤 적분 가능한 양숫값 함수의 적분으로 표현된다.

이제부터는 스펙트럼 중 앞의 두 부분, 즉 이산 스펙트럼과 측도 0인 집합에서만 증가하는 연속 스펙트럼은 존재하지 않는다고 가정하자. 이 경우,

$$C(t) = \int_{-\infty}^{\infty} e^{2\pi i \omega t} \phi(\omega) d\omega \qquad (10.03)$$

라고 쓸 수 있다. 여기서 $\phi(\omega)$는 스펙트럼밀도다. 여기에서 $\phi(\omega)$가 르베그 L^2류에 속한다면, 다음과 같이 쓸 수 있다.

$$\phi(\omega) = \int_{-\infty}^{\infty} C(t) e^{-2\pi i \omega t} dt \qquad (10.04)$$

뇌파의 자기상관함수를 보면 알 수 있듯이, 세기 스펙트럼의 주요 부분은 10사이클 근방에 있다. 이때 $\phi(\omega)$는 대개 다음 도표와 유사한 모양일 것이다.

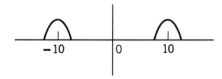

10사이클과 −10사이클의 두 봉우리는 서로 거울상 대칭이다.

푸리에 해석을 수치적으로 행하는 방법은 다양하며, 적분기를 이용하거나 수치 계산 장치를 이용할 수도 있다. 어느 방법에서든 주요 봉우리가

0사이클 가까이가 아니고, 10사이클이나 −10사이클 가까이에 있으면 곤란하다. 그러나 조화해석을 진동수 0 근방으로 변환하는 방법이 있으므로, 그것을 써서 계산의 양을 줄일 수 있다. 다음 식을 이용하면 된다.

$$\phi(\omega - 10) = \int_{-\infty}^{\infty} C(t) e^{20\pi i t} e^{-2\pi i \omega t} dt \qquad (10.05)$$

즉 $C(t)$에 $e^{20\pi i t}$를 곱하여 여기에 새로 조화해석을 하면, 진동수 0 근방과 진동수 +20 사이클의 근방에 각기 스펙트럼의 띠가 생긴다. $C(t)$에 $e^{20\pi i t}$를 곱한 뒤, 평균화법으로—파동 여과기를 사용하는 일에 해당한다— 진동수 +20 사이클의 띠를 제거하면, 조화해석이 진동수 0 근방만으로 축소된다.

그런데

$$e^{20\pi i t} = \cos 20\pi t + i \sin 20\pi t \qquad (10.06)$$

이므로, $C(t)e^{20\pi i t}$의 실수부분과 허수부분은 각각. $C(t)\cos 20\pi t$와 $iC(t)\sin 20\pi t$로 주어진다. +20 사이클 근방의 진동수를 제거하기 위해서는 이 두 함수를 저역 파동 여과기에 통과시키면 된다. 이는 함수를 1/20초나 그 이상의 시간 간격에 걸쳐 적분하는 일과 동등하다.

대부분의 세기power가 10사이클 근방에 모여 있는 곡선이 있다고 하자. 거기에 $\cos 20\pi t$나 $\sin 20\pi t$를 곱하면 그 곱의 곡선은 두 부분의 합이 된다. 하나는 국소적으로는 다음 모양의 곡선이 된다.

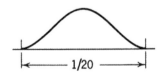

다른 곡선은 다음 모양이 된다.

사이버네틱스: 동물과 기계의 제어와 커뮤니케이션

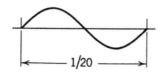

├── 1/20 ──┤

두 번째 곡선을 1/10초에 걸쳐 평균하면 0이 된다. 첫 번째 곡선을 평균하면 평균값은 그 최댓값의 1/2가 된다. 따라서 $C(t)\cos 20\pi t$ 와 $iC(t)\sin 20\pi t$ 를 매끄럽게 다듬으면, 각각 스펙트럼 진동수 0 근방에 집중하고 있는 어떤 함수의 실수부분과 허수부분의 좋은 근사식이 된다. 이 함수의 진동수 0 근방에 분포하고 있는 진동수는 $C(t)$의 스펙트럼의 10사이클 근방 성분과 같다. $C(t)\cos 20\pi t$ 를 매끄럽게 다듬은 결과를 $K_1(t)$라 하고 $C(t)\sin 20\pi t$ 을 매끄럽게 다듬은 결과를 $K_2(t)$라 하자. 다음과 같은 식을 얻고자 한다.

$$\int_{-\infty}^{\infty} [K_1(t) + iK_2(t)]\, e^{-2\pi i \omega t}\, dt$$
$$= \int_{-\infty}^{\infty} [K_1(t) + iK_2(t)]\, [\cos 2\pi\omega t - i\sin 2\pi\omega t]\, dt \tag{10.07}$$

이 식은 스펙트럼이므로 실수가 되어야 한다. 따라서

$$\int_{-\infty}^{\infty} K_1(t)\cos 2\pi\omega t\, dt + \int_{-\infty}^{\infty} K_2(t)\sin 2\pi\omega t\, dt \tag{10.08}$$

과 같을 것이다. 달리 말하면, K_1의 코사인 해석과 K_2의 사인 해석을 한 뒤 이 둘을 합하면, f의 이동된 스펙트럼을 얻게 될 것이다. K_1은 짝함수, K_2는 홀함수임을 보일 수 있다. 따라서 K_1의 코사인 해석을 구하여, K_2의 사인 해석을 더하든지 빼든지 하면 중심 진동수에서 ω만큼 좌 또는 우로 이동한 점에서의 스펙트럼을 구할 수 있다. 이렇게 스펙트럼을 구하는 방식을 헤테로다인heterodyne법이라고 부른다.

　그림 9의 뇌파 자기상관함수처럼 국소적으로 거의 사인 함수(가령 주기가 0.1)인 자기상관함수의 경우에는 이 헤테로다인법의 계산을 간략하게 할 수 있다. 우선 1/40초의 간격으로 자기상관함수를 구한다. 다음에 0초, 1/20초, 2/20초, 3/20초……에서의 값을 차례로 얻어서 분자가 홀수인 항의 기호를 바꾼다. 이 수열을 최초의 것부터 적당한 개수만 평균하면 $K_1(t)$와 거의 같은 양을 구할 수 있다. 마찬가지로 1/40초, 3/40초, 5/40초……에서 값을 취하고 교대로 부호를 바꾸어 앞에서와 같은 모양으로 평균하면 $K_2(t)$의 근삿값을 얻을 수 있다. 이 이후의 단계들은 분명할 것이다.

　이상의 조작이 옳다는 것은 다음과 같이 알 수 있다. 질량 분포가

1　　점 $2\pi n$에서

-1　　점 $(2n+1)\,\pi$에서

0　　그 밖의 점에서

으로 주어질 때, 이 분포를 조화해석하면 진동수 1의 코사인 성분을 포함하지만, 사인 성분은 포함하지 않는다.

　마찬가지로

1　　점 $(2n+1/2)\,\pi$에서

-1　　점 $(2n-1/2)\,\pi$에서

0　　그 밖의 점에서

으로 주어진 질량 분포는 진동수 1의 사인 성분을 포함하지만 코사인 성분은 포함하지 않는다. 양쪽의 분포에는 진동수 N의 성분이 존재하지만, 해석되는 원래의 함수에서는 이 같은 성분은 전혀 또는 거의 포함하지 않으므로 이러한 항은 관계가 없다. 이때 곱해야 할 계수가 +1 또는 -1뿐이기 때문에 헤테로다인법은 매우 간단해진다.

　필기구로 하는 계산만 가능했을 때는 이 헤테로다인법이 뇌파 조화해석에 큰 도움이 되었다. 헤테로다인법을 사용하지 않고 상세한 조화해석을 일일이 하려고 하면 계산의 양이 방대해진다. 처음에는 뇌파 스펙트럼의 조

화해석이 모두 헤테로다인법으로 이루어졌지만, 나중에 디지털(계수형) 컴퓨터를 이용할 수 있게 되고, 차츰 계산량을 줄이는 것이 큰 문제가 아니게 되었으므로 헤테로다인법을 쓰지 않고 직접 조화해석을 하게 되었다. 지금도 디지털 컴퓨터를 이용할 수 없는 장소에서 연구해야 하는 경우도 있기 때문에 헤테로다인법도 현장에서 아주 쓰이지 않는 것은 아니라고 생각한다.

필자가 여기서 제시하는 것은 실제 연구에서 얻은 특정 자기상관함수의 일부분이다. 자기상관함수 자료는 매우 길어서 여기에 전부 보일 수는 없다. 따라서 $\tau = 0$의 근방, 즉 그 최초 부분과 그보다 약간 앞쪽 일부분을 제시한 것이다.

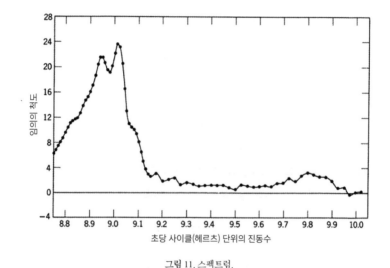

그림 11. 스펙트럼.

그림 11은 그림 9에서 그 일부를 보여준 자기상관함수 조화해석의 결과다. 이 경우는 고속 디지털 컴퓨터[123]로 계산했는데, 이 스펙트럼은 앞서 헤테로다인법을 써서 필기구로 한 계산의 결과와 잘 맞았다. 적어도 스펙트럼이 강한 부근에서는 매우 잘 일치했다.

곡선을 잘 보면 9.05헤르츠(초당 사이클) 근방에서 세기가 급격히 감소한다. 스펙트럼이 심각하게 약해지는 곳이 매우 또렷하다. 이것은 이제까지 뇌파검사에서 나타난 어떠한 양보다도 정확하게 검증할 수 있는 객관적인 양이다. 우리가 구했던 다른 곡선에서는 세기가 급격히 감소한 뒤에 다시 급격히 증가해, 그 사이에 움푹해지는 징후가 보인다. 단 이들 곡선 세부의 신뢰성은 다소 의심스럽다. 확언할 수는 없으나 봉우리의 세기는 곡선이 내려가는 곳에서 세기를 빨아들여 생기는 것이 아닌가 하는 생각이 강하게 든다.

우리가 구한 스펙트럼에서 봉우리는 대개 거의 1/3사이클의 폭으로 되어 있다. 흥미롭게도 4일 후에 같은 피검자의 뇌파를 다시 잰 결과 봉우리 폭은 거의 변화가 없었고 모양도 상당히 세부에 이르기까지 같아 보였다. 피검자가 달라지면 봉우리의 폭도 달라지고, 아마도 그보다 좁아진다고 생각할 만한 이유가 있다. 그러나 이것을 충분히 확인하려면 아직 더 많이 연구해야 한다.

이상의 의견이 옳은지 그른지를 분명히 할 수 있도록 좋은 실험 장치를 이용하여 정확한 실험 연구를 할 수 있기를 절실히 바란다.

다음으로 표본화 문제sampling problem를 다루겠다. 그러려면 우선 함수 공간에서의 적분에 관한 필자의 초기 연구를 소개해야겠다.[124] 이를 도구로 이용하면 주어진 스펙트럼을 가진 연속과정의 통계 모형을 만들 수 있을 것이다. 이 모형이 뇌파를 생성하는 과정을 정확하게 재현하는 것은 아니더라도, 이 장에서 앞에서 논한 것처럼 뇌파 스펙트럼의 평균제곱근 오차 등의 통계를 구하는 데에는 충분한 것이다.

필자가 일반화된 조화해석에 관한 논문 등에서 다룬 적이 있는 실함수 $x(t, \alpha)$의 몇 가지 성질을 여기에서는 증명 없이 서술한다. 함수 $x(t, \alpha)$는 $-\infty$에서 ∞까지의 값을 갖는 변수 t 와, 0에서 1까지의 값을 갖는 변수 α로부터 정해진다고 하자. 이것은 시간 t 와 통계분포의 매개변수 α에 따라 달라지는 브라운 운동의 공간 변수 하나를 나타낸다. 적분

$$\int_{-\infty}^{\infty} \phi(t)dx(t, \alpha) \qquad (10.09)$$

은 $-\infty$에서 ∞의 르베그 L^2류에 속하는 모든 함수 $\phi(t)$에 대해서 정의된다. 만일 $\phi(t)$가 L^2에 속하는 도함수를 가진다면, 식 (10.09)는

$$\int_{-\infty}^{\infty} x(t, \alpha)\phi'(t)dt \qquad (10.10)$$

로 정의되며, L^2에 속하는 임의의 함수 $\phi(t)$에 대하여 어떤 잘 정의된 극한 과정으로 정의된다. 적분

$$\int_{-\infty}^{\infty} \cdots \int_{-\infty}^{\infty} K(\tau_1, \cdots, \tau_n)dx(\tau_1, \alpha) \cdots dx(\tau_n, \alpha) \quad (10.11)$$

도 마찬가지 방법으로 정의된다. 여기에서 사용되는 기본정리는

$$\int_0^1 d\alpha \int_{-\infty}^{\infty} \cdots \int_{-\infty}^{\infty} K(\tau_1, \cdots, \tau_n)dx(\tau_1, \alpha) \cdots dx(\tau_n, \alpha) \,(10.12)$$

가

$$K_1(\tau_1, \cdots, \tau_{n/2}) = \sum K(\sigma_1, \sigma_2, \cdots, \sigma_n) \qquad (10.13)$$

라 놓음으로써 구할 수 있다는 것이다. 여기에서 τ_k 는 (n이 짝수라 할 때) σ_k의 모든 가능한 짝들을 서로 같다고 함으로써 만들어지며, 합은 모든 짝의 분할에 대한 것이다. 그러면 (10.12) 식은

$$\int_{-\infty}^{\infty} \cdots \int_{-\infty}^{\infty} K(\tau_1, \cdots, \tau_{n/2})d\tau_1, \cdots, d\tau_{n/2} \qquad (10.14)$$

가 된다. 만일 n이 홀수이면

$$\int_0^1 d\alpha \int_{-\infty}^{\infty} \cdots \int_{-\infty}^{\infty} K(\tau_1, \cdots, \tau_n) dx(\tau_1, \alpha) \cdots dx(\tau_n, \alpha) = 0 \quad (10.15)$$

이다.

이와 같은 확률적분에 대한 또 하나의 중요한 정리는 다음과 같다. 즉, $\mathcal{F}\{g\}$를 $g(t)$의 범함수라 하고, $\mathcal{F}\{x(t, \alpha)\}$는 α에 대해서 L에 속하고, 차 $x(t_2, \alpha) - x(t_1, \alpha)$만으로 정해지는 범함수라고 하면 모든 t_1와, 거의 모든 α에 대해서

$$\lim_{A \to \infty} \frac{1}{A} \int_0^A \mathcal{F}[x(t, \alpha)] dt = \int_0^1 \mathcal{F}[x(t_1, \alpha)] d\alpha \quad (10.16)$$

가 성립한다는 정리이다. 이것은 버코프의 에르고딕 정리로서, 필자나[125] 다른 사람들이 증명했다.

앞서 인용했던 《악타 마테마티카_Acta Mathematica_》의 논문에 있는 것처럼 U를 함수 $K(t)$의 실 유니터리변환이라 하면,

$$\int_{-\infty}^{\infty} UK(t) dx(t, \alpha) = \int_{-\infty}^{\infty} K(t) dx(t, \beta) \quad (10.17)$$

여기서 β는 구간 $(0, 1)$을 그 자신으로 옮기는 측도 보존 변환에 의해서만 α로부터 얻을 수 있다.

다음에 $K(t)$가 L^2에 속한다고 하고, 플랑슈렐식으로[126]

$$K(t) = \int_{-\infty}^{\infty} q(\omega) e^{2\pi i \omega t} d\omega \quad (10.18)$$

가 된다고 하자. 실함수

$$f(t,\alpha) = \int_{-\infty}^{\infty} K(t+\tau)dx(\tau,\alpha) \tag{10.19}$$

는 선형 변환기에 브라운 운동의 입력을 가했을 때의 반응을 나타낸다. 이
제 이것을 조사하자. 이 응답의 자기상관함수는

$$\lim_{T\to\infty} \frac{1}{2T} \int_{-T}^{T} f(t+\tau,\alpha)\overline{f(t,\alpha)}dt \tag{10.20}$$

가 될 것이며, 에르고딕 정리에 따르면, 거의 모든 α 값에 대해서,

$$\int_{0}^{1} d\alpha \int_{-\infty}^{\infty} K(t_1+\tau)dx(t_1,\alpha) \int_{-\infty}^{\infty} \overline{K(t_2)}dx(t_2,\alpha)$$
$$= \int_{-\infty}^{\infty} K(t+\tau)\overline{K(t)}dt \tag{10.21}$$

과 같은 값을 갖는다.

스펙트럼은 거의 모든 α에 대해서

$$\int_{-\infty}^{\infty} e^{-2\pi i\omega\tau}d\tau \int_{-\infty}^{\infty} K(t+\tau)\overline{K(t)}dt$$
$$= \left|\int_{-\infty}^{\infty} K(\tau)e^{-2\pi i\omega\tau}d\tau\right|^2 \tag{10.22}$$
$$= |q(\omega)|^2$$

과 같다.

그런데 이것은 진짜 스펙트럼이다. 평균 시간이 A(우리의 경우 2700

초)인 표본의 자기상관함수는 다음 식과 같다.

$$\frac{1}{A}\int_0^A f(t+\tau,\alpha)\overline{f(t,\alpha)}dt$$
$$= \int_{-\infty}^{\infty}dx(t_1,\alpha)\int_{-\infty}^{\infty}dx(t_2,\alpha)\frac{1}{A}\int_0^A K(t_1+\tau+s)\overline{K(t_2+s)}ds \qquad (10.23)$$

따라서 표본의 스펙트럼은 거의 언제나 다음의 시간 평균을 갖는다.

$$\int_{-\infty}^{\infty}e^{-2\pi i\omega\tau}d\tau\frac{1}{A}\int_0^A ds\int_{-\infty}^{\infty}K(t+\tau+s)\overline{K(t+s)}dt = |q(\omega)|^2 \quad (10.24)$$

즉 표본의 스펙트럼과 실제 스펙트럼의 시간 평균값이 일치한다.

여기서는 여러 목적으로 τ에 관한 적분을 어떤 유한구간 $(0, B)$에 대해서 계산한 근사 스펙트럼을 생각하자. 우리가 앞에서 제시한 예에서는 B는 20초로 하면 된다. 이제 $f(t)$가 실함수이고 자기상관함수는 대칭함수라는 점에 주목하자. 따라서 위의 0에서 B까지의 적분 대신에 $-B$에서 B까지의 적분을 계산해도 좋다.

$$\int_{-B}^{B}e^{-2\pi iu\tau}d\tau\int_{-\infty}^{\infty}dx(t_1,\alpha)\int_{-\infty}^{\infty}dx(t_2,\alpha)\frac{1}{A}\int_0^A K(t_1+\tau+s)\overline{K(t_2+s)}ds \,(10.25)$$

이 식의 평균값은

$$\int_{-B}^{B}e^{-2\pi iu\tau}d\tau\int_{-\infty}^{\infty}K(t+\tau)\overline{K(t)}dt$$
$$= \int_{-B}^{B}e^{-2\pi iu\tau}d\tau\int_{-\infty}^{\infty}|q(\omega)|^2 e^{2\pi i\tau\omega}d\omega \qquad (10.26)$$
$$= \int_{-\infty}^{\infty}|q(\omega)|^2\frac{\sin 2\pi B(\omega-u)}{\pi(\omega-u)}d\omega$$

가 될 것이다.

구간 $(-B, B)$에서 적분한 근사 스펙트럼의 제곱은

$$\left| \int_{-B}^{B} e^{-2\pi iu\tau} d\tau \int_{-\infty}^{\infty} dx(t_1, \alpha) \int_{-\infty}^{\infty} dx(t_2, \alpha) \frac{1}{A} \int_{0}^{A} K(t_1 + \tau + s)\overline{K(t_2 + s)} ds \right|^2$$

이고, 그 평균값은 다음 식으로 주어진다.

$$\int_{-B}^{B} e^{-2\pi iu\tau} d\tau \int_{-B}^{B} e^{-2\pi iu\tau_1} d\tau_1 \frac{1}{A^2} \int_{0}^{A} ds \int_{0}^{A} d\sigma \int_{-\infty}^{\infty} dt_1 \int_{-\infty}^{\infty} dt_2$$

$$\times \left[K(t_1 + \tau + s)\overline{K(t_1 + s)K(t_2 + \tau_1 + \sigma)}K(t_2 + \sigma) \right]$$

$$+ \quad K(t_1 + \tau + s)\overline{K(t_2 + s)K(t_1 + \tau_1 + \sigma)}K(t_2 + \sigma)$$

$$+ \quad K(t_1 + \tau + s)\overline{K(t_2 + s)K(t_2 + \tau_1 + \sigma)}K(t_1 + \sigma)$$

$$= \quad \left[\int_{-\infty}^{\infty} |q(\omega)|^2 \frac{\sin 2\pi B(\omega - u)}{\pi(\omega - u)} d\omega \right]^2$$

$$+ \quad \int_{-\infty}^{\infty} |q(\omega_1)|^2 d\omega_1 \int_{-\infty}^{\infty} |q(\omega_2)|^2 d\omega_2 \qquad (10.27)$$

$$\times \quad \left[\frac{\sin 2\pi B(\omega_1 - u)}{\pi(\omega_1 - u)} \right]^2 \frac{\sin^2 A\pi(\omega_1 - \omega_2)}{\pi^2 A^2(\omega_1 - \omega_2)^2}$$

$$+ \quad \int_{-\infty}^{\infty} |q(\omega_1)|^2 d\omega_1 \int_{-\infty}^{\infty} |q(\omega_2)|^2 d\omega_2$$

$$\times \quad \left[\frac{\sin 2\pi B(\omega_1 + u)}{\pi(\omega_1 + u)} \right]^2 \frac{\sin 2\pi B(\omega_2 - u)}{\pi(\omega_2 - u)} \frac{\sin^2 A\pi(\omega_1 - \omega_2)}{\pi^2 A^2(\omega_1 - \omega_2)^2}$$

평균을 m으로 나타내면, 잘 알려져 있듯이

$$m[\lambda - m(\lambda)]^2 = m(\lambda^2) - [m(\lambda)]^2 \qquad (10.28)$$

이므로, 표본의 근사 스펙트럼의 평균제곱근 오차는 다음 식과 같다.

$$\sqrt{\begin{array}{l} \displaystyle\int_{-\infty}^{\infty} |q(\omega_1)|^2 d\omega_1 \int_{-\infty}^{\infty} |q(\omega_2)|^2 d\omega_2 \frac{\sin^2 A\pi(\omega_1 - \omega_2)}{\pi^2 A^2(\omega_1 - \omega_2)^2} \\ \times \left(\dfrac{\sin^2 2\pi B(\omega_1 - u)}{\pi^2(\omega_1 - u)^2} + \dfrac{\sin 2\pi B(\omega_1 + u)}{\pi(\omega_1 + u)} \dfrac{\sin 2\pi B(\omega_2 - u)}{\pi(\omega_2 - u)} \right) \end{array}} \qquad (10.29)$$

그런데

$$\int_{-\infty}^{\infty} \frac{\sin^2 A\pi u}{\pi^2 A^2 u^2} du = \frac{1}{A} \qquad (10.30)$$

이므로

$$\int_{-\infty}^{\infty} g(\omega) \frac{\sin^2 A\pi(\omega - u)}{\pi^2 A^2(\omega - u)^2} d\omega \qquad (10.31)$$

는 $g(\omega)$의 어떤 가중평균에 $1/A$를 곱한 것과 같다. 평균되는 양은 작은 구간 $1/A$에서 거의 일정한 값을 유지한다고 생각해도 되므로 스펙트럼의 임의 점에서 평균제곱근 오차의 근사적 상한은

$$\sqrt{\frac{2}{A} \int_{-\infty}^{\infty} |q(\omega)|^4 \frac{\sin^2 2\pi B(\omega - u)}{\pi^2(\omega - u)^2} d\omega} \qquad (10.32)$$

가 된다. 표본의 근사 스펙트럼이 $u = 10$에서 최댓값을 갖는다고 하면, 그 최댓값은

$$\int_{-\infty}^{\infty} |q(\omega)|^2 \frac{\sin 2\pi B(\omega - 10)}{\pi(\omega - 10)} d\omega \qquad (10.33)$$

과 같다. $q(\omega)$가 매끄럽다면 이 값은 $|q(10)|^2$과 거의 같다. 이 양을 측정의 단위로 하면 스펙트럼의 평균제곱근 오차는

$$\sqrt{\frac{2}{A}\int_{-\infty}^{\infty}\left|\frac{q(\omega)}{q(10)}\right|^4\frac{\sin^2 2\pi B(\omega-10)}{\pi^2(\omega-10)^2}d\omega} \qquad (10.34)$$

이고, 따라서

$$\sqrt{\frac{2}{A}\int_{-\infty}^{\infty}\frac{\sin^2 2\pi B(\omega-10)}{\pi^2(\omega-10)^2}d\omega} = 2\sqrt{\frac{B}{A}} \qquad (10.35)$$

보다 크지 않다. 우리가 지금까지 생각해 온 예에서는 이 값은

$$2\sqrt{\frac{20}{2700}} = 2\sqrt{\frac{1}{135}} \approx \frac{1}{6} \qquad (10.36)$$

이다.

뇌파 스펙트럼의 감소가 실제 현상이라고 가정하고, 심지어 앞에서 제시한 곡선에서 보여준 것처럼 진동수 9.05 사이클로 급격히 감소된 것도 사실이라고 가정하면, 관련한 생리학적 문제가 자연히 생겨난다. 주요한 세 가지 문제는 우리가 관찰했던 현상들의 생리학적 기능은 무엇인가, 현상을 발생하게 하는 생리학적 기제는 어떠한가, 그리고 이들의 발견을 의학적으로 응용할 수는 없을까 하는 것이다.

명확한 진동수 선은 정확한 시계와도 같다. 뇌는 어떤 의미에서 제어와 계산을 하는 장치이므로, 뇌 이외의 제어 및 계산 장치 중에서 시계를 사용하는 것으로 어떤 것이 있는지 생각해 보는 것이 자연스럽다. 실제로

그런 장치 대부분에서 시계가 게이트로 사용된다. 그러한 장치는 다수의 충격impulse을 결합해서 하나의 충격을 만든다. 이들 충격이 단순히 회로 전체를 열고 닫음으로써 전달되고 있다면, 충격의 시간 맞추기 문제는 별로 심각하지 않으며 게이트도 필요하지 않다. 그러나 이 방법에서 충격을 전달하려면 메시지를 얻을 때까지 전체 회로가 작동해야 하므로, 대부분 장치가 상당 시간 동안 동작할 수 없게 된다. 따라서 제어 및 계산 장치에서는 메시지를 '켬on'과 '끔off'이 결합된 신호로 전달하는 것이 바람직하다. 그렇게 하면, 장치는 즉각 다른 용도로 사용할 수 있다. 이것이 가능하려면 메시지를 일단 기억해 두었다가 여러 메시지를 동시에 꺼내어서 장치를 통과하는 동안 하나로 결합하도록 만들어야 한다. 이 용도로 게이트가 필요하다. 그리고 게이트를 구현하려면 시계를 사용하는 것이 편리하다.

잘 알려져 있듯이 적어도 신경섬유가 상당히 길면 신경자극, 즉 신경충격의 봉우리 형상은 충격 생성 방법과는 관계가 없다. 이러한 봉우리를 조합하는 것이 시냅스 메커니즘의 기능이다. 이들 시냅스에서는 입력 섬유 몇 개가 결합하여 출력 섬유 한 줄로 연결되어 있다. 입력 섬유의 조합이 적당하고 모두가 매우 짧은 시간 간격 내로 발화하면 출력 섬유도 발화한다. 이 결합에서 입력 섬유의 효과는 더해지게 되며, 일정 수 이상의 입력 섬유가 발화하면 문턱값을 넘어서 출력 섬유가 발화한다. 억제작용을 하는 입력 섬유가 있는 경우도 있다. 이런 입력 섬유는 출력의 발화를 완전히 억제하기도 하지만, 우선 다른 섬유에 대한 문턱값을 높이기만 할 수도 있다. 어느 경우든 결합 시간이 짧아야 한다는 것이 중요하고 입력 메시지가 이 단기간 내에 갖추어지지 않으면 출력은 발화하지 않는다. 따라서 입력 메시지가 거의 동시에 도달하도록 하는 일종의 게이트 메커니즘이 필요하다. 그렇지 않으면 시냅스는 결합 메커니즘으로 동작할 수 없다.[127]

이 게이트 메커니즘이 실제로 작동한다는 증거가 많다면 바람직할 것이다. 이에 대해서는 캘리포니아 대학교 로스앤젤레스UCLA 심리학과의 린즐리Donald Benjamin Lindsley 교수의 연구가 있다. 린즐리 교수는 시각 신호의 반응 시간을 연구했다. 잘 알려진 바와 같이 시각 신호가 도달했을 때 그 신호가 일으키는 근육의 운동은 즉각 일어나는 것은 아니고 어떤 지연을 동반한다. 린즐리 교수는 이 지연이 일정하지 않고 세 부분으로 이루어짐을 밝혔다. 첫 번째 부분은 길이가 일정하지만 다른 두 부분은 1/10초를 중심으로 고른 분포를 이루고 있다. 그것은 마치 중추신경계가 입력 충격을 1/10초마다 받아들이고 출력 충격을 1/10초마다 근육으로 송출하는 것처럼 보인다. 이것은 게이트의 실험적 증거다. 이 게이트의 주기인 1/10초를 염두에 두면 뇌파에서 중요한 알파 리듬의 주기가 대체로 1/10초라는 사실이 결코 우연의 일치로 보이지는 않는다.

중추 알파 리듬의 기능에 대해서 서술하는 것은 이 정도만 하겠다. 다음에는 이 리듬을 발생시키는 메커니즘을 살펴보자. 여기에서 알파 리듬이 빛의 깜빡거림에 의해 영향을 받는다는 사실을 생각해야 한다. 1/10초에 가까운 주기로 깜빡거리는 빛이 눈에 들어가면 뇌에서 알파 리듬의 주기가 변하여 주요 성분이 그 깜빡거림과 같은 주기를 가지게 된다. 빛의 깜빡거림이 망막에 전기적인 깜빡거림을 생기게 한다는 것은 의심의 여지가 없다. 또 그것이 중추신경계에도 전기적인 깜빡거림을 생기게 하는 것도 거의 확실하다.

그러나 외부에서 순수히 전기적인 깜빡거림을 주었을 때 시각적인 깜빡거림과 같은 종류의 효과가 생긴다는 것을 직접 증명할 수도 있다. 이 실험은 독일에서 한 것이다. 바닥이 도체로 된 방에서 절연한 금속판을 천장에 매달았다. 피험자를 그 방에 넣고 약 10헤르츠의 진동수로 교류 전압을 발생시키는 발전기에다 마루와 천장을 이었다. 피험자에게서는 시각적인 깜빡거림이 있을 때와 같은 매우 혼란한 효과가 보였다.

물론 더 제어된 조건하에서도 이와 같은 실험을 반복하고 수 명의 피험자에게 동시에 뇌파를 취할 필요가 있다. 단, 이 실험은 정전기 유도에 의한 전기적인 깜빡거림도 시각적인 깜빡거림도 같은 종류의 효과를 준다는 증거는 될 것이다.

어떤 발진기의 진동수가 다른 진동수의 충격에 의해 바뀔 수 있으려면 그 간섭 메커니즘은 비선형이어야 한다. 일정한 진동수의 진동에 선형 메커니즘이 작용하더라도 같은 진동수의 진동이 생길 뿐이다. 이때는 진폭과 위상만 일반적으로 다소 변화한다. 비선형 메커니즘은 그렇지 않다. 비선형의 경우는 발진기의 진동수와 가해진 외부 교란의 진동수를 각종 차수에 따라 더하거나 뺀 진동수의 진동을 생기게 한다. 비선형 메커니즘에서는 진동수를 어긋나게 하는 것도 분명 가능하다. 우리가 지금까지 고찰해 온 경우에서는 이 변위는 진동수의 끌림과 같은 성질이 있다. 이 끌림이 오랜 시간이 걸리는 장기 누적 현상secular phenomenon이면서도 짧은 시간에 계가 근사적 선형으로 동작하는 경우도 드물지 않을 것이다.

　뇌에는 대략 10헤르츠 진동수의 발진기가 많이 있어 어떤 범위에서 이들 진동수가 서로 끌어당기는 것이라고 생각해 보자. 이와 같은 경우에는 작은 무리들로 모이거나 혹은 적어도 스펙트럼이 있는 영역으로 끌려가기 쉽다. 무리로 끌려 들어온 진동수는 어디에선가 끌려 들어온 것이 틀림없다. 따라서 거기에서는 통상적인 곳보다 세기가 떨어지고 스펙트럼의 골짜기가 생긴다. 그림 9에서 본 자기상관함수의 뇌파에서는 90헤르츠보다 조금 더 큰 진동수에서 전력이 급격히 저하하는데 이것은 뇌파 발생 시 지금 말한 현상이 실제로 일어날 수도 있음을 시사한다. 이 사실은 조화해석의 분해능이 낮았던 초기 연구자는 쉽게 발견할 수 없던 것이었다.[128]

　뇌파의 기원에 대한 이 설명이 지지받으려면 실제의 뇌에 가정했던 발진기가 존재하는지, 발진기의 성질은 무엇인지를 조사해야 한다. MIT의 로젠블리스 교수는 나에게 후방전after-discharge이라는 현상에 대해 알려주었다.[129] 빛을 갑자기 눈에 비추면 섬광에 관계된 대뇌피질의 전위는 즉시 0으로 돌아가지 않고, 양과 음의 위상을 반복하다가 잠시 뒤에 0으로 돌아간다. 이 전위의 추이를 조화해석하면 10헤르츠 근방에 상당한 세기가 있음을 알 수 있다. 우리가 일찍이 살핀 뇌파의 자체 조직화 이론에 적어도 모순되지는 않는다. 이들 단시간의 진동이 서로 끌어당겨서 연속 진동이 되는 현상은 체내의 다른 리듬에서도 관찰된다. 예를 들면 많은 생물체에서 확인할 수 있는 23.5시간의 일변화 리듬도 그 예다.[130] 이 주기는 외부 환경의 변화에 따라서 주야 24시간 주기에 끌려 들어간다. 생물학적으로는 생물체의 자연 리듬이 정확하게 24시간인지는 별로 중요하지 않고, 외부 환경에 의해 24시간 주기에 끌려 들어갈 수 있으면 되는 것이다.

반딧불, 귀뚜라미, 개구리와 같이 우리가 검출할 수 있는 시각적 혹은 청각적 충격을 내거나 혹은 이들 충격을 받아들일 수 있는 동물을 연구하면 아마도 나의 뇌파에 대한 가설이 타당함을 확실하게 하는 흥미로운 실험을 할 수 있을 것이다. 나무에 붙은 반딧불은 가끔 일제히 명멸하는 것처럼 보인다. 이 명백한 현상도 지금까지는 인간의 착각이라고 치부되어 왔다. 동남아시아에 사는 어떤 반딧불은 이 현상을 매우 뚜렷이 보여 착각이라고는 생각할 수 없었다고 들은 바 있다. 그때 반딧불은 이중으로 작용한다. 한편으로는 다소 주기적인 충격을 방출하고, 또 한편으로는 이들 충격을 수용하는 감각기를 가진다. 위에서 말한 종류와 같은 진동수의 끌어당김 현상이 일어나고 있다고 생각할 수는 없을까? 이것을 연구하려면 반딧불의 반짝임을 정확하게 기록하고 정확하게 조화해석해야 한다. 나아가서 점멸하는 네온관과 같은 주기적인 빛을 반딧불에게 비추어 반딧불의 깜박거림이 빛과 같은 진동수로 끌려 들어가는 경향이 있는지를 조사해야 한다. 만약 있다면 반딧불의 자발적 깜박거림에 대한 정확한 기록을 만들어 뇌파의 경우와 같은 자기상관 해석을 해야 한다. 아직 해보지 않은 실험의 결과에 대해서 이것저것 말하려는 것은 아니지만 이 방향의 연구는 유망하기도 하고 또 그다지 어려운 일이 아닐지도 모른다.

진동수의 끌어당김 현상은 비생물계에서도 일어난다. 교류 발전기가 몇 개 있고 그 진동수를 각각의 속도 조절기governor로 제어한다고 생각하자. 이들 속도 조절기 덕분에 각각의 진동수는 비교적 좁은 범위에 안정되어 있다고 하자. 발전기의 출력은 병렬로 모선busbar에서 결합되어 있고 전류는 그곳에서 외부 부하로 공급된다고 하자. 이 부하는 전등의 점멸등에 의해서 보통 다소라도 무작위적으로 변동하고 있다. 구식 발전소에서는 수동으로 개폐가 되고 있으므로 사람이 일으키는 문제가 생긴다. 이런 문제를 피하기 위해 발전기는 자동으로 개폐된다고 하자. 어떤 발전기의 속도와 위상이 충분히 가까워졌을 때 발동기는 자동 장치로 모선으로 연결되고, 무슨 사정으로든 정한 진동수와 위상으로부터 어긋났을 때는 같은 장치에서 발전기가 자동적으로 끊겨나가게 된다. 이와 같은 계통에서는 너무 빨리 돌아서 진동수가 과도히 높아진 발전기에는 정상 이상의 부하가 걸린다. 그 결과 발전기의 진동수에 끌림 작용이 생긴다. 전체 발전 시스템은 가상의 속도 조절기를 갖추고 있는 것처럼 작동한다. 그 가상의 속도 조절기는 개별 속도 조절기보다 더 정확하며 또한 발전기가 전기적으로 상호 작용함으로써 이러한 속도 조절기가 모인 집합으로 구성된다. 발전 계통의 정확한 진동수 제어가 적어도 부분적으로는 이렇게 행해지고 있다. 전기 시계가 정확하게 움직이는 것은 이 덕분이다.

내가 뇌파의 연구에서 사용한 것과 같은 방법으로 이 계통의 출력을 실험적 이론으로 연구하면 좋으리라 생각한다.

전기공학 초창기에 현재 발전 계통에 쓰이는 것과 같은 정전압형 발전기를 병렬이 아니라 직렬로 연결하는 시도를 했었다는 사실은 역사적으로 흥미롭다. 그때는 개별 발전기 진동수의 상호 작용이 서로 끌어당기는 것이 아니라, 서로 반발하는 것임이 발견되었다. 따라서 개별 발전기의 회전 부분을 공통의 회전축, 또는 톱니바퀴 장치로 단단히 고정시키지 않는 한 이러한 종류의 계통은 손을 댈 수 없을 만큼 불안정했다. 그와 달리 발전기를 병렬로 모선에 결합하면 태생적으로 안정하고 별개의 발전소에 있는 발전기를 연결하여 한 개의 종합된 계통으로 할 수 있다. 생물학적으로 유추하자면 병렬 계통은 직렬 계통보다 좋은 항상성을 가졌으므로 생존했고, 직렬 작용은 자연 도태로 사멸했던 것이다.

이와 같은 진동수 끌어당김이 생기는 비선형 상호 작용은 자체 조직 계를 만들 수 있음을 알았다. 이미 검토한 뇌파나 교류 회로망의 경우가 그러하다. 이 자체 조직화의 가능성은 이 두 현상과 같은 극저주파에 한정된 것은 결코 아니다. 예를 들면 적외선이나 레이더의 스펙트럼 정도의 진동수 수준에서도 자체 조직 계를 생각할 수 있다.

앞서도 언급한 것처럼 주요 생물학 문제 하나는 다음과 같다. 즉 유전자나 바이러스를 형성하는 기본 물질, 또는 암을 발생케 하는 아마도 특별한 물질이 그와 같은 특수성이 전혀 없는 아미노산과 핵산의 혼합물 같은 물질로부터 자신을 증식해 가는 방식을 해명하는 것이다. 흔한 설명은 그런 물질의 분자 하나가 주형으로 작용하여 그 주형에 따라서 성분이 되는 작은 분자가 늘어서서 본래의 물질과 동종의 거대분자macro-molecule를 만들어낸다는 것이다. 그러나 이것은 전적으로 말의 기교로서 이미 존재하는 거대분자를 본떠서 또 하나의 거대분자가 형성된다는 생명의 근본 현상을 단적으로 바꾸어 말한 것일 뿐이다. 이 과정은 어떻게 생기는 것이든 간에 동적인 과정이고, 힘force이나 힘에 상당하는 것이 관계한다. 이 힘을 설명하는 가능한 방법은 분자의 개성specificity은 분자의 복사 진동수의 모양에 따라 결정된다고 생각하는 것이다. 이 진동수의 주요 부분은 적외선 진동수 혹은 그 이하다. 각각의 바이러스 물질이 특별한 환경에서 적외선 스펙트럼 진동을 방출하고, 이 진동은 아미노산과 핵산의 단순한 덩어리로부터 이 바이러스의 분자를 만들어내기 쉽게 하는 세기를 갖는 상황을 생각할 수 있다. 이 현상을 일종의 상호 간섭에 의한 진동수의 끌어당김이라고 볼 수도 있을 것이다. 이것들은 모두 아직 해명되지 않았고, 세부가 아직 정식화조차 되지 않았다. 따라서 이 이상 상세한 말은 삼가겠다. 이 문제를 확실하게 연구하려면 바이러스의 물질, 예를 들면 담배모자이크바이러스의 결정을 많이 모아서 그 흡수와 방출 스펙트럼을 조사하고 같은 진동수의 빛이 적당한 영양 물질 속에 있는 바이러스의 증식에 미치는 효과를 관찰하면 된다. 흡수 스펙트럼에 대해서 말하자면 거의 확실하게 존재하고 있는 현상이다. 형광 현상에서는 방출 스펙트럼으로 보이는 것이 있다.

이 연구에서 연속 스펙트럼의 빛이 보통 생각하는 것 이상으로 섞여 있는 것 속에서 스펙트럼을 상세하게 결정하는 극히 정확한 방법이 필요하다. 뇌파의 미세 분석에서도 같은 문제를 만났다. 간섭계 분광법의 수학도 여기서 다룬 것과 본질적으로 같은 것임을 이미 보았다. 이제부터 분자의 스펙트럼 연구, 특히 바이러스, 유전자, 암의 스펙트럼 연구에서 이 방법에 잠재한 가능성을 충분히 탐구하리라 확신한다. 이러한 방법이 순수 생물학 연구나 의학 연구에서 어떤 가치가 있을지를 전부 예언하는 것은 시기상조이겠지만, 나는 이 방법이 양 분야에서 지극히 중요한 것으로 밝혀지리라는 큰 희망을 품고 있다.

1   John Pfeiffer, "Man's Brain Child," *New York Times*, April 18, 1965, https://tinyurl.com/y9xc-cjpu.

2   Kai-Fu Lee, "Tech Companies Should Stop Pretending AI Won't Destroy Jobs," *MIT Technology Review*, February 21, 2018, https://tinyurl.com/ya7spngu. 2018년 9월, 카이푸 리는 저서《AI 슈퍼파워: 중국, 실리콘 밸리와 새로운 세계 질서 *AI Superpowers: China, Silicon Valley, and the New World Order*》를 출간했다.

3   다음을 보라. Matthew Desmond, "Americans Want to Believe Jobs Are the Solution to Poverty. They're Not." *New York Times Magazine*, September 11, 2018, https://tinyurl.com/y7ghzuqp ; Eduardo Porter, "Tech Is Splitting the U.S. Workforce in Two," *New York Times*, February 4, 2019, https://nyti.ms/2DSI2KZ.

4   Amy Bernstein and Anand Raman, "The Great Decoupling: An Interview with Erik Byrnjolfsson and Andrew McAfee," *Harvard Business Review*, June 2015, https://hbr.org/2015/06/the-great-decoupling.

5   Norbert Wiener, 〈자동화의 도덕적, 기술적 귀결들 Some Moral and Technical Consequences of Automation〉, *Science* 131 no. 3410 (1960): 1355.

6   1965년 정전 사태에 대해서는 다음을 보라. *Connections*, directed by James Burke (Little, Brown, 1978), 1-2 ; David E. Sanger, "Russian Hackers Appear to Shift Focus to U.S. Power Grid," *New York Times*, July 27, 2018, https://tinyurl.com/y94f4egl.

7   Nelson D. Schwartz and Louise Story, "High-Speed Trading Glitch Costs Investors Billions," *New York Times*, May 6, 2010, http://nyti.ms/aAzXcc ; Thomas Heath, "The Warning From JP-Morgan about Flash Crashes Ahead," *Washington Post*, September 5, 2018, https://tinyurl.com/ychvmcve.

8   Norbert Wiener, 《인간의 인간적 사용 *The Human Use of Human Beings*》(Houghton Mifflin, 1950), 37. 이 책의 국역본은 다음이 있다. 노버트 워너, 《인간의 인간적 활용: 사이버네틱스와 사회》, 이희은 · 김재영 옮김(텍스트, 2011).

9   Flo Conway and Jim Siegelman, 《정보화 시대의 다크 히어로 *Dark Hero of the Information Age: In Search of Nobert Wiener, the Father of Cybernetics*》(Basic Books, 2004), 4.

10   워너 회고록 2권을 합친 다음 단행본을 보라. Norbert Wiener, 《노버트 워너: 사이버네틱스와 함께한 삶 *Norbert Wiener: A Life in Cybernetics*》(MIT Press, 2017), 55, 57. 로널드 클라인 Ronald R. Kline 이 쓴 서문 xii쪽에 원제 '예전의 신동 Ex-Prodigy'이 나온다.

11   Conway and Siegelman, 《정보화 시대의 다크 히어로》, 5.

12   Wiener, 《노버트 워너: 사이버네틱스와 함께한 삶》, 284.

13   Steve J. Heims, 《존 폰 노이만과 노버트 워너: 수학에서 삶과 죽음의 기술로 *John von Neumann and Norbert Wiener: From Mathematics to the Technologies of Life and Death*》(MIT Press, 1980), 140.

14   Nancy Katherine Hayles,《포스트휴먼 되기: 사이버네틱스, 문학, 정보과학 속 가상 신체 *How We Became Posthuman: Virtual Bodies in Cybernetics, Literature, and Informatics* 》(University of Chicago Press, 1999), 18.

15   디지털 시대에 위너의 아이디어가 점점 더 중요해지고 있다고 믿는 사람들이 많아짐에 따라 전기전자공학자 협회IEEE는 2014년과 2016년 두 차례 개최한 "21세기에 돌아본 노버트 위너Reintroducing Norbert Wiener in the 21st Century" 콘퍼런스를 후원했다. 콘퍼런스에 대해서는 다음 사이트를 확인하라. http://21stcenturywiener.org.

16   Conway and Siegelman,《정보화 시대의 다크 히어로》, 243.

17   Drew Harwell, "Google to Drop Pentagon AI Contract after Employee Objections to the 'Business of War,'" *Washington Post*, June 1, 2018, https://tinyurl.com/y75e6bn9.

18   Wiener,《인간의 인간적 사용》, 17.

19   Conway and Siegelman,《정보화 시대의 다크 히어로》, 93-98, 217-230 ; Heims,《존 폰 노이만과 노버트 위너》, 379-389.

20   Heims,《존 폰 노이만과 노버트 위너》, 377.

21   Conway and Siegelman,《정보화 시대의 다크 히어로》, 16 ; Wiener,《노버트 위너: 사이버네틱스와 함께한 삶》, 459-460 ; Heims,《존 폰 노이만과 노버트 위너》, 155.

22   가령 다음을 보라. David Streitfeld, "Tech Giants, Once Seen as Saviors, Are Now Viewed as Threats," *New York Times*, October 12, 2017, https://tinyurl.com/y8y4qdl2 ; Noam Cohen, "Silicon Valley Is Not Your Friend," *New York Times*, October 13, 2017, https://tinyurl.com/y9omhyoe ; Jamie Doward, "The Big Tech Backlash," *The Guardian*, January 27, 2018, https://tinyurl.com/y77vku5j ; Noah Kulwin, "The Internet Apologizes," *New York Magazine*, April 13, 2018, https://tinyurl.com/ybtml5d6.

23   Claude E. Shannon,〈커뮤니케이션의 수학적 이론 A Mathematical Theory of Communication〉, *Bell System Technical Journal* 27 no. 3 (1948): 379-423, https://doi.org/10.1002/j.1538-7305.1948.tb01338.x.

24   William Shockley,〈반도체와 p-n 접합 트랜지스터의 p-n 접합 이론 The Theory of p-n Junctions in Semiconductors and p-n Junction Transistors〉, *Bell System Technical Journal* 28 (1949): 435-489, https://doi.org/10.1002/j.1538-7305.1949.tb03645.x.

25   Alan M. Turing,〈계산가능수와 결정 문제에 대한 응용 On Computable Numbers, with an Application to the *Entscheidungsproblem*〉, *Proceedings of the London Mathematical Society* S2-42 (1937): 230-265, https://doi.org/10.1112/plms/s2-42.1.230 ; John von Neumann,《컴퓨터와 뇌 *The Computer and the Brain* 》(Yale University Press, 1958).

26   본문 98쪽.

27   본문 259쪽.

28   가령 다음을 보라. Mark Davis and Alison Etheridge,《루이 바슐리에의 추측 이론: 현대 금융 이론의 기원 *Louis Bachelier's Theory of Speculation: The Origins of Modern Finance* 》(Princeton University Press, 2006).

29   다음을 보라. Norbert Wiener,《정상 시계열의 외삽, 보간, 평활화 *Extrapolation, Interpolation, and Smoothing of Stationary Time Series* 》(MIT Press, 1949).

30   본문 59, 60쪽.

31   다음을 보라. R. S. Liptser and A. N. Shiryaev,〈되먹임을 이용한 가우스 채널의 상호 정보 및 채널 용량 계산 Computation of Mutual Information and Channel Capacity of a Gaussian Channel with Feedback〉,《확률과정의 통계학 *Statistics of Random Processes* 》2권(Springer, 1978), 190-194.

32   W. Feller,《확률론 입문과 응용 *An Introduction to Probability Theory and Its Applications* 》2권(Wiley, 1971).

33 R. E. Kalman and R. S. Bucy, 〈선형 여과와 예측 이론의 새로운 결과New Results in Linear Filtering and Predication Theory〉, *Journal of Basic Engineering* 83 (1961): 95-108, https://doi.org/10.1115/1.3658902.

34 칼만-부시 필터의 정보 이론적 해석에 대해서는 다음을 보라. S. K. Mitter and N. J. Newton, 〈칼만-부시 필터에서 정보와 엔트로피의 흐름Information and Entropy Flow in the Kalman-Bucy Filter〉, *Journal of Statistical Physics* 118, nos. 1-2 (2005): 145-176, https://doi.org/10.1007/s10955-004-8781-9 ; S. K. Mitter, 〈여과와 확률 제어: 역사적 관점Filtering and Stochastic Control: A Historical Perspective〉, *IEEE Control Systems* 16 (1996): 67-76, https://doi.org/10.1109/37.506400.

35 Mitter, 〈여과와 확률 제어〉.

36 위너의 제안은 다음 저작에서 더욱 발전되었다. G. C. Newton, L. A. Gould, and J. F. Kaiser, 《선형 되먹임 제어의 해석적 설계Analytical Design of Linear Feedback Controls 》(Wiley, 1957).

37 다음을 보라. Mitter, 〈여과와 확률 제어〉.

38 본문 194쪽 그림 6.

39 본문 193쪽.

40 본문 117, 118쪽.

41 H. Sandberg, J.-C. Delvenne, N. J. Newton, and S. K. Mitter, 〈비평형 맥스웰 도깨비 모형에 대한 최대 일 추출 및 구현 비용Maximum Work Extraction and Implementation Costs for Nonequilibrium Maxwell's Demon〉, *Physical Review E* 90 (2014): 042119, https://doi.org/ 10.1103/PhysRevE.90.042119.

42 Mitter, 〈여과와 확률 제어〉.

43 Norbert Wiener, 《확률 이론의 비선형 문제Nonlinear Problems in Random Theory 》(The Technology Press of M.I.T. and John Wiley & Sons, 1958).

44 Kiyosi Ito, 〈위너 중적분Multiple Wiener Integrals〉, *Journal of the Mathematical Society of Japan* 3 (1951): 157-169, https://doi.org/10.2969/jmsj/00310157.

45 본문 276, 277, 279쪽.

46 본문 294쪽.

47 Norbert Wiener, 《인간의 인간적 사용》(Houghton Mifflin, 1950).

48 Norbert Wiener, 《확률 이론의 비선형 문제》(The Technology Press of M.I.T. and John Wiley & Sons, 1958).

49 여기에서 '비선형계'라는 용어를 쓸 때 선형계를 배제하지 않고 계의 더 큰 범주를 포함한다. 무작위 잡음을 이용한 비선형계의 분석은 선형계에도 응용할 수 있으면 그렇게 이용되어 오고 있다.

50 '블랙박스'와 '화이트박스'라는 용어는 매우 잘 확정된 용법이 없는 편리하고 비유적인 표현이다. 블랙박스는 가령 입력단자와 출력단자가 두 개씩 있는 4단자 네트워크 같은 장치를 가리킨다. 이 장치는 현재의 입력 전위와 과거의 입력 전위에 명확한 연산을 수행하지만, 이 연산이 수행되는 구조에 대한 정보를 꼭 가지는 것은 아니다. 한편 화이트박스는 비슷한 네트워크로서, 이전에 결정된 입출력 관계를 확보하기 위한 명확한 구조적 계획에 맞추어 입력 전위와 출력 전위 사이의 관계에 대해 구축해 놓은 것이 될 수 있다.

51 A. G. Bose, 〈비선형계 특성화와 최적화Nonlinear System Characterization and Optimization〉, *IRE Transactions on Information Theory* IT - 5 (1959): 30-40 (*IRE Transactions*의 특별 증보판).

52 Dennis Gabor, 〈전기 발명품과 문명에 끼친 영향Electronic Inventions and Their Impact on Civilization〉, Inaugural Lecture (Imperial College of Science and Technology, University of London, En-

gland, March 3, 1959).

53 Norbert Wiener and P. Masani, 〈다변량 확률과정의 예측 이론The Prediction Theory of Multivariate Stochastic Processes〉 1부, *Acta Mathematica* 98 (1957): 111-150 ; 〈다변량 확률과정의 예측 이론〉 2 부, *Acta Mathematica* 99 (1958): 93-137. 또한 Norbert Wiener and E. J. Akutowicz, 〈유니터리 변환의 확률 수반의 정의와 에르고딕 성질The Definition and Ergodic Properties of the Stochastic Adjoint of a Unitary Transformation〉, *Rendiconti del Circolo Matematico di Palermo*, Ser. II, VI (1957): 205-217.

54 Arthur Lee Samuel, 〈체커 게임을 이용한 기계 학습 연구Some Studies in Machine Learning, Using the Game of Checkers〉, *IBM Journal of Research and Development* 3 (1959): 210-229.

55 Satosi Watanabe, 〈다변량 상관의 정보 이론적 분석Information Theoretical Analysis of Multivariate Correlation〉, *IBM Journal of Research and Development* 4 (1960): 66-82.

56 D. Stanley-Jones and K. Stanley-Jones, 《생체 시스템의 카이버네틱스*Kybernetics of Natural Systems, A Study in Patterns of Control*》(Pergamon Press, 1960).

57 (역주) 육윙 리李郁榮 Yuk-Wing Lee, 1904~1989는 중국 출신의 전기공학자로서, 1920년대에 미국으로 가서 버니바 부시 및 노버트 위너와 더불어 전기 네트워크 설계를 연구했다. 1930년대 초에 중국으로 돌아간 뒤에는 국립 칭화 대학의 교수로서 연구와 교육에 전념했으며, 1935~1937년에 위너를 칭화 대학에 초청하기도 했다. 이는 중국과 미국 간 과학 교류에서 중요한 전기가 되었다. 1946년 초 리는 미국 MIT에 초빙 교수로 가서 커뮤니케이션의 통계 이론을 연구했다. 리는 위너와 20여 년 동안 매우 가까운 사이를 유지했으며, 중국 내의 사이버네틱스 연구에 크게 기여했다.

58 (역주) 동위상同位相 전동기에 일어나는 주기적 회전 기복.

59 Le Roy Archibald MacColl, 《서보메커니즘 원론*Fundamental Theory of Servomechanisms*》(Van Nostrand, 1946).

60 Arturo Rosenblueth, Norbert Wiener, and Julian Bigelow, 〈행동, 목적, 목적론Behavior, Purpose, and Teleology〉, *Philosophy of Science* 10 (1943): 18-24.

61 Andrey Nikolaevich Kolmogorov, 〈정상 확률변수열의 보간과 외삽Interpolation und Extrapolation von stationären Zufälligen Folgen〉, *Bulletin of the Academy of Sciences of the USSR*, Mathematics Series 5 (1941): 3-14.

62 Erwin Schrödinger, 《생명이란 무엇인가? *What Is Life?*》(Cambridge University Press, 1945).

63 James Clerk Maxwell, 〈I. 속도 조절기I. On governors〉, *Proceedings of the Royal Society of London* 16 (1868): 270-283.

64 Alan Mathison Turing, 〈계산가능수와 결정 문제에 대한 응용On Computable Numbers, with an Application to the Entscheidungsproblem〉, *Proceedings of the London Mathematical Society* 42 no. 2 (1936): 230-265.

65 Warren Sturgis McCulloch and Walter Pitts, 〈신경 활동에 내재하는 관념들의 논리 계산A logical calculus of the ideas immanent in nervous activity〉, *Bulletin of Mathematical Biology* 5 (1943): 115-133.

66 (역주) 애버딘 성능 시험장Aberdeen Proving Ground, APG은 미국에서 가장 오래된 군사용 성능시험장으로서, 1917년에 건립되었으며, 1943년 4월 9일에 존 모클리John Mauchly, 존 에커트John Presper Eckert, 허먼 골드스타인이 최초의 컴퓨터를 위한 설명회를 가진 장소로도 잘 알려져 있다.

67 (역주) 허먼 골드스타인1913~2004은 미국의 수학자, 컴퓨터공학자이다. 진공관을 이용하여 고속 계산기를 만들 수 있다는 아이디어를 낸 존 모클리와 존 에커트가 와 함께 최초의 컴퓨터 중 하나인 ENIAC을 고안했으며, 프린스턴 고등 연구원에서 폰 노이만과 함께 일했다.

68 (역주) 라파엘 로렌테 데 노1902~1990는 아라곤 출신의 생리학적 신경해부학자다.

69 Norman Levinson, 〈여과기 설계와 예측에서의 위너 평균제곱근오차 기준The Wiener RMS (root

mean square) error criterion in filter design and prediction〉, *Journal of Mathematics and Physics* 25 (1947): 261-278 ; Norman Levinson, 〈위너의 수학적 예측과 여과 이론에 대한 발견적 설명A heuristic exposition of Wiener's mathematical theory of prediction and filtering〉, *Journal of Mathematics and Physics* 26 (1947): 110-119.

70   Yuk Wing Lee, 〈라게르 함수의 푸리에 변환을 이용한 전기 회로망의 합성Synthesis of Electric Networks by Means of the Fourier Transforms of Laguerre's Functions〉, *Journal of Mathematics and Physics* 11 (1932): 83-113. [편집자 주: 원문 미주에 적힌 쪽수는 261-278이었지만, 1932년에 출판된 해당 저널 11권 원문은 총 272쪽이었다. 원문 쪽수를 확인하여 수정했다.]

71   Norbert Wiener,《정상 시계열의 외삽, 보간, 평활화》(MIT Press, 1949).

72   Norbert Wiener and Arturo Rosenblueth, 〈심장근육 등 흥분 요소의 연결망에서 발생하는 자극 전도 문제의 수학적 공식화The Mathematical Formulation of the Problem of Conduction of Impulses in a Network of Connected Excitable Elements, Specifically in Cardiac Muscle〉, *Archivos de Instituto Nacional de Cardiología de México* 16 (1946): 205-265.

73   (편집자 주) 이 로이드가 누구인지 위너가 명확히 밝혀 적지 않았는데, 데이비드 로이드David P. C. Lloyd 일 가능성이 있다.

74   (역주) 스트리크닌strychnine 은 신경 자극제로 사용되는 유기 염기의 일종이다.

75   멕시코 국립 심장학 연구소에서 작성한 간대경련을 다루는 미발표 논문을 참조했다.

76   (편집자 주) 1947년, 오늘날 말레이시아 서부 말레이반도는 영국령 말라야British Malaya 였다.

77   *Fortune* 32 no. 4 (1945): 139-147 ; *Fortune* 32 no. 5 (1945): 163-169.

78   (편집자 주) 윌리엄 블레이크William Blake 의 시구.

79   (역주) 베르겐벨젠 강제 수용소KZ Bergen-Belsen, 벨젠Belsen. 독일 니더작센주 베르겐Bergen 인근에 설치되었던 나치의 강제 수용소.

80   (역주) 이 '입자'는 사실 천체다.

81   (역주) '헐레이션halation '은 강한 빛 때문에 사진이 흐릿해지는 현상을 가리킨다.

82   (편집자 주) 문맥상 열역학 제일 법칙을 가리킨다.

83   John C. Oxtoby and Stanisław Marcin Ulam, 〈측도보전 위상동형사상과 측도추이성Measure-Preserving Homeomorphisms and Metrical Transitivity〉, *Annals of Mathematics* 42 no. 2 (1941): 874-920.

84   그러나 오스굿이 경력 초기에 수행한 작업은 르베그 적분으로 나아가는 과정에서 중요한 역할을 했다.

85   Eberhard Hopf,《에르고딕 이론Ergodentheorie》, Ergebnisse der Math. und ihrer Grenzgebiete 5 (Springer, 1937).

86   (역주) $\alpha(\lambda)$에 대한 연속성이나 적분가능성 등의 조건, 적분의 존재 등의 조건.

87   Norbert Wiener,《푸리에 적분과 응용The Fourier Integral and Certain of Its Applications 》(Cambridge University Press, 1933 ; Dover Publications, 1933).

88   Alfred Haar, 〈연속군 이론에서의 측도 개념Der Massbegriff in der Theorie der Kontinuierlichen Gruppen〉, *Annals of Mathematics* 34 no. 2 (1933): 147-169. [편집자 주: 원문에는 저자명이 "Haar, H."로 되어 있으나 이는 위너의 오기로 보인다.]

89   (역주) 군의 각 원소마다 같은 군의 임의 원소를 군 자체의 연산으로 곱하면, 군의 전체 원소에 대한 하나의 순열을 얻는다.

90   (역주) 여기서 다루는 '완전 기체'는 현대적 용어로는 '이상 기체ideal gas '와 같다.

91 (편집자 주) 미 기상청 National Weather Service 은 1970년에 개칭하기 전까지 '기상국 Weather Bureau' 이었다.

92 필자는 이에 관해 존 폰 노이만과의 개인적 교류로 도움을 받았다.

93 (역주) 여기에서 '메시지'로 표현한 것을 현대 정보 이론에서는 '신호'라고 부른다.

94 Raymond E. A. C. Paley and Norbert Wiener, 《복소 영역에서의 푸리에 변환 Fourier Transforms in the Complex Domain 》, Colloquium Publications 19 (American Mathematical Society, 1934), 10장.

95 Thomas Joannes Stieltjes, 〈연분수 연구 Recherches sur les fractions continues 〉, Annales de la faculté des sciences de Toulouse 8 no. 4 (1894): 1-122 ; Henri Lebesgue, 《적분론 강의 Leçons sur l'Intégration 》(Gauthier-Villars et Cie, 1928).

96 (역주) 이는 부분적분의 개념을 이용한 것이다.

97 이는 코프만의 혼합 성질이며, 통계역학을 정당화하기 위해 필요충분한 에르고딕성의 가정 이다.

98 특히 육윙 리 박사가 최근에 발표한 논문들을 참조하라. [편집자 주:《사이버네틱스》초판 은 1948년, 9장과 10장을 덧붙인 2판은 1961년에 출판되었다.]

99 로널드 피셔와 존 폰 노이만의 저작을 참조하라.

100 (역주) 정칙함수 holomorphic function 는 복소평면의 열린 부분집합에서 정의된 복소함수로서 모든 점에서 미분가능한 함수이며, 유리형함수 meromorphic function 는 그 함수의 극점 이외의 모든 점에서 미분가능한 함수를 가리킨다.

101 Henri Poincaré, 《천체역학의 새로운 기법 Les Méthodes Nouvelles de la Mécanique Céleste 》(Gauthier Villars et fils, 1892-1899).

102 Walter Cannon, 《몸의 지혜 The Wisdom of the Body 》(W. W. Norton & Company, 1932) ; Lawrence Joseph Henderson, 《환경의 적응 The Fitness of the Environment 》(The Macmillan Company, 1913).

103 Journal of Franklin Institute, 1930년 이후의 여러 논문들.

104 (역주) 질량 작용 법칙 law of mass action 에 따라 그러하다.

105 Alan Mathison Turing, 〈계산가능수와 결정 문제에 대한 응용 On Computable Numbers, with an Application to the Entscheidungsproblem 〉, Proceedings of the London Mathematical Society 42 no. 2 (1936): 230-265.

106 (편집자 주) 의도적으로 누출하여 사용하는 대표적인 부취제.

107 이에 관해 영국 브리스틀의 윌리엄 그레이 월터 William Grey Walter 박사에게 개인적으로 조언 을 받았다.

108 D'Arcy Thompson, 《성장과 형태 On Growth and Form 》(The Macmillan Company, 1942).

109 (역주) 사향 musk 은 사향노루의 배설물, 영묘향 civet 은 사향고양이의 배설물, 해리향 castoreum 은 비버의 배설물로 만드는 향료이다.

110 (역주) 볼프강 폰 켐펠렌 Wolfgang von Kempelen 이 발명하고 멜첼이 1826년 미국에 소개한 체스 를 두는 자동 기계를 가리키는데, 실제로는 그 안에 사람이 들어가서 기계인 것처럼 속인 것이었다. '체스 두는 튀르키예인'으로 부르기도 한다.

111 Julian Huxley, 《현대 진화 이론 Evolution: The Modern Synthesis 》(Harper Bros., 1943).

112 John von Neumann and Oskar Morgenstern, 《게임 이론과 경제 행위 Theory of Games and Economic Behavior 》(Princeton University Press, 1944).

113 Norbert Wiener, 《정상 시계열의 외삽, 보간, 평활화》(MIT Press, 1949).

114 Arthur Lee Samuel, 〈체커 게임을 이용한 기계 학습 연구〉, IBM Journal of Research and Develop-

ment 3 (1959): 210-229.

115 Satosi Watanabe, 〈다변량 상관의 정보 이론적 분석〉, *IBM Journal of Research and Development* 4 (1960): 66-82.

116 Norbert Wiener, 《인간의 인간적 사용》(Houghton Mifflin Company, 1950).

117 Norbert Wiener, 《확률 이론의 비선형 문제》(The Technology Press of M.I.T. and John Wiley & Sons, 1958).

118 Dennis Gabor, 〈전기 발명품과 문명에 끼친 영향〉, Inaugural Lecture (Imperial College of Science and Technology, University of London, England, March 3, 1959).

119 (편집자 주) 재스퍼는 미국 오리건 출신이지만, 아이오와 대학교와 파리 대학교에서 공부하고 몬트리올에서 연구한 캐나다인이다.

120 Geoffrey Ingram Taylor, 〈연속 운동이 유발하는 확산Diffusion by Continuous Movements〉, *Proceedings of the London Mathematical Society* 20 no. 2 (1921-1922): 196-212.

121 John S. Barlow and Robert M. Brown, 《뇌파 전위를 기록하는 아날로그 상관기An Analog Correlator System for Brain Potentials》, Technical Report 300 (Research Laboratory of Electronics, M.I.T., 1955).

122 매사추세츠 종합 병원 신경생리학 실험실과 MIT 커뮤니케이션 생물물리학 실험실이 협력했다.

123 MIT 계산 센터의 IBM-709를 사용했다.

124 Norbert Wiener, 〈일반화된 조화해석Generalized Harmonic Analysis〉, *Acta Mathematica* 55 (1930): 117-258 ; Norbert Wiener, 《확률 이론의 비선형 문제》(The Technology Press of M.I.T. and John Wiley & Sons, 1958).

125 Norbert Wiener, 〈에르고딕 정리The Ergodic Theorem〉, *Duke Mathematical Journal* 5 (1939): 1-39 ; 또한 Edwin F. Beckenbach, ed., 《공학자를 위한 현대 수학Modern Mathematics for the Engineer》(McGraw-Hill, 1956), 166-168.

126 Norbert Wiener, 〈플랑슈렐 정리Plancherel's Theorem〉, 《푸리에 적분과 응용The Fourier Integral and Certain of Its Applications》(Cambridge University Press, 1933), 46-71.

127 이것은 특히 피질cortex에 대해서 실제로 일어난 현상을 간략화한 도식에 불과하다. 뉴런이 실무율에 따르는 작동all or none operation을 하는 것은, 실제로는 뉴런이 충분히 길어 뉴런으로 재생된 입력 충격의 파형이 점점 최종 값에 가까이 가기 때문이다. 그러나 예를 들면 피질에서는 뉴런이 짧으므로 비록 상세한 구조가 복잡하다 하더라도 동기화를 할 필요가 있을 것이다.

128 주요한 리듬이 좁은 진동수 범위에 한정하여 존재한다는 사실의 증명은 영국 브리스틀의 버든 신경 연구소Burden Neurological Institute의 그레이 월터 박사도 얻었음을 말해야 한다. 나는 그의 방법론을 자세히 알지 못한다. 그러나 내가 이해하기로 그레이 월터 박사가 언급한 현상은 그의 뇌파 국소 내시경 사진에서 중심부로부터 멀어질수록 진동수를 나타내는 광선이 상대적으로 좁은 영역에 국한되어 있다는 사실에 따른 것이다.

129 John S. Barlow, 〈인간 뇌의 고유 알파 활동과 관련하여 광자극이 유도하는 리듬 활동Rhythmic Activity Induced by Photic Stimulation in Relation to Intrinsic Alpha Activity of the Brain in Man〉, *Electroencephalography and Clinical Neurophysiology* 12 (1960): 317-326.

130 《생체시계Biological Clocks》, Cold Spring Harbor Symposium on Quantitative Biology, Volume XXV (The Biological Laboratory, Cold Spring Harbor, L.I., N.Y., 1960).

오늘날 사이버네틱스는 어떤 의미가 있을까? 현대 사회에서 인공지능은 물론 정보 통신 혁명과 사이버 공간·사이버 문화는 모두 사이버네틱스라는 이름 아래 이루어진 복합 연구를 근간으로 한다. 《사이버네틱스》가 1948년에 처음 출간되고 75년이나 지난 21세기 한국에서 왜 새삼 사이버네틱스냐고 질문한다면 어떤 대답을 할 수 있을까? 우리가 살아가는 지금이 바로 사이버네틱스가 가장 막대한 영향력을 끼치고 있는 시대임이 분명하지만, 장피에르 뒤피가 상세하게 논의한 것처럼 1960년대까지 사이버네틱스는 실패한 패러다임이었으며, 그 뒤를 인공지능, 인지과학, 정보과학, 시스템 이론 등이 이었다고 볼 수 있다. 그러나 바로 그 첫 단추를 다시 차근차근 살펴보면 이러한 포괄적인 영역에서 드러나는 숱한 문제를 해결할 실마리를 찾을 수 있지 않을까.

사이버네틱스는 제어계, 창발, 복잡 적응계, 로보틱스, 컴퓨터 시각, 세포 자동자 등 전형적인 공학 분야에 그치지 않고, 수학(동역학계 이론, 정보 이론), 생물학(생체공학, 항상성, 시스템생물학), 경영학, 경제학, 사회학, 교육학, 심리학 등 매우 많은 분야에 응용되는 복합 학문이다. 2015년에 나온 기술사학자 로널드 클라인이 쓴 《사이버네틱스의 순간》의 부제는 "우리는 왜 우리 시대를 정보 시대로 부르는가"이다. 1950년대 사이버네틱스는 어떻게 정보 시대의 출발점이 되었던 것일까.

'사이버네틱스'라는 말이 처음 인쇄물에 등장한 것은 1948년 미국 수학자 노버트 위너가 쓴 이 책의 제목에서였다. 위너는 "동물과 기계의 제어와 커뮤니케이션"이라는 부제처럼 살아 있는 동물과 살아 있지 않은 기계 모두에서 볼 수 있는 근본적인 커뮤니케이션 문제를 다루었다. 그래서 사이버네틱스를 기계에서나 동물에서나 제어 이론과 커뮤니케이션 이론과 통계역학이 만나는 총체적인 분야로 정의했다. 사이버네틱스는 생명이 있는 유기체와 정해진 방식으로 동작하는 기계 사이의 경계선을 흐림으로써 유기체(특히 동물)와 기계 간 유사성을 밝히고 이를 더 추상적이고 일반적인 방식으로 확장하는 데 성공했다고 평가된다.

위너는 1947년 여름 '조타수' 또는 '속도 조절기governor'를 의미하는 그리스어 '퀴베르네테스'의 라틴어 음차를 이용하여 이 용어를 만들었다. 1834년 프랑스의 물리학자 앙드레마리 앙페르가 '인간 통치에 관한 학문'이라는 의미로 "시베르네티크cybernétique"라는 단어를 사용했지만 당시 위너는 이 사실을 몰랐다.

책이 출판되고 8년 뒤 존 매카시와 마빈 민스키 등이 주도하여 다트머스 대학교에서 열린 학술 대회에서 '인공지능'이라는 용어가 처음 등장했다. '인공지능'은 지금도 일상 언어 속에 편안하게 스며들어 있는 반면, '사이버네틱스'는 왠지 낯설고 낡은 느낌이다. '사이버 공간'이나 '사이버 문화' 정도는 통용되더라도, 가령 '사이보그cyborg'가 '사이버네틱스를 따르는 유기체cybernetic organism'의 줄임말이라는 것을 아는 사람은 적다.

위너 혼자 사이버네틱스라는 통합적이며 보편적인 학문 영역을 만든 것은 아니었다. 모든 것은 메이시 학술 회의가 있어 가능했다. 조사이어 메이시 2세는 메이시 재단을 통해 1946년부터 1953년까지 8년 동안 10회에 걸쳐 '동물과 사회의 순환적 인과'에 관한 학술 회의를 지원했다.

1946년 3월 첫 모임에는 재단 측의 프랭크 프리몬트스미스와 사회를 맡은 신경심리학자이자 실험인식론자 워런 매컬럭을 비롯하여 22명이 참석했다. 학술 회의가 성립하는 데는 메이시 재단 부대표를 역임했던 사회과학자 로런스 프랭크 및 인류학자 그레고리 베이트슨과 마거릿 미드가 중요한 역할을 했다. 참석자는 게르하르트 폰 보닌, 랠프 제라드, 라파엘 로렌테 데 노, 아르투로 로센블루스 등 신경생물학자뿐 아니라 수학자 존 폰 노이만, 노버트 위너, 월터 피츠, 레너드 새비지, 공학자 줄리언 비글로, 심리학자 몰리 해로어, 로런스 쿠비, 하인리히 클뤼버, 생태학자 조지 에벌린 허친슨, 사회학자 폴 라자스펠드, 사회심리학자 쿠르트 레빈, 철학자 필머 노스럽 등 다양한 분야의 전문가였다.

첫 회의의 제목은 "생물학적 및 사회적 계에서 되먹임 메커니즘과 순환적 인과 시스템"이었다. 위너의 저서가 출간되고 2년 뒤 일곱째 회의는 "사이버네틱스: 생물학적 계 및 사회적 계의 순환적 인과 메커니즘 및 되먹임 메커니즘"이라는 제목으로 진행되었다. 여섯째 회의부터 참석하기 시작한 하인츠 폰 푀르스터가 낸 아이디어였다.

러시아 공학자 드미트리 노비코프는 2016년에 나온 《사이버네틱스: 과거에서 미래까지Cybernetics: From Past to Future》에서, 21세기의 사이버네틱스를 상세하게 논의했다. 노비코프의 접근은 매우 포괄적이고 정교하지만, 그가 제시한 두 그림을 통해 사이버네틱스의 범위와 영역을 쉽게 파악할 수 있다.

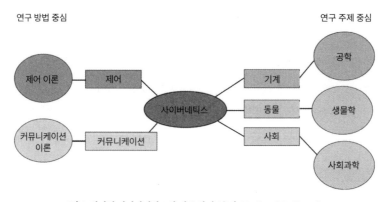

그림 1. 위너의 사이버네틱스의 계통 발생 [출처: Novikov (2016) p. 4]

그림 1은 사이버네틱스를 연구 방법 중심으로 보는 관점과 연구 주제 중심으로 보는 관점을 도식적으로 나타낸다. 연구 방법으로는 제어와 커뮤니케이션의 두 방법이 제시되며, 이는 곧 제어 이론과 커뮤니케이션 이론으로 연결된다. 연구 주제로는 기계와 동물과 사회가 있으며, 이는 각각 공학, 생물학, 사회과학으로 연결된다. 이렇게 사이버네틱스는 제어 이론과 커뮤니케이션 이론을 바탕으로 공학 · 생물학 · 사회과학을 모두 아우

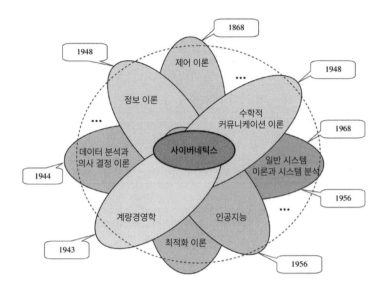

그림 2. 사이버네틱스의 구성과 구조 [출처: Novikov (2016) p. 14]

른다. 사이버네틱스의 구성과 구조를 나타낸 그림 2처럼 사이버네틱스는 제어 이론, 계량경영학, 데이터 분석과 의사 결정 이론, 정보 이론, 수학적 커뮤니케이션 이론, 최적화 이론, 인공지능, 일반 시스템 이론과 시스템 분석 등이 모인 포괄적이고 융합적인 학문 영역이다.

인간과 기계의 상호 작용이라는 오래되었지만 새로운 주제는 문화로, 공학으로, 생활로, 이념으로 연결되어 있다. 사회주의 경제 체제를 정교하게 만들려 했던 소련에서도 이론이자 실천적 접근법으로 이 사이버네틱스를 주목했다. 러시아어판《사이버네틱스》가 1958년(1판)과 1968년(2판)에 출간된 이래 사이버네틱스는 계획 경제의 핵심 이론으로 정립되었다. 칠레 최초의 사회주의자 대통령 살바도르 아옌데는 바로 이 사이버네틱스를 기반으로 칠레의 경제를 재건하려는 야심 찬 계획을 진행하기도 했다. 싱코Synco 또는 시베르신Cybersyn, cybernetics+synergy이라는 이름이 붙은 이 계획은 아옌데 정부가 영국의 사이버네틱스 전문가이자 계량경영학자 스태퍼드 비어에게 자문받아 수립했다.

아옌데 정부가 세운 이 놀라운 계획은 피노체트의 쿠데타로 무산되었지만, 21세기에 되새길 만한 의미심장한 역사적 실험이었다. 그러나 영어권에서는 소련에서 주도하던 사이버네틱스 연구에 저항감을 느껴 점차 사이버네틱스라는 용어에 사회주의 계획 경제의 이미지가 덧붙었다. 소련과 칠레의 사이버네틱스와 정치를 다룬 문헌은 다음이 있다.

- Gerovitch, Salva. 《뉴스피크에서 사이버스피크로: 소비에트 사이버네틱스의 역사*From Newspeak to Cyberspeak: A History of Soviet Cybernetics*》. MIT Press, 2002.
- Medina, Eden. 《사이버네틱스 혁명가들: 아옌데 시기 칠레의 기술과 정치*Cybernetic Revolutionaries: Technology and Politics in Allende's Chile*》. MIT Press, 2011.

1950년대부터 1970년대까지 온갖 공간에서 사이버네틱스라는 말이 유행했지만, 이 총체적이고 종합적인 분야는 제어공학, 커뮤니케이션공학(통신공학), 컴퓨터공학, 시스템 이론 등 아주 다양한 소분야로 나뉘었다. 이제는 이 모두를 뭉뚱그리는 개념이 그다지 유용하지 않은 시대가 되었다.

장피에르 뒤피는 2005년 《마음은 어떻게 기계가 되었나: 인지과학의 기원 또는 사이버네틱스》(한국어판: 배문정 옮김(지식공작소, 2023))에서 사이버네틱스가 인지과학의 기원이라고 주장했다. 현대 인지과학은 대략 인공지능, 뇌과학, 철학, 심리학, 인류학, 언어학, 교육학 일곱 분야가 융합된 복합 학문이다. 그런데 이 일곱 분야는 모두 사이버네틱스의 영역에 속한다. 그러므로 인지과학의 기원이 곧 사이버네틱스라 말해도 별로 이상하지 않다. 하지만 뒤피는 1960년대까지의 사이버네틱스를 실패한 패러다임으로 진단한다. 인지과학이 사이버네틱스를 대체했다는 것이다.

《사이버네틱스》가 1962년에 독일어로 번역된 이래 독일어권에서는 지금까지 사이버네틱스에 대한 심화된 연구가 지속되어 왔다. 2019년 논문집 《인간-기계-상호 작용: 역사, 문화, 윤리 개론》은 단지 1950~1960년대의 낡은 '좋았던 시절의 사이버네틱스'가 아니라 바로 21세기 현재 인공지능에 대한 여러 담론과 4차 산업 혁명에 대한 논의까지 포괄하여 이해하

기 위해 인간과 기계의 상호 작용이라는 이 혁명적인 관념의 뿌리를 파고
들어야 함을 역설했다. 연대순으로 나열한 다음 주요 문헌들이 독일어권
에서 진행된 사이버네틱스 연구 전통을 잘 보여준다.

- Günther, Gotthard. 《기계의 의식: 사이버네틱스의 형이상학Das Bewußt-sein der Maschinen: Eine Metaphysik der Kybernetik》. Agis-Verlag, 1963.

- Mirow, Heinz Michael. 《사이버네틱스: 일반 조직 이론의 토대Kybernetik: Grundlage einer allgemeinen Theorie der Organisation》. Springer, 1969.

- Erismann, Theodor H. 《사이버네틱스의 근본 문제: 기술과 심리학 사이에서Grundprobleme der Kybernetik: Zwischen Technik und Psychologie》. Springer, 1969/1972.

- Sachsse, Hans. 《사이버네틱스 입문: 기술적 작용 구조와 생물학적 작용 구조에 대한 성찰Einführung in die Kybernetik: unter besonderer Berücksichtigung von technischen und biologischen Wirkungsgefügen》. Springer, 1971.

- Buckermann, Paul, Anne Koppenburger, and Simon Schaupp, eds. 《사이버네틱스, 자본주의, 혁명: 기술 변화에 대한 해방적 관점Kybernetik, Kapitalismus, Revolutionen: Emanzipatorische Perspektiven im technologischen Wandel》. Unrast Verlag, 2017.

- Küppers, E. W. Udo. 《사이버네틱스 세계에 대한 융복합적 입문: 기초, 모델, 이론과 실제Eine transdisziplinäre Einführung in die Welt der Kybernetik: Grundlagen, Modelle, Theorien und Praxisbeispiele》. Springer, 2019.

- Liggieri, Kevin and Oliver Müller, eds. 《인간-기계-상호 작용: 역사, 문화, 윤리 개론Mensch-Maschine-Interaktion: Handbuch zu Geschichte-Kultur-Ethik》. Springer, 2019.

- August, Vincent. 《기술 통치: 근대성의 위기에서 네트워크 사유의 부상. 푸코, 루만과 사이버네틱스Technologisches Regieren: Der Aufstieg des Netzwerk-Denkens in der Krise der Moderne. Foucault, Luhmann und die Kybernetik》. transcript Verlag, 2021.

프랑스어판 《사이버네틱스》는 로낭 르 루, 로베르 발레, 니콜 발레레

비가 번역하여 2014년에야 비로소 출간되었지만, 사이버네틱스의 역사적 전개에서 프랑스는 중요한 역할을 했다. 1947년 노버트 위너는 프랑스 파리에서 멕시코 출신 출판업자 엔리케 프레이만을 만났다. 프레이만은 프랑스의 출판사 에르만을 운영하고 있었다. 위너는 당시 수학자 사이에서 입소문을 타고 있던 부르바키 그룹 등 여러 이야기를 프레이만과 나누었다. 위너가 커뮤니케이션, 자동화된 공장, 신경계의 새로운 이해 등 메이시 회의에서 논의한 주제를 이야기하자 프레이만은 자신이 프랑스 출판업자 에르만 집안의 사위이며 가족 중 출판업을 지속하려는 사람이 자신뿐이라면서, 그 주제를 꼭 단행본으로 출간해야 한다고 제안했다. 프레이만은 출판으로 이익을 얻는 것이 아니라 소중한 지식을 사람들에게 알리는 일을 가장 중요하게 생각한다고 역설했다. 위너는 프레이만의 제안에 동의해 그 자리에서 계약서를 작성했다. 위너는 불과 몇 달 뒤에 초고를 프레이만에게 보냈고, 1948년 드디어 《사이버네틱스》가 파리의 에르만 출판사와 미국 MIT의 테크놀로지 출판사(현 MIT 출판사의 전신) 및 뉴욕의 와일리 출판사에서 동시 출간되었다. 미국에서는 두 출판사가 나누어 출판했는데, 출판 체계가 갖추어지지 않았던 테크놀로지 출판사는 와일리 출판사에 마케팅과 교정, 편집, 인쇄를 맡기도록 계약했기 때문이다. 일본어판 《사이버네틱스》는 1957년 이케하라 시카오, 이야나가 쇼키치, 무로가 사부로가 번역해 출간되었고, 1962년 도다 이와오가 합류하여 2판도 번역해 출간되었다. 역자 가운데 이케하라 시카오는 제2판 서문에서 언급되었듯 본문 개정 작업에 참여하여 위너를 돕기도 했다.

2023년 1월 10~11일 중국 광둥 시간 박물관 미디어 랩 및 철학과 기술 연구 네트워크의 공동 주최로 "21세기를 위한 사이버네틱스"라는 학술 대회가 열렸다. 사이버네틱스와 관련된 책을 저술했고 관련 연구로 널리 알려진 저명한 학자들이 모였다. 이미 지난 2022년 10월 말부터 12월 말까지 매주 금요일 온라인 강의를 통해 21세기를 위한 사이버네틱스를 깊이 논의한 터였다. 2년에 걸쳐 사이버네틱스의 역사를 다양한 지리적 위치와 정치 프로젝트 및 철학적 성찰의 관점에서 살피고, 작금의 신기술 발전을 이해하고 사회가 나아갈 방향을 설정하는 데 필요한 새로운 사유 방식에 사이버네틱스가 기여할 여지를 모색하는 작업이었다.

연구 작업을 주도한 육 후이Yuk Hui는 사이버네틱스가 새로운 기계 과학이며, 보편적 학제인 동시에 서구 철학의 최신 발전이라고 말한다. 위너의 《사이버네틱스》가 기계와 동물의 제어와 커뮤니케이션을 상세하게 논의하기 시작하면서 17세기 자동 기계를 넘어 생물학적인 베르그손의 시간과 기계적인 뉴턴의 시간이라는 이분법을 넘어서는 사이버네틱 기계가 비로소 가능해졌다. 사이버네틱스는 기존의 다른 과학 분야를 통합하고 융합하는 보편적 학제로 제안되었고, 이차 사이버네틱스와 사회적 사이버네틱스까지 아우르면서 여러 사회과학 분야까지 모두 포괄하는 뛰어난 연구 패러다임이 되었다. 마르틴 하이데거가 사이버네틱스를 서구 철학의 종말이자 완성이라고 내세울 정도였다.

우리에게 무척 친근한 예술가 백남준은 1966년 다소 낯선 글을 남겼다.

> 사이버네틱 예술은 매우 중요하지만 사이버네틱 생명에 대한 예술이 더 중요하며 후자는 사이버네틱화할 필요가 없다. 그러나 파스퇴르와 로베스피에르의 말처럼 내재된 독을 통해서만 비로소 독을 견딜 수 있다면 사이버네틱 생명이 촉발하는 어떤 좌절은 그에 따른 사이버네틱 충격과 카타르시스가 필요하다. 나는 비디오테이프와 음극선관을 이용해 매일 작업하며 이를 확신한다. 사이버네틱스는 순수한 관계의 과학 또는 관계 그 자체로서 카르마에 기원한다. "미디어는 메시지다"라는 마셜 매클루언의 유명한 문구를 1948년 노버트 위너는 다음과 같이 정식화했다. "메시지가 전송되는 신호는 메시지가 전송되지 않는 신호만큼 중요한 역할을 한다."

비디오테이프와 브라운관 즉 음극선관을 써서 특이한 작품을 발표했던 이 걸출한 예술가에게 사이버네틱스는 단지 여러 접근 중 하나가 아니라 바로 그의 예술 세계의 핵심을 관통하는 가장 중요한 원리이자 과학이었다. 사이버네틱스는 하나의 과학, 하나의 철학만이 아니라 예술의 기초 개념으로도 핵심적인 역할을 했다. 1968년 런던에서 열린 〈사이버네틱 세렌디피티Cybernetic Serendipity〉 전시회는 컴퓨터와 새로운 기술을 사용하여 어떻게 예술가들이 창조성을 확장하는지 잘 보여주었다. 고든 파스크나 로이 애스콧 같은 예술가도 백남준처럼 사이버네틱스로 예술을 재정의했다.

위너의 저술은 쉽게 읽히지 않는다. 여러 언어와 수학과 자연과학 분야들을 섭렵한 영민한 사상가의 글을 70여 년 전의 사상적 배경과 연결하여 따라가기가 쉬운 일은 아니다. 사이버네틱스에 관한 아이디어와 사변적 논의가 우후죽순처럼 나오던 시절에 구체적인 내용을 처음으로 정리하려고 쓴 책이 《사이버네틱스》인 까닭이기도 하다. 낯선 수식도 꽤 등장하고 익숙하지 않은 개념을 설명하는 곳도 만만치 않다. 그래도 그런 만큼 이 책을 곱씹는 작업은 현대 사회를 이해하는 데 의미심장한 생각 거리를 남긴다.

위너의 책은 하버드 의대에서 10년 넘게 진행된 세미나 모임 이야기로 시작한다. 수학자, 물리학자, 공학자, 의학자, 신경과학자 등이 모여서 나눈 이야기와 생각이 이 책의 씨앗이 되었다는 것이다. 버니바 부시와의 공동 연구를 언급하면서 부시의 미분 해석기가 이후 디지털 계산기로 발전할 가능성을 논의하고, 비글로와의 공동 연구 결과에서 되먹임(피드백)이라는 개념을 얻었다고 서술한다. 라이프니츠의 추론 계산법이 바로 추론 기계의 싹임을 강조한다.

1장은 부제에 나오는 동물과 기계라는 두 존재를 앙리 베르그손의 비가역적 시간과 아이작 뉴턴의 가역적 시간으로 대비시키면서 열역학 제이법칙의 의미를 상세하게 말하고 있다. 이 장의 논의에는 흔히 카오스 이론이라 부르는 비선형 동역학의 주요 개념이 담겨 있어 여러 사람이 주목했다.

2장은 무관해 보이는 20세기 초의 두 과학자를 소개하면서 시작한다. 열역학으로부터 통계역학을 만든 미국 물리학자 윌러드 기브스와 삼각함수열 이론과 적분 이론을 탐구한 프랑스 수학자 앙리 르베그다. 기브스는 열역학의 기초를 탐구하면서 엔트로피 개념을 설명하기 위해 에르고딕 가설을 제안했다. 이 가설을 다루면서 바로 르베그의 적분 이론과 삼각함수열 이론이 중요한 역할을 한다. 이 장에서는 맥스웰 도깨비 사고 실험을 통해 엔트로피 개념이 바로 정보의 개념과 이어짐을 설명한다.

시계열 즉 시간에 따른 신호들의 나열을 정보와 커뮤니케이션의 맥락에서 살피는 3장은 이 책에서 가장 읽기 어렵다. 이 책이 출간된 해에 클로드 섀넌이 논문 〈수학적 커뮤니케이션 이론〉을 출간했고 위너가 섀넌과 오랫동안 함께 연구했음을 상기하면 이 장이 왜 그렇게 복잡한 수학적 서술로 가득한지 납득할 수 있다. 그런데 흥미롭게도 바로 이 장 내용이 자동화와 디지털 통신의 핵심을 이루며, 나아가 데이터 프로세싱의 기반이 된다. 1948년에 출간된 이 책에서 현대적인 제어공학, 커뮤니케이션공학, 자동화공학 등이 시작된다고 해도 큰 과장은 아니다.

나아가 되먹임과 진동을 상세하게 다루는 4장은 줄임 되먹임(음성 피드백)으로 어떻게 기계의 안정성과 생명체의 항상성이 구현되는지 해명한다. 여기에서는 사이버네틱스라는 용어의 기원인 증기 기관의 속도 조절기도 논의한다. 여기서 현대 자율 주행에 대한 기본 아이디어도 읽을 수 있다.

계산기와 신경계를 명료하게 비교하는 5장은 현대 정보 시대의 가장 중요한 특징이라 할 수 있는 디지털 기술의 의미를 친절하게 설명한다. 아날로그 계산기analogy machine와 디지털 계산기numerical machine에 대한 논의에서 자연스럽게 전자공학으로 구현된 새로운 방식이 더 우월함을 보이고, 이진법에 바탕한 디지털 기술의 의미를 논의한다. 알고리즘의 문제가 어떻게 기억의 이해로 연결되며, 나아가 생명체의 신경계 구조로 이어지는지 다룬다. 1950년대만 해도 위너의 논의는 새로웠지만 그 뒤 컴퓨터공학과 제어공학에서 위너가 제안한 여러 방식이 채택되었다.

이제 6장으로 가면서 속도 조절을 위한 자동 기계나 이진법 계산기를 넘어서서 중추신경계의 작동을 본격적으로 다룬다. 특히 망막에서 시각 신호가 어떻게 처리되어 유의미한 정보로 변환되는지 상세하게 설명하면서 시각 장애인을 위해 글을 읽어주는 장치까지 논의한다.

7장에서 위너는 자신이 심리학이나 정신병리학 전문가가 전혀 아님을 강조하면서도, 뇌와 컴퓨터를 비교해 정신병리학상의 문제들을 해결하기 위한 실마리를 얻을 수 있다고 말한다. 이는 위너가 1940년대에 활발하게 참여한 하버드 의대의 융합 연구 세미나와 유관할 것이다. 당시에 막 컴퓨터가 소개되었고 뇌와 컴퓨터의 구조가 유사하다는 생각이 널리 퍼지지 않았음을 감안하면, 위너의 혜안이 놀랍다.

정보, 언어 및 사회를 다루는 8장은 생명체의 계층적 구조를 확장하여 인간 사회의 계층적 구조를 논의한다. 계층적 구조에서 볼 수 있는 다양한 순환적 인과의 양태를 다룬 이 장의 논의는 이후 사회적 사이버네틱스로 연결된다. 특히 8장에서 언젠가 체스 두는 기계를 만들 수 있으리라고 전망한 것은 지금 보기에도 놀라운 예측이다. 1997년 세계 체스 챔피언 가리 카스파로프를 이긴 IBM의 딥 블루, 2016년 이세돌을 이긴 딥마인드의 알파고 등을 예견한 셈이다. 존 매카시와 마빈 민스키가 1950년대에 인공지능을 이야기할 때 바로 이 위너의 전망을 강조했고, 1964년 앨런 뉴얼과 허버트 사이먼이 위너의 논의를 확장하여 체스 두는 프로그램이 조만간 인간 체스 선수를 이길 수 있다는 보고서를 제출하며 인공지능에 대한 관심이 더욱 커지기도 했다.

9장과 10장은 2판에서 추가되었다. 학습하는 기계와 스스로 증식하는 기계를 다루는 9장은 요즘 사람들의 입에 곧잘 오르내리는 딥 러닝과 대형 언어 모델Large Language Model, LLM 을 떠올리게 한다. 위너는 폰 노이만과 오랜 친분을 유지하고 함께 연구하면서 게임 이론을 잘 이해했다. 이 장에서 위너는 체스 기계가 스스로 과거의 성능을 분석하고 그를 바탕으로 성능을 개선하도록 프로그램할 수 있지 않을까 조심스럽게 전망한다. 그러면서도 괴테의 발라드 〈마법사의 제자〉를 통해 이런 기계에 대한 의존이 큰 재앙을 낳을 수 있음을 경고한다. 당시 많은 사람을 근심하게 했던 핵무기의 경쟁적 개발에 대한 경고이기도 했다.

마지막 장에서 위너는 자연 선택에 따른 진화도 되먹임 메커니즘의 일종임을 상기시킨다. 위너가 계통 발생적 학습이라고 부르는 자연 선택뿐 아니라 개체 발생적 학습이라고 부르는 경험에 대한 반응도 모두 비선형 되먹임과 연관된다. 이는 뇌의 전기적 활동에서 볼 수 있는 뇌파 연구에 중요한 시사점을 던진다. 특히 푸리에 해석을 이용한 뇌파 연구가 아인슈타인의 상대성이론에서 자주 등장하는 마이컬슨 간섭계와 직접 연관됨을 설명한다. 자체 조직화하는 계 즉 '스스로 짜임'을 보이는 계에 대해 짧지만 명료하게 서술한 이 장은 이후 복잡계 과학이라 부르는 방대한 연구 패러다임을 핵심적으로 잘 요약한다고 할 수 있다.

70여 년 전에 출간된 이 책이 현대 정보 혁명과 인공지능 시대의 출발점이라고 하는 것은 과장이겠지만, 이 책은 바로 이 정보 시대의 시초를 다시 곱씹어 볼 수 있는 좋은 계기다. 여기저기에서 인공지능과 정보 혁명이 세상을 바꾼다고 말하는 시기에 이 오래된 책을 다시 찬찬히 읽으면서 우리가 만들어가야 할 세상이 어떠해야 하는지 고민한다면, 그를 통해 올바른 방향을 바라볼 혜안을 얻을 수 있지 않을까.

이 책이 세상에 나오기까지 모든 노력을 기울여 애써주신 인다 출판사의 김현우 대표님과 편집자 이돈성 선생님, 김보미 선생님, 김준섭 선생님, 그리고 텍스트 출판사의 김현미 선생님과 오래전 이 책을 함께 기획했던 박선화 선생님, 그리고 위너를 함께 공부하고 위너의 다른 저서 《사이버네틱스와 사회》를 함께 번역한 이희은 선생님께 감사드린다.

2023년 5월 23일
김재영

색인(가나다순)